黑龙江省精品工程专项资金资助出版
深蓝装备理论与创新技术丛书——"极地工程装备研究"系列

U0162960

极地航线船舶
与海洋装备关键技术

郭　宇　高志龙　陈宇里　编著

内 容 简 介

极地航线船舶与海洋装备是我国实现极地战略的重要载体。极地航线船舶与海洋装备不仅包括可常年在极地进行破冰、保持航道畅通的极地破冰船,也包括可常年在南北极进行科学考察和提供物资补给的极地科考船,还包括高等级冰区加强的油船、散货船、集装箱船、LNG运输船、多用途船和模块运输船,各种极地海洋平台也是极地海洋装备的重要组成。本书主要介绍极地航线各种船舶与海洋装备的发展现状、设计原理、典型设计案例与关键技术。

本书可作为从事极地海洋装备领域设计与制造研究的相关人员的参考用书。

图书在版编目(CIP)数据

极地航线船舶与海洋装备关键技术／郭宇,高志龙,陈宇里编著. —哈尔滨:哈尔滨工程大学出版社,
2024.3
ISBN 978-7-5661-3785-2

Ⅰ.①极… Ⅱ.①郭… ②高… ③陈… Ⅲ.①极地-航海航线-船体设备②极地-航海航线-海洋工程-工程设备 Ⅳ.①P941.6 ②U667③P75

中国国家版本馆 CIP 数据核字(2024)第 043017 号

极地航线船舶与海洋装备关键技术
JIDI HANGXIAN CHUANBO YU HAIYANG ZHUANGBEI GUANJIAN JISHU

选题策划	田立群 雷 霞
责任编辑	雷 霞
特约编辑	周海锋 田立群 钱 华
封面图片	中国极地研究中心
封面设计	李海波

出 版	哈尔滨工程大学出版社
社 址	哈尔滨市南岗区南通大街 145 号
邮政编码	150001
发行电话	0451-82519328
传 真	0451-82519699
经 销	新华书店
印 刷	哈尔滨午阳印刷有限公司
开 本	787 mm×1 092 mm 1/16
印 张	21.5
字 数	400 千字
版 次	2024 年 3 月第 1 版
印 次	2024 年 3 月第 1 次印刷
书 号	ISBN 978-7-5661-3785-2
定 价	125.00 元

http://www.hrbeupress.com
E-mail:heupress@ hrbeu.edu.cn

前　　言

随着北极海冰消融加速,北极地区油气和航道资源开发价值增加,北极开发成为全球大国竞争的新舞台。为满足北极开发的各项需求,需大力研发极地航线船舶与海洋装备。

为了更好地发展我国极地航线船舶与海洋装备,编著者利用工作的积累并收集国内外的相关资料编写了本书,介绍极地航海船舶与海洋装备的关键技术,供相关人员在工作中参考应用。

本书正文共分为5章:

第1章为极地航线战略综述,主要对极地航线的组成、冰情、通航情况和过境贸易现状进行介绍和分析,并对过境贸易潜力进行预测,提出我国发展极地航线的战略意义。

第2章为极地航线破冰船关键技术,首先介绍极地破冰船典型船型和技术发展;然后重点介绍破冰船的关键技术,包括破冰船设计原理、破冰船的冰载荷确定、破冰船的总体设计思想及具体方案、破冰船船体结构设计、船体材料及防腐与疲劳;最后介绍核动力破冰船的特点、研发现状和简要设计方案。

第3章为极地航线运输船舶关键技术,首先介绍极地运输船舶安全规则和我国的应对方式;然后介绍极地航线运输船舶的发展现状和发展趋势,重点介绍极地航线运输船舶各种船型的特点和设计案例;最后提出了极地航线运输船舶需要解决的关键技术,包括船体结构设计、船上仪器设备维护和船舶操纵性。

第4章为极地钻井平台关键技术,首先介绍极地钻井平台发展现状,然后分别介绍极地自升式钻井平台、极地半潜式钻井平台、极地钻井船的类型和关键技术。

第 5 章为极地航线海洋装备关键技术,包括极地船用钢性能实验、积冰成因分析和预报、船体结构冰压力分布、防冰与除冰技术和极地海洋大数据的特征、获取技术和应用场景。

极地航线船舶与海洋装备是我国实现极地战略的重要载体,但是关于这方面装备的设计及其关键技术资料在国内并不多见,我们经过多方努力也仅仅收集到了少量国内和国外的技术资料。在此,感谢任慧龙教授、冯国庆教授、李辉教授、李陈峰教授等为我们提供了许多宝贵的资料与信息。对于资料的引用,我们尽可能都做了引用说明,但也可能有遗漏,在此表示诚挚的抱歉。特别要感谢潘镜芙院士给了我们极大的支持和帮助,极大增强了我们编写的热情和信心,也要感谢中国船舶集团有限公司第七○四研究所领导、哈尔滨工程大学出版社领导给予我们多方面的支持和帮助。哈尔滨工程大学出版社的编辑对本书给出了许多中肯的意见和非常好的建议,帮助我们修改了许多不足之处,在此对他们的辛勤工作表示深切谢意。

在本书的撰写过程中,由于编者能力有限,书中必然会有许多不足之处,我们由衷地希望能够得到读者的批评和指正。希望本书的出版能对极地装备领域的工作者提供有益的帮助,如此,我们也便无憾了。

编著者

2024 年 3 月

目　　录

第1章

极地航线战略综述

世界上许多国家在科学探索与商业利益的推动下,在极地的研究,特别是在极地航线恶劣气候和通航情况的研究方面,都倾注了极大力量。虽然各国关于极地航运的未来以及西北航道、东北航道和潜在的中央航道的相关活动的意见还各不相同,但极地的变化,特别是海冰的减少,促使船舶交通量和自然资源的开采量逐渐增加是显而易见的。

极地地区有丰富的能源、便利的航道以及得天独厚的战略位置,因此加强极地航线的开发利用,推进"冰上丝绸之路"的建设,对于改变全球航运格局,保障我国极地航线、科考以及油气资源开发等项目的顺利进行来说尤为重要。

俄罗斯等国对极地的研究和发展策略非常值得我国借鉴,要想获得极地的利益,我国不仅仅需要与俄罗斯等北极国家建立国际合作关系,更需要依靠我国自身强大的运输装备与军事力量。

1.1 极地航线介绍

极地航线,是指穿过北冰洋,连接大西洋和太平洋的海上航道。极地航线主要有三条,第一条是北极"东北航道",大部分航段位于俄罗斯北部沿海的北冰洋离岸海域;第二条是北极"西北航道",以白令海峡为起点,向东沿美国阿拉斯加北部离岸海域,穿过加拿大北极群岛,直到戴维斯海峡;第三条是穿越北极的"中央航道",这条航线从白令海峡出发,直接穿过北冰洋中心区域到达格陵兰海或挪威海。

1.1.1 东北航道

东北航道最早是由欧洲国家定义的,欧洲殖民主义者为了扩大国家版图和寻找更近的进入亚洲地区的路线,开始对这条线路进行探索,由于这条假想的航道位于西欧的东北方,所以这条航道被称作东北航道。目前东北航道是指从欧洲和北大西洋出发,沿着挪威和俄罗斯位于北冰洋的近岸海域航行到太平洋的各种海洋航线。东北航道所在水域的海岸线十分曲折,形成了许多浅而宽的边缘海及海湾,沿岸地区岛屿众多,有些地势比较低洼,在融化时形成湿地、湖泊和大面积沼泽。整体来说,东北航道的路线比较简单,需要经过的海区有:巴伦支海、喀拉海、拉普捷夫海、东西伯利亚海、楚科奇海和白令海。经过的海峡则有:尤戈尔斯基沙尔海峡、喀拉海峡、维利基茨基海峡、绍卡利斯基海峡、德米特里·拉普捷夫海峡、桑尼科夫海峡、德朗海峡、白令海峡。下面对上述区域进行介绍。

巴伦支海:位于东北航道最西部,南临挪威和俄罗斯,平均水深约 229 m,其中最深处达 600 m。

喀拉海:由巴伦支海、拉普捷夫海和北冰洋包围的海域。该海域内岛屿众多,有新地岛、法兰士约瑟夫地群岛和北地群岛,水深较浅,平均水深约为 118 m。

拉普捷夫海:由东西伯利亚海、喀拉海和北冰洋包围的海域。该海域平均水深 520 m。

东西伯利亚海:由楚科奇海、拉普捷夫海和北冰洋包围的海域。该海域大多为浅水区域,平均水深小于 45 m。

楚科奇海:由波弗特海、太平洋和北冰洋包围的海域。该海域的平均水深约为 88 m。

白令海:南面是阿留申群岛,北面是白令海峡,是太平洋水进入北冰洋的必经之路,大致可分为浅水区(浅于 200 m)和深水区(深于 200 m)两部分,两者的面积几乎相等。

尤戈尔斯基沙尔海峡:位于瓦伊加奇岛和俄罗斯西伯利亚之间,是连通喀拉海和巴伦支海的一个通道。该水域内水深为 15~36 m。

喀拉海峡:是穿越巴伦支海到喀拉海的另一条重要海峡,长 33 km,水深为 50~100 m,且采用了分道通航制。

维利基茨基海峡:位于切柳斯金海角和北地群岛之间。它连通了喀拉海和拉普捷夫海,全长 112 km,水深为 100~200 m。

绍卡利斯基海峡:位于布尔什维克岛和十月革命岛之间,是连通喀拉海和拉普捷夫海的另一条关键海峡,全长 148 km,最窄处约 1 km,水深为 102~300 m。

德米特里·拉普捷夫海峡:位于俄罗斯北部海岸和新西伯利亚群岛之间,是连通东西伯利亚海和拉普捷夫海的关键海峡之一。该海峡长约 130 km,水深为

12~15 m。

桑尼科夫海峡:位于科捷利内岛与利亚霍夫群岛之间,是连接拉普捷夫海和东西伯利亚海的另一条关键的海峡,全长 296 km,最窄处的宽度为 48 km,水深为 13~26 m。

德朗海峡:位于弗兰格尔岛和西伯利亚大陆之间,是连通东西伯利亚海和楚科奇海的关键海峡,长约 200 km,水深为 33~50 m。

白令海峡:位于亚洲大陆和美洲大陆之间,最窄处宽约 85 km,水深为 30~50 m。

综上所述,东北航道全程地形简单,岛屿较少,除少数区域水深较浅外,整体通航环境十分利于船舶航行。

1.1.2　西北航道

西北航道是指从欧洲和北大西洋的某一位置出发,通过加拿大北极群岛的水路到达太平洋沿岸的航线。西北航道沿途水域内岛屿众多,从而形成多个海峡,地形非常复杂。第一次完整地穿越西北航道的航行是由挪威探险家罗尔德·阿孟森在 1903 年到 1906 年之间完成的。亨利·拉森于 1940 年到 1942 年期间走完西北航道全程。在前赴后继的探险过程中,西北航道最终形成了多条线路,各航线包含海区(节点)有所不同,下面对各航线所经节点的情况进行简要介绍。

兰开斯特海峡:长 250 km,宽 80 km,水深大于 500 m。

巴罗海峡:长 180 km,宽 50 km,水深 140~350 m。

梅尔维尔子爵海峡:长 350 km,宽 100 km,水深 400~500 m。

威尔士王子海峡:长 230 km,海峡中有一半的区域宽度不到 10 km,水深 30~100 m。

阿蒙森湾:长 300 km,进口处宽 90 km,水深约 500 m,形状不规则。

麦克卢尔海峡:长 275 km,直到波弗特海,东端宽度为 120 km,水深在 400 m 以上,通往北冰洋的水域被多年冰覆盖。

皮尔海峡:长 342 km,宽 25 km,南部端口的水深超过 400 m。

富兰克林海峡:长 152 km,宽 30 km,水深 100~180 m。

拉森海峡:长 94 km,宽 11~50 km,水深 30~200 m。

维多利亚海峡:长 200 km,宽 120 km,水深 20~50 m。

毛德皇后湾:东部入口宽 14 km,逐渐加宽成不规则区域,最大宽度为

280 km,通往迪斯海峡的入口处又缩窄至 14 km,同时有众多的岛屿、礁石和浅滩,水深 60~100 m。

迪斯海峡:长 160 km,宽 14~60 km,水深 30~120 m。

科罗内申湾:长度超过 160 km,有众多岛屿,水深 85~350 m。

多芬联合海峡:长 150 km,宽 30~80 km,水深 200~300 m。

詹姆斯罗斯海峡:长 160 km,宽 50 km,水深 40~90 m。

雷伊海峡:长 50 km,宽 20 km,在海峡中段的水深只有 5~18 m。

辛普森海峡:长 85 km,最窄的地方约 3 km,水深 12~25 m,有众多小岛屿,是整个线路中最危险的区域。

摄政王湾:长 380 km,宽 80 km,没有岛屿,水深 200~400 m。

拜洛特海峡:长 26 km,宽 1.5~2 km,水深 35~220 m。

哈德逊海峡:长 650 km,宽 100 km,水深 300 m 以上,也可作为哈德逊湾和丘吉尔港的入口。

福克斯海峡:长 123 km,宽 130 km,水深 200~420 m,中段有若干个滩。

福克斯湾:巨大的不规则区域,水深 60~100 m,在北部端口有众多岛屿。

弗里和赫克拉海峡:长 160 km,水深 50~200 m,狭窄且水流急。

布西亚湾:不规则区域,水深 50~100 m。

综上所述,西北航道除多芬联合海峡、雷伊海峡和辛普森海峡等部分水域水深较浅、航路狭窄外,大部分水域满足中小型船舶的安全航行。

1.1.3 中央航道

中央航道是指由北大西洋直接穿过北冰洋中心区域到太平洋的航线。由于该航线是大圆航线,其航程最短,节省船舶运输成本最多,理论上是穿越北极地区最经济快捷的通道。然而,北冰洋中心区域常年被密集厚实的海冰覆盖,这条航线将是最后开通和被使用的。本书中所提及的极地航线主要是指东北航道和西北航道。

1.2 极地航线冰情及通航情况分析

对于通航极地航线的船舶影响最大的自然因素当属海冰,海冰覆盖面积的大小决定着极地航线的开通与否,因此,明确极地航线的冰情是船舶冰区通航的必要前提。下面对极地航线的冰情和通航情况进行分析。

1.2.1 东北航道冰情

根据历史资料,东北航道所在的拉普捷夫海及其以北海域的海冰多为一年冰,冰层比较薄,相对于多年冰来说更容易消融,而海冰融化后形成无冰覆盖的水域,海水对太阳辐射的吸收率远高于海冰,在吸收大量光热能后海水温度升高,进而促进海冰融化,最终形成大面积无冰覆盖的海域。根据不来梅大学提供的卫星图,分析整理出东北航道随着冰情变化的可供航行的时间窗口,具体见表1-1。

表1-1 东北航道各个节点的通航时间窗口

海区	通航期间①	冰情
白令海	5月~12月底	基本无冰
白令海峡	5月下旬~12月中旬	基本无冰,偶尔有流冰
楚科奇海	7月中旬~12月底	没有成片的冰盖,局部有散冰
德朗海峡	8月~11月中旬	浮冰流动速度较快
东西伯利亚海	9月~11月上旬	南部基本无冰,北部偶尔有散冰
德米特里·拉普捷夫海峡	8月~10月上旬	东北部有薄冰
桑尼科夫海峡	7月中旬~10月上旬	基本无冰
拉普捷夫海	8月上旬~10月中旬	西北部常有流冰
维利基茨基海峡	8月~10月中旬	偶尔有散冰
绍卡利斯基海峡	8月~10月中旬	偶尔有散冰
喀拉海	8月中旬~10月上旬	基本无冰,局部有散冰
尤戈尔斯基沙尔海峡	6月上旬~12月中旬	基本无冰,西北部有流冰

表 1-1（续）

海区	通航期间①	冰情
喀拉海峡	6 月~12 月底	基本无冰
巴伦支海	终年可通航	无冰

①通航期间是指该海域内海冰密集度为 0~50% 的时间段。

纵观东北航道,决定东北航道能否通航的主要因素是维利基茨基海峡、绍卡利斯基海峡和新西伯利亚群岛等三个区域,下面对这三个关键区域依次进行分析介绍。

1. 维利基茨基海峡

维利基茨基海峡位于切柳斯金海角和北地群岛之间,它连通了喀拉海和拉普捷夫海。该海峡的通航时间窗口为 8 月~10 月中旬,10 月下旬开始结冰,至 11 月完全冻结。在通航期内该水域没有浮冰覆盖,船舶航行基本不受浮冰的影响。

2. 绍卡利斯基海峡

绍卡利斯基海峡位于布尔什维克岛和十月革命岛之间,是沟通喀拉海和拉普捷夫海的另一条关键海峡。该海峡的通航时间窗口是 8 月~10 月中旬,在此期间偶尔会遇到浮冰,对船舶航行基本没有影响。

3. 新西伯利亚群岛

新西伯利亚群岛位于俄罗斯北部大陆北侧,由利亚霍夫群岛、德隆群岛和安茹群岛组成,其中利亚霍夫群岛和俄罗斯大陆之间的德米特里·拉普捷夫海峡与利亚霍夫群岛和新西伯利亚岛之间的桑尼科夫海峡是连接东西伯利亚海和拉普捷夫海的两条关键的海峡。

德米特里·拉普捷夫海峡的通航时间窗口为 8 月~10 月上旬,在此期间海面基本没有浮冰。该海峡在 10 月中旬开始结冰,直到 11 月上旬,整个海面会被海冰覆盖,船舶航行严重受阻,需要破冰船协助。

桑尼科夫海峡的通航时间窗口为 7 月中旬~10 月上旬,在此期间海面会有少量被海风吹来的浮冰,对船舶航行有一定的影响。该海峡在 10 月中旬逐渐结冰,直到 11 月初,海面被坚硬的海冰覆盖,船舶无法穿越。

综上所述,东北航道虽然存在若干个通航期间较短的区域,但是整个东北航道全年可通航的时间长达 8 个月,其中 7 月~10 月,船舶航行基本不用破冰船护航,对于横跨北大西洋和太平洋航行的船舶来说可以节省大量时间和费用。

1.2.2 西北航道冰情

西北航道由于路线较多,船舶选择哪条线路穿越复杂的群岛主要取决于该条线路的冰情。因此需要明确西北航道上每一个海峡的通航期间和浮冰情况。表 1-2 是该航道各个节点的通航时间窗口和冰情。

表 1-2 西北航道各个节点的通航时间窗口和冰情

海区	通航期间	冰情
波弗特海	8 月中旬~9 月底	基本无冰,在北部偶尔有散冰
麦克卢尔海峡	8 月下旬~9 月底	有成片的冰盖
梅尔维尔子爵海峡	8 月下旬~9 月底	基本无冰,偶尔有散冰
巴罗海峡	8 月下旬~10 月上旬	北部有少量散冰
兰开斯特海峡	7 月~10 月上旬	基本无冰
阿蒙森湾	7 月中旬~10 月底	基本无冰
威尔士王子海峡	7 月中旬~10 月底	基本无冰
多芬联合海峡	7 月~10 月底	基本无冰,局部有散冰
科罗内申湾	7 月中旬~10 月底	基本无冰
迪斯海峡	7 月中旬~10 月底	靠近维多利亚岛沿岸有散冰
毛德皇后湾	7 月下旬~10 月底	基本无冰
辛普森海峡	7 月下旬~10 月中旬	基本无冰
雷伊海峡	8 月~10 月中旬	基本无冰
詹姆斯罗斯海峡	8 月~10 月中旬	基本无冰
维多利亚海峡	7 月下旬~10 月上旬	海峡北部有较多散冰
拉森海峡	8 月~10 月上旬	基本无冰
富兰克林海峡	8 月~10 月上旬	基本无冰
拜洛特海峡	8 月~10 月上旬	偶尔有流冰
皮尔海峡	8 月~10 月上旬	基本无冰
摄政王湾	7 月上旬~10 月上旬	基本无冰,巴芬岛沿岸有散冰
麦克林托克海峡	8 月中旬~9 月底	局部有散冰

根据历史资料得知,西北航道中约有一半水域在 8 月和 9 月这两个月基本

全面开通。从海冰密集度分布的多年平均情况来看,在 8 月份,除了麦克卢尔海峡、梅尔维尔子爵海峡、巴罗海峡和兰开斯特海峡等海域外,其他海域都是开通的。事实上,这四个海域在 8 月和 9 月的历年海冰密集度为 60%~80%,远远高于船舶安全通航的标准(海冰密集度低于 50%)。这些水域在 8 月和 9 月需要破冰船的协助才有可能通航。因此,上述四个区域是决定西北航道通航情况的关键区域。接下来对四个关键区域进行详细分析。

1. 麦克卢尔海峡

麦克卢尔海峡位于班克斯岛和帕特里克王子岛之间,其通航时间窗口是 8 月下旬~9 月底。由于相对靠近北极点,纬度较高,因此,该海峡只有 40 多天的无冰期间,船舶可以独立通过,其他时间,该区域海面会被坚实的冰封住,船舶无法通行。

2. 梅尔维尔子爵海峡

梅尔维尔子爵海峡位于梅尔维尔岛和维多利亚岛之间,其通航时间窗口是 8 月下旬~9 月底。该海峡和麦克卢尔海峡一样,纬度较高,海冰难以融化,只有在夏季最热的一段时间可以完全通航,其他时间则不能通航。

3. 巴罗海峡

巴罗海峡位于康沃利斯岛和萨摩赛特岛之间,其通航时间窗口是 8 月下旬~10 月上旬,在此期间,海面上偶尔会遇见浮冰,船舶可以独立穿越该海峡。在其他时间,该海峡被海冰覆盖,船舶无法通行。

4. 兰开斯特海峡

兰开斯特海峡位于德文岛和贝洛特岛之间,连接巴芬湾,其通航时间窗口是 7 月~10 月上旬,在此期间,海面没有浮冰,船舶可以顺利通航。该海峡在 10 月中旬开始结冰,直到 11 月底,海面完全被冰覆盖,船舶无法穿越。

综上所述,由于受到几个关键区域的影响,西北航道全线贯通的时期应该是每年的 8 月中旬到 9 月底,船舶在其他时间则需要破冰船护航才可安全航行穿越。

1.2.3 极地航线气候变化对通航影响分析

1. 气温变化分析

近一个多世纪以来,人类明显感觉到了地球气温的变化,各种自然环境的转变都在预示着地球在逐渐变暖。根据 2014 年联合国政府间气候变化专门委员会(IPCC)发布的《第五次评估报告》数据显示:从 19 世纪中叶开始,地表海平面就有了逐步上升的趋势,且随着地表温度的变化,此上升趋势在不断加快,仅从 1901 年开始到 2010 年末,地球海平面整体抬升了约 0.19 m,此间的平均速度是 1.7 mm/a,其中从 1993 年到 2010 年不到 20 年的时间里,其平均速度更是达到了 3.2 mm/a。有数据显示进入 20 世纪中期以来,使地表海平面抬升的大量水源中有 3/4 来自气候变暖导致的冰川消融和海水受热后的体积膨胀。报告进一步明确了人类活动产生的温室气体排放是导致全球变暖的原因。并且 2023 年联合国政府间气候变化专门委员会发布的《第六次评估报告综合报告:气候变化 2023》(AR6 Synthesis Report:Climate Change 2023)显示:与 1850—1900 年相比,2011—2020 年全球地表平均气温上升 1.1 ℃。

　　未来温室气体继续排放将会造成全球温度进一步升高。通过对过去全球气温和海平面变化数据进行分析,按照温室气体低排放和高排放两种情况进行拟合计算,联合国政府间气候变化专门委员会预测了 2010—2100 年的全球地表平均气温和全球海平面变化,结果如图 1-1 和图 1-2 所示。

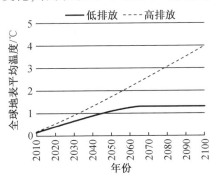

图 1-1　2010—2100 年全球地表平均温度变化预测图(相对于 1986—2005 年平均)

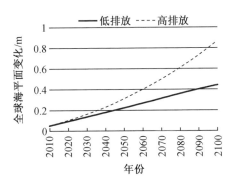

图 1-2　2010—2100 年全球海平面变化预测图(相对于 1986—2005 年平均)

全球地表气温不断升高的同时,北极气温同样也在发生改变,与全球变化趋势基本吻合,亦呈上升趋势,且其增幅十分明显。芬兰气象研究所科学家米卡·兰塔宁及其同事分析了北极圈 1979—2021 年间的观测数据,估计这一时期内北冰洋的大部分以每十年 0.75 ℃ 的速度暖化,至少是全球平均值的 4 倍。在北冰洋的欧亚部分,邻近斯瓦尔巴和新地岛,变暖速度高达每十年 1.25 ℃,已经 7 倍于世界其他地方。北极部分地区变暖的速度之快,以至于它们将在短短 20 年内,就呈现一年中有连续数个月都不结冰的状态,这将给船只足够的时间进行航运。

　　2. 气压变化分析

　　根据美国航空航天局(NASA)提供的 1950—2011 年北极涛动数据,对其进行时间序列统计分析,统计时间内,涛动数据的负向最大值出现在 2009—2010年冬季,其次是 2010—2011 年冬季。实际上从 21 世纪初开始,北极涛动正位相逐步减弱,开始向负位相发展,也就意味着,在过去十几年中,北极地区的大气系统气压较往年弱,北半球中高纬度气压场出现"南低北高"状态,高低气压差迫使极地冷空气由北向南发生移动,使得极地冷空气发生流失,冷空气进入北半球中高纬度大陆地区,造成寒流,变相地促进了北极地区的温度上升。伴随着北极地区温度的上升,北冰洋海冰势必会逐渐消融,海冰面积减少,北冰洋对太阳辐射的反射率就会降低,更多的太阳辐射会被深色的海水吸收,转化成热能,继续加速海冰融化,这样就会形成一个正反馈,使北极地区温度不断升高。

　　3. 海冰变化分析

　　据美国国家冰雪数据中心(NSIDC)调查数据显示,北极海冰的范围、厚度和海冰密集度呈下降趋势。北极冰层包括多年冰和季节冰。多年冰是指经过至少两个夏季而未融尽的海冰,季节冰是指冬季形成,来年夏季融化的海冰。北极冰层的形成和融化具有明显的季节性,海冰范围的最大值和最小值分别出现在每年的 3 月份和 9 月份。北冰洋冬季持续时间较长,从 11 月份到来年 4 月份共 6个月的时间,冬季气温下降,海水开始结冰,海冰范围不断扩大,在 3 月份覆盖面积达到最大,此时冰情较为严重。冬季过后,气温回升,海冰逐渐融化,冰区范围不断缩小。7 和 8 两个月份为北极的夏季,温度最高,冰层融化的速度也最快,到9 月份海冰量达到最少。

　　为了更好地观察海冰面积的年际变化规律,现把 1979—2019 年 3 月和 9 月的海冰面积月平均值进行时间序列相关性分析,结果在 0.01 的置信水平显著相关,如图 1-3 和图 1-4 所示。

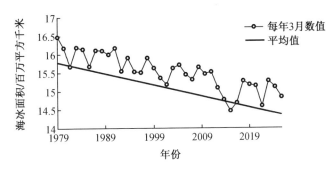

图 1-3 1979—2019 年 3 月平均海冰面积变化图

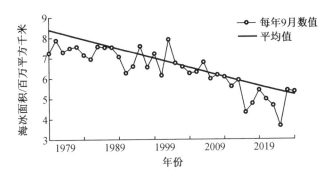

图 1-4 1979—2019 年 9 月平均海冰面积变化图

由图 1-3 可知,3 月份海冰范围呈现不断减少的趋势,平均每十年就会减少大约 2.9%,相当于每年减少约 4.7 万平方千米的面积,由图 1-4 可知,9 月份平均每十年海冰减少率大约为 7.5%,相当于每年减少的海冰面积值高达 5.3 万平方千米。由此可见,北极地区夏季海冰减少速率要比冬季海冰减少速率高,根据此趋势,在未来几十年中,北极海冰将以越来越快的速度融化。

全球持续变暖已经是毫无疑问的趋势,而温度和气压的变化将在北极地区产生很大的影响,因此北极冰层持续的消退使极地航线的全面通航成为可能。

1.3 极地航线过境贸易现状分析

极地航线作为 21 世纪新的贯通亚欧与北美的综合货物运输通道,确定极地航线货物结构和货流方向能够明确极地航线运输船舶的组成结构及发展趋势。

由于东北航道几乎贯穿俄罗斯北部海域,同时俄罗斯对东北航道开发极为

重视,因此俄罗斯将其北部海域航线命名为"北方海航道"。"北方海航道"是极地航线东北航道的主路段,其货流数据基本等同于东北航道数据。

根据北方海航道信息局的统计数据得知,通过极地航线的船舶类型主要有液散货船、干散货船、液化天然气(LNG)船、件杂货船、破冰船、集装箱船等。2018年上半年极地航线共有244次油轮运输,130次破冰船航行,78次件杂货船航行,49次集装箱船航行。极地东北航道货流以液体散货为主,其次为干散货,LNG与件杂货运输逐渐增多,其他运输货流量较小,集装箱运输量也逐年增加;而西北航道货流尚处于起步阶段,目前货流量较小,只存在干散货货流。

极地航线的海运活动主要分为以北极为目的地的运输和跨北极运输。由于整个北极地区人口非常少,居住在约800万平方千米的广袤区域内,最大的城市摩尔曼斯克人口仅30万,因此北极地区自身很难形成规模化的消费市场。但是北极地区资源丰富,尤其是天然气储量丰富,在全球经济一体化中将起到原材料供应地的作用。在以北极为目的地的运输类型中,北极资源向周边制造中心输出以及周边制造中心向北极地区输出资源开发活动所需要的建筑材料是主要的货物类型。综合来看,极地航线上有潜力形成较大规模海运的货物主要是液化天然气。

对于一些洲际间的海上贸易,与全球其他航路比较来看,跨北极航运具有一定的便捷性,并将起到分担传统航线货运量的作用。根据2017年北极地区出入境航行记录看,从欧洲港口出发,航经北极航道到达北极地区的航行共有54次,从亚洲港口出发,航经北极航道到达北极地区的航行共有12次,北极境内运输共完成591次,北极境内港口出发的航行记录共有657次,且以西欧方向航行为主。因此,在现有贸易运输中,主要以北极地区境内运输为主,极地航线的过境运输次数也存在逐年上升趋势。

通过对北极地区的贸易货物结构分析,可以认为在以北极为目的地的极地航线运输中,以石油、天然气、矿产品、木材、农产品的运输为主;在跨北极的极地航线(北极过境运输)运输中,主要以分担西北欧航线干散货、集装箱,美东航线干散货、集装箱为主。

1.4 极地航线过境贸易潜力预测

1.4.1 东北航道过境货运量预测

当前极地航线运输中以东北航道运输为主,西北航道过境运输尚处于起步阶段,对东北航道货运总量和过境运输量进行预测,可得出极地航线未来货运量的大体演变趋势。目前俄罗斯北方海航道的过境运输具有明显缺陷,集中体现在航行速度偏低;单位运输燃油消耗量大,单位运输成本高;一些航段需要破冰船进行运输;低温和恶劣的天气条件限制了保鲜和易碎货物的运输等问题上。这将导致过境运输量在现在的初期阶段受到地缘政治、法律、经济和自然条件等方面因素的影响,波动起伏大,呈现出不稳定性。但是考虑到极地航道过境需求不断增多,过境运输量占通航货运总量的比例逐年上升,且不断扩大,认为东北航道的过境运输量数据按比例转换成货运总量进行预测更具有代表性和实际意义。根据俄罗斯北方海航道管理局的统计,整理出 2013—2019 年东北航道通航货物运输量数据如表 1-3 所示。

表 1-3 2013—2019 年东北航道通航货物运输量

年份	2013	2014	2015	2016	2017	2018	2019
货运总量/万 t	391.4	398.2	543.1	747.9	969.4	1 986	3 150
过境运输量/万 t	117.6	27.4	3.9	21.4	193.88	504.5	693

由表 1-3 的数据可知东北航道贸易量逐年上涨。2017 年,俄罗斯与我国开启了共建"冰上丝绸之路"的新征程,有了政策的加持,2018 年的运量得以大幅提升。目前,在全球气候变暖的作用下,北极地区夏季无冰期逐渐延长,在 2025 年左右就可以实现全年至少 6 个月的通航,且无冰通航期将会持续三个月,通航条件大幅度改善,北方海航道的货运量将大幅增加,其基础设施和造船业也将得到发展。俄罗斯在北极论坛全体会议上预测到 2024 年全年运量将达到 8 000 万吨,到 2030 年可能增加到 1.2 亿 t,而到 2035 年可能增加到 1.6 亿 t。

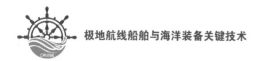

1.4.2　西北航道过境货运量预测

我国对于西北航道尚处于探索的起步阶段,对其适航条件、海冰情况和政策法规的认知仍有欠缺。因此,对西北航道的货运量及过境运输量进行初步预测,将对我国未来对西北航道的商业利用和与航道沿线国家在基建、资源开发等领域的合作有着积极的作用。

从整体海上运输总量来看,日本、美国和欧洲地区的贸易增长量比较显著,亚洲地区(包括中、日、韩)和北美、西欧地区之间的进出口贸易和货物运输来往密切,这在很大程度上对开发西北航道,利用西北航道进行集装箱和干散货的运输产生极大的吸引力。

随着全球气候变暖,西北航道海冰覆盖面积呈现下降趋势。加拿大冰务局的多年海冰数据显示:近三十年西北航道南线在其适航期内,平均海冰覆盖率已从 30% 降至 10%;在西北航道冰情最优的 9 月上旬,2011 年以来仅有三个年份的海冰覆盖率高于 5%,甚至出现无冰的情况。西北航道海冰的持续消融进一步凸显其作为连接东北亚至北美东岸以及西欧至北美西岸的海上贸易通道的潜力。尽管目前西北航道尚未形成大规模的商业利用,但已有数次试验性的货运航行。可以估计,到 2024 年,通航期达到 6 个月,船期都在 30 天左右。

未来西北航道通航量的增长将很大程度上取决于资源开发的需求和驱动,包括波弗特海油气资源开发,巴芬岛、魁北克省北部、努纳武特等加拿大北极东部地区的矿业开发,以及巴芬湾的渔业活动。通过对俄罗斯、加拿大、美国、挪威、芬兰、瑞典、中国、日本、韩国几个近北极地区国家进行能源贸易分析得出,虽然在北极地区可能会发现更多的天然气,但是北美和欧洲的天然气市场目前已供过于求。鉴于其成本过高,在北极的发展几乎毫无经济价值,以亚洲市场为目标的液化天然气开发可能有前景。目前中国石油公司正积极寻求北极能源合作,努力参与北极油气开发,西北航道无疑在我国的考虑范围内。预计在 2024年石油和矿石的货物运输量总计可达到 2 350 万 t,运输船舶数为 55 艘次。

鉴于 2014—2020 年主要航线中东亚至北欧和地中海的双向航线通航情况,东亚对于北欧和地中海的集装箱贸易行业还是很热衷的,年度增长速度较快。东西非主要航线 2018 年集装箱贸易为 5.2%,这两个航线的需求也给西北航道集装箱贸易增加了潜在的机会。预计 2024 年集装箱船队有 2 艘,西北航道过境集装箱运输量为 84.45 万 t。从中长期来看,在加拿大北极开发内生需求和海冰情况转好的外在影响的双重驱动下,西北航道的经济价值会日益显现。综上所述,对于西北航道开发利用后,在 2024 年的货物过境将达到 552 万 t。

1.5　发展极地航线的战略意义

对国际航运业而言,全球变暖使北极及附近海域的巨大潜力日益凸显。沿俄罗斯北极海岸的极地航线是欧洲通往东亚的捷径。此前极地航线的主要问题是冰天雪地,但随着气候日益变暖,极地航线正变得越来越适于航行。一旦将来极地航线变成国际繁忙的交通要道,苏伊士运河的重要性将显著下降。因此,在货物运输方面,极地航线对西欧地区、美国、中国、日本和韩国具有巨大的战略意义。

1.5.1　极地航线会大幅度降低我国海上运输成本

目前,我国远洋航线主要是:中国—红海航线、中国—东非航线、中国—西非航线、中国—地中海航线、中国—西欧航线、中国—北欧及波罗的海航线、中国—北美洲东岸航线、中国—中南美航线。在这些航线中未来可能被极地航线替代或分担的航线是中国—北美洲东岸航线、中国—西欧航线和中国—北欧及波罗的海航线。我国与欧洲、北美贸易的稳定增长是将来利用极地航线的主要动力之一。

在极地航线中,到北美东部利用西北航道更为方便,即从白令海峡进入西北航道,经过加拿大北极群岛的剑桥湾,穿过戴维斯海峡;到欧洲则利用东北航道更为方便。

利用极地航线,中国到加拿大圣约翰斯的航程约比走巴拿马运河的传统航线节省 3 500 n mile 左右,到美国波士顿和纽约则节省 2 000 n mile 左右,而到濒临墨西哥湾的休斯敦则要远 300~650 n mile。以美国佛罗里达半岛南部的迈阿密为分界线,到美国东部沿岸利用西北航道具有缩短 20%航程的优势,到美国南部墨西哥湾港口,则不如走巴拿马运河传统航线,但是远优于走好望角、苏伊士运河等其他航线。

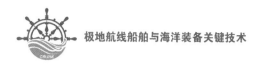

1.5.2 北极丰富的自然战略资源和亟须发展的经济

1. 丰富的自然资源

除了航程短的优势外,各个大国对极地航线趋之若鹜的第二个重要原因——北极冰层下蕴藏着十分丰富的自然资源。北极地区的资源丰富,石油占世界储藏量的 13%,天然气占 20% 左右,而北冰洋海冰融化趋势可能在未来使得联系太平洋和大西洋的极地航线成为现实的商业航线。目前北极地区开采世界上四分之一的天然气和十分之一的石油,未探明的贮量可能会更加振奋人心。

2. 亟需发展的经济

北极地区共有 30 个行政区,冰岛整个国家为 1 个,俄罗斯最多,为 13 个,加拿大 5 个。除了美国,其他七个国家的北极地区面积均超过了全国国土面积的三分之一,但是国内生产总值(GDP)占全国的百分比却很低,最高是俄罗斯,为 12.6%,最低是美国,为 0.3%。北极地区地广人稀,GDP 对各国的贡献不大,但人均 GDP 却普遍高于全国(除北欧四国外)。如果以占地面积计算,除加拿大外,北极地区远低于全国,其经济发展潜力很大。各国开发其北极地区的驱动力是存在的,相对而言,俄罗斯和北欧开发北极地区的经济驱动力比北美高。

俄罗斯是曾经的超级大国,其他七国都是欧美经济发达国家。北极地区地广人稀,人口密度仅为 0.63 人/平方千米,而且气候严寒,经济活动相对不活跃,类型比较单一。工业经济部门主要以开采、采集和生产自然原料为主,包括采矿、开采油气、捕捞等,辅以原材料加工、运输、建造等产业。以金融、贸易、旅游、医疗和教育为主的社会服务业在北美和北欧的北极地区逐渐兴起。

(1)以开采自然资源为主的经济类型

北极地区蕴藏丰富的石油、天然气、煤、贵金属、海洋鱼类、生物等自然资源。俄罗斯、加拿大、美国北极地区的第一经济产业几乎都是矿业、油气开采和提炼业,此外加拿大的木材和造纸业也很重要。

(2)以狩猎、捕鱼、驯养和动物毛皮加工为主的传统农业

以狩猎、捕鱼、驯养和动物毛皮加工为主的传统农业,依然是北极一些地区居民的主要经济来源,特别是传统农业,包括部分渔业大都以家庭为生产单位,是当地经济的组成部分。淡水鱼养殖和海洋鱼养殖受政府鼓励,毛皮加工与贸易和工艺品是当地居民家庭的主要收入来源。

(3)以获取自然资源为目的的外来资本推动当地经济发展

自然环境恶劣,劳动力缺乏和寒区工程技术能力不足等因素,限制了北极地区的经济发展。但随着地下蕴藏的丰富矿产和油气资源被人们认识,且其他地区的资源价格成倍增加,北极自然成为具有巨大投资潜力的地区。加拿大、俄罗斯的北极地区都在加强与其他地区的贸易,加紧招商引资,外来资本主要目的是开展矿产、木材、油气等自然资源的开采加工,伴随着域外资本而来的移民、工程建造、贸易与运输,这些地区的现代服务业也开始兴起。

1.5.3　积极关注极地航线、强化极地装备技术

正是在这样的背景下,2013 年,中国提出了"一带一路"倡议。2017 年,国家发展改革委和国家海洋局联合发布《"一带一路"建设海上合作设想》,提出了建设包括"经北冰洋连接欧洲的蓝色经济通道"在内的三条海上丝绸之路的合作设想。2017 年 11 月 1 日,国家主席习近平会见了到访的俄罗斯总理梅德韦杰夫。中俄双方正式提出了共建"冰上丝绸之路"。习近平指出,要做好"一带一路"建设同欧亚经济联盟对接,努力推动滨海国际运输走廊等项目落地,共同开展北极航道开发和利用合作,打造"冰上丝绸之路"。这是中国领导人第一次在国际场合确认中国愿意与相关国家进行战略对接,共建北极的"冰上丝绸之路"。2021 年 3 月,中国的第十四个五年规划明确提出开展雪龙探极二期、重型破冰船等极地科研和商业拓展。中国已经积极地参与到极地的开发与经济建设中。

我国的极地定位与发展战略,注定需要我们关注极地航线的情况、极地周边国家的发展战略与各种动态。更重要的是:我们要有一系列适应我国极地发展战略的装备,尤其是大型现代化的破冰船舶、极地运输船舶、极地特种装备以及相应的技术与资金,等等。

目前,世界眼光都已聚焦到极地船舶的发展与研究上。美国船级社在 2018 年批准投入 66 亿美元科研经费用于极地船舶的研究,英国船级社也宣布投入约 20 亿美元建设极地多用途船舶。根据国际海事组织在 2020 年发布的一组数据显示,全球可用作极地航行的各类船舶(符合《钢制船舶入级规范》)约占总数的 25%。可以说,世界各国都已经关注到开发极地船舶能够给本国带来收益。

表 1-4 是世界上主要国家对于极地船舶科研经费的投入,可以看到,在科研经费的投入方面,我国还落后于世界上其他先进国家。在极地船舶总吨方面,相比于世界上其他发达国家,我国也处于劣势,如表 1-5 所示。因此,我国应当注重发展极地船舶的研发与使用,并尽量自主研发多用途船舶。

表 1-4　世界上主要国家极地船舶科研经费

排名	国家	极地船舶科研经费/美元
1	加拿大	67 亿
2	美国	66 亿
3	德国	36 亿
4	澳大利亚	29 亿
5	英国	20 亿
6	日本	19 亿
7	中国	13 亿

表 1-5　世界上主要国家极地船舶总吨及市场份额

排名	国家	极地船舶总吨/t	市场份额/%
1	德国	3 397 955	36.19
2	荷兰	2 512 961	25.48
3	俄罗斯	720 079	4.56
4	中国	255 148	2.55
5	土耳其	232 157	2.38
6	挪威	199 456	2.06

　　1999 年,我国第一艘极地科考船"雪龙"号正式交付使用,标志着我国正式进军极地科考领域,19 年之后的 2018 年 5 月,我国自主研发的极地科考船"雪龙 2"号也加入了极地考察的行列。"雪龙 2"号由于其优越的破冰性能和线型设计,旋回距离小,旋回时极限横倾角度也比"雪龙"号优越,不仅圆满完成了科考任务,而且当"雪龙"号受困于冰层之中时还能够独立营救,这些成就都是中国人的骄傲。

　　当今世界,没有软硬实力就没有容身之地,与极地相关的国家必须要有这些软硬实力,才能得到重视与尊重。因此,我国强化研究、开发、制造极地航线船舶与海洋装备是非常必要和紧迫的。

参 考 文 献

[1] 肖英杰,王志明.航海学[M].上海:浦江教育出版社,2016:298-299.

[2] 胡美芳.远洋运输业务[M].北京:人民交通出版社,2002:48-49.

[3] 陈利雄.航海概论[M].上海:浦江教育出版社,2018:99-100.

[4] 张宇燕.全球化与中国发展[M].北京:社会科学文献出版社,2007:55.

[5] 郭培清,等.北极航道的国际问题研究[M].北京:海洋出版社,2009:4.

[6] 张侠,刘玉新,凌晓良,等.北极地区人口数量、组成与分布[J].世界地理研究,2008,17(4):132-141.

[7] 王乃峰.2013年国际干散货运输市场展望[J].水运管理,2012,34(12):31-33.

[8] 张侠,屠景芳,郭培清,等.北极航线的海运经济潜力评估及其对我国经济发展的战略意义[J].中国软科学,2009(增刊1):86-93.

[9] SCHOYEN H,BRATHEN S. Bulk shipping via the Northern Sea Route versus via the Suez Canal:who will gain from a shorter transport route?[C].12th WC-TR,July 11-15,2010 - Lisbon, Portugal,2010.

[10] 张侠,寿建敏,周豪杰.北极航道海运货流类型及其规模研究[J].极地研究,2013(6):167-174.

[11] 杨剑.共建"冰上丝绸之路"的国际环境及应对[J].人民论坛(学术前沿),2018(11):13-23.

[12] 钱宗旗.俄罗斯北极战略与"冰上丝绸之路"[M].北京:时事出版社,2018:100-109.

[13] 肖洋.北冰洋航线开发:中国的机遇与挑战[J].现代国际关系,2011(6):53-57.

[14] 史春林.北冰洋航线开通对中国经济发展的作用及中国利用对策[J].经济问题探索,2010(8):47-52.

[15] 曹玉墀.北冰洋通航可行性的初步研究[D].大连:大连海事大学,2010.

[16] 杨成林.北极东北航道通航条件战略分析[D].济南:山东师范大学,2016.

［17］ 费旋珈.基于 MRF 模型的北冰洋海冰 SAR 图像分类研究［D］.南京:南京航空航天大学,2017.

［18］ LEE S W.基于北冰洋航线的东北亚集装箱中转港口选址研究［D］.上海:上海交通大学,2015.

［19］ 汪楚涯,杨元德,张建,等.基于遥感数据的北极西北航道海冰变化以及通航情况研究［J］.极地研究,2020,32(2):236-249.

［20］ 薛彦广,关皓,董兆俊,等.近 40 年北极海冰范围变化特征［J］.海洋预报,2014,31(4):85-91.

［21］ 夏一平,胡麦秀.北极航线与传统航线地理区位优势的比较分析［J］.世界地理研究,2017,26(2):20-32.

［22］ 尹自斌.商船极区航行安全风险评估［D］.厦门:集美大学,2015.

［23］ 赵晖.中欧北冰洋航线集装箱班轮运输规划研究［D］.上海:上海交通大学,2016.

第2章

极地航线破冰船关键技术

近年来,由于全球气候变暖,极地航线受到了海运界广泛关注,越来越多的商船试水极地航线,凸显了极地航线重要的战略意义。但是,极地航线严寒与冰冻的环境也不能不令人生畏!近几年接连发生俄罗斯科考船"绍卡利斯基院士"号的 52 名船员和中国极地科考船"雪龙"号不幸被困冰海,虽然之后所幸脱困,但也严重警告人们:在考虑极地航线运行时,必须重视严寒与冰冻的环境问题。这也充分地凸显出破冰船在极地航线中占有无可替代的重要地位。

破冰船相对于集装箱船、散货船、油轮三大主力船型,是一个较小众的船型,过往多年,破冰船的技术研究并不是很深入,发展也不是很快,近几年来由于对极地航线关注度的快速升温,业界对破冰船研究与建造呈现出巨大的热情。同时,研究与发展破冰船相关技术与设备已成为各国推进极地战略的重要抓手。

| 2.1 极地破冰船典型船型及技术发展介绍 |

破冰船是用于破碎水面冰层,开辟航道,保障舰船进出冰封港口、锚地,或引导舰船在冰区航行的勤务船。破冰船分为江河破冰船、湖泊破冰船、港湾破冰船和海洋破冰船。破冰船船身短而宽,长宽比值小,底部首尾上翘,艏柱尖削前倾,总体强度高,艏艉和水线区用厚钢板和密骨架加强。推进系统多采用双轴和双轴以上多螺旋桨装置,螺旋桨和舵有防护和加强。

破冰船是发展较晚的船舶,俄罗斯是最早开发破冰船,而且能力与水平居于世界前列的国家。世界上最早的一艘破冰船诞生于 1864 年,为在冰冻期保持喀琅施塔得至奥兰宁鲍姆航线的通航,俄国发明家布利涅夫将一艘钢板轮船"派洛特"号改装,制造了世界上第一艘破冰船。1899 年由俄国人设计、英国为俄国建造的"叶尔马克"号破冰船,是第一艘在北极航行的破冰船。1957 年,苏联建造的"列宁"号破冰船,是世界上第一艘核动力破冰船,此后,苏联又建造了众多的破冰船。

现代破冰船已成为极地考察的重要装备,除用于破冰外,还承担着运输和海洋考察等任务。这类破冰船具有航程远,破冰进展慢,燃料消耗大等特点。采用核动力推进装置的破冰船,能适应其特殊需要,但造价昂贵。在世界破冰船中,俄罗斯拥有最大的破冰船队,是当前破冰船水平最高、能力最强的国家。俄罗斯和美国拥有推进功率大于 3 万 hp[①] 的破冰船。芬兰、加拿大、瑞典各有 6~7 艘破冰船。美国拥有中型极地破冰船队,该船队由 3~4 艘船组成,其中,"希利"号是美国时下最新、最强的破冰船。其他 7 个国家(英国、德国、日本、阿根廷、澳大利亚、挪威、荷兰)也拥有多艘自己的破冰船,但只有俄罗斯的破冰船使用核动力推进系统 (7~8 艘),可执行任务的有 6 艘。

1912 年,中国首次建造了"通凌"号破冰船和"开凌"号破冰船,排水量均为 410 t,功率为 688 hp。

中国海域曾经出现过多次严重的冰情,1936 年、1947 年、1969 年是较严重的三次,其中 1969 年最为严重,该年 2~3 月渤海出现了最大的冰封,盛冰期比常年多 1 个月,渤海湾的冰期达到了 4 个月。冰封严重时,冰外缘线距渤海海峡仅 35 n mile,整个渤海几乎全部被海冰所覆盖,冰封状态维持长达 40~50 天之久,小型冰丘堆积高达 5 m,123 条各型船只被困,7 条船只进水,"海井 2"号平台被流冰推倒,损失严重。该情况引起了国务院的高度重视,周恩来总理指示空军进行了轰炸破冰,同时指示海军建造破冰船,海军在 100 天内相继完成了"海冰 721"号、"海冰 722"号(上海造船厂建造,1969 年 12 月 26 日下水)的建造。当前,为了适应极地航线的开发与科考,我国相继建造了"雪龙"号与"雪龙 2"号具有现代水平的破冰船,并走向了高端破冰船研发制造的领域。

2.1.1 世界典型的十大破冰船

世界上有如下比较著名的十大破冰船。

1. NO.1 俄罗斯"列宁"号

1957 年下水的苏联的"列宁"号(图 2-1),是世界上第一艘核动力破冰船,其动力心脏是核反应堆,高压蒸汽推动汽轮机,带动螺旋桨推动船只。该船长 134 m,宽 27.6 m,高 16.1 m,吃水深度 10.5 m,破冰能力 1.7 m,排水量达 19 240 t,

---

① 注:1 hp ≈ 735 W。

最大航速为 19.6 kn,主动力装置功率为 44 000 hp;原装备 3 座 90 MW OK-150 型压水堆,后由于在换料期间发生事故,堆芯受损严重,于 1970 年换装了 2 座 159 MW OK-900 型压水堆,为螺旋桨提供 32 MW 推动力;主要进行北冰洋地区的考察和救援活动,在北海航线上执行破冰和引导运输船只的任务。船上备有 1 050 个船舱,可载员 243 人。"列宁"号主要执行北冰洋地区的考察和救援活动,除了在 1967 年靠港进行过维修,几乎不间断地航行了 30 年。1989 年发生切尔诺贝利事故之后,"列宁"号被暂停使用。2009 年 5 月,"列宁"号在俄罗斯摩尔曼斯克正式光荣退役,现在已变成一个博物馆,供游客参观。该船的维护保养工作依然在进行,船况尚好,一旦有需要似乎仍能出航执行任务。

图 2-1　"列宁"号核动力破冰船

2. NO.2 俄罗斯"北极"号

俄罗斯"北极"号(Arktika)核动力破冰船(图 2-2),安装有两座核反应堆,建成后是当时世界上最大的破冰船,于 1975 年服役。其可在北极圈内深水海域使用,破冰厚度 2 m。"北极"号于 1977 年 8 月 17 日抵达北极点,是第一艘到达北极点的水面舰船。

3. NO.3 俄罗斯"亚马尔"号

"亚马尔"号(图 2-3)是苏联时期计划建造的核动力破冰船,它是 20 世纪 70 年代中期建造的五艘阿克提卡级中最年轻的一艘。1986 年,它在圣彼得堡铺设龙骨,1992 年 10 月下水。"亚马尔"号排水量 23 455 t,长 150 m,宽 30 m,设计吃水 11.08 m。"亚马尔"号破冰船常用两种破冰方法,当冰层不超过 1.5 m 时,多采用"连续式"破冰法,主要靠螺旋桨的力量和船头把冰层劈开撞碎;如果冰层较厚,则采用"冲撞式"破冰法。采用"冲撞式"破冰法的破冰船的船头部位吃水浅,会轻而易举地冲到冰面上去,船体就会把下面厚厚的冰层压为碎块。

图 2-2 "北极"号核动力破冰船

图 2-3 "亚马尔"号核动力破冰船

4. NO.4 俄罗斯"50 年胜利"号

"50 年胜利"号(图 2-4)核动力破冰船是世界上最大的核动力破冰船。该船于 2006 年建成下水试航,2007 年正式交付使用。船长 159 m,宽 30 m,高 17.2 m,吃水 11 m,有船员 138 名,满载排水量 2.5 万 t,最大航速 20.8 kn,航速为 18 kn 时最大破冰厚度 2.8 m,总功率为 75 000 hp。船上装有两个核反应堆,装有最新的卫星导航和数字式自动操控系统,另外,船上装备的 6 艘救生船也是为在冰区救援航行所特制的。它是目前世界上最大,也是最先进的核动力破冰船,这也使得其成为俄罗斯众多北极级核动力破冰船里的巨无霸。

"50 年胜利"号主要用于俄罗斯政府的科学考察、军事和经济航线的破冰开路、护航等工作。出于安全方面的考虑,船上配有新式的测冰、测深雷达以及海水淡化系统,还载有 MI-2 直升机,用于侦察冰情和人员物资的运输。

5. NO.5 俄罗斯"马卡罗夫元帅"号

"马卡罗夫元帅"号(图 2-5)建成后是当时俄罗斯最大的破冰船之一,长 135 m,功率大约 40 000 hp。

图 2-4 "50 年胜利"号核动力破冰船

图 2-5 "马卡罗夫元帅"号破冰船

6. NO.6 美国"北极星"号

"北极星"号(WAGB-10)(图 2-6)是世界上破冰能力最强的常规动力破冰船,满载排水量 13 000 t,隶属于美国海岸警卫队。

图 2-6 "北极星"号破冰船

"北极星"号破冰船于 1976 年服役。全长 121.6 m,航速 18 kn,装备 2 架

HH-65A 救援直升机。"北极星"号能以 3 kn 航速连续破 1.8 m 厚冰,如果用倒车冲击法,可破开 6 m 厚的冰。

7. NO.7 美国"北极海"号

"北极海"号(WAGB-11)是"北极星"号的姊妹舰,如图 2-7 所示。

图 2-7 "北极海"号破冰船

8. NO.8 美国"希利"号

美国现役最大的破冰船是"希利"号(Healy、WAGB-20)(图 2-8),1997 年下水,1999 年服役。"希利"号船长 128 m,宽 25 m,吃水 9.8 m,最大航速 18 kn,满载排水 16 700 t,主要作为高纬度科学研究平台和执行冰区护航任务。

"北极星"号与"北极海"号、"希利"号共同组成美国海岸警卫队的中型极地破冰船队。

图 2-8 "希利"号破冰船

9. NO.9 中国"雪龙"号

"雪龙"号破冰船(图 2-9)是中国在 1993 年从乌克兰进口的破冰船基础上改造而来的,自 1994 年服役以来,已完成多次南极航行。

"雪龙"号长 167 m,宽 22.6 m,深 13.5 m,吃水 9 m,满载排水量 21 025 t,最大航速 18 kn,续航力 20 000 n mile。主机功率 13 200 kW,载重 10 225 t,能以 1.5 kn 航速连续冲破 1.2 m 厚的冰层前行。

图 2-9　"雪龙"号破冰船

　　"雪龙"号装备了先进导航、定位系统,有能容纳 2 架直升机的平台和机库;连续破冰厚度 1.1 m,设有海洋物理、化学、生物、气象和洁净实验室共 200 m²,配备了先进的大洋调查设备;可搭载 80 名考察人员赴极地工作;装备声呐、自动采水和高分辨卫星云图系统。

　　10. NO.10 俄罗斯"绍卡利斯基院士"号

　　"绍卡利斯基院士"号(图 2-10)在 1998 年经改造后,开始极地研究工作,隶属俄罗斯远东水文气象研究所。2011 年曾从俄罗斯出发到达了东南极洲。

图 2-10　"绍卡利斯基院士"号破冰船

2.1.2　世界各国拥有的破冰船及代表性破冰船情况

　　1. 世界各国拥有的破冰船概况

　　目前,世界上拥有极地破冰船的国家主要分布于近极地区域,包括俄罗斯、

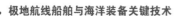

芬兰、加拿大、瑞典、美国、中国、澳大利亚等 16 个国家。截至 2017 年,世界主要国家在役极地破冰船(功率≥10 000 hp)共有约 75 艘(表 2-1)。综合来看,环北极国家共拥有极地破冰船 64 艘,占全世界在役破冰船的 86%,其余国家仅占约 14%。在这 75 艘极地破冰船中,俄罗斯拥有 37 艘,占比约 50%,是全世界拥有极地破冰船最多的国家,也是世界上唯一拥有核动力极地破冰船的国家。目前,俄罗斯在役的 37 艘极地破冰船中,包括重型 4 艘、中型 17 艘、轻型 16 艘,其中常规动力破冰船 33 艘,核动力破冰船 4 艘(均为重型),主要由 Rosatomflot 公司、摩尔曼斯克航运公司(MSCO)、Sovcomflot 公司、GAZFLOT 公司、SCF SWIRE PA-CIFIC OFFSHORE 公司、远东船运公司(FESCO)、NORILSK NICKEL 公司等运营使用。其中核动力破冰船全部由 Rosatomflot 公司、摩尔曼斯克航运公司运营。

表 2-1　世界主要国家极地破冰船数量与服役情况

国家	状态	分类数量/艘			合计
		≥45 000 hp（重型）	20 000~44 999 hp（中型）	10 000~19 999 hp（轻型）	
俄罗斯	在役	4	17	16	37
	在建	1	1	—	2
	计划	3	—	3	6
	退役	2	2	—	4
加拿大	在役	—	1	3	6
	计划	—	1	—	1
	退役	—	1	1	2
美国	在役	1	2	1	4
	计划	1	—	—	1
	退役	1	—	—	1
瑞典	在役	—	4	2	6
芬兰	在役	—	6	—	6
	计划	—	—	1	1
	退役	—	—	1	1
丹麦	在役	—	—	4	4

表 2-1（续）

国家	状态	分类数量/艘			合计
		≥45 000 hp（重型）	20 000~44 999 hp（中型）	10 000~19 999 hp（轻型）	
挪威	在役	—	—	1	1
	计划	—	—	1	1
中国	在役	—	—	2	2
澳大利亚	在役	—	—	1	1
	计划	—	—	1	1
日本	在役	—	1	—	1
德国	在役	—	—	1	1
	计划	—	—	1	1
爱沙尼亚	在役	—	—	2	2
智利	在役	—	—	1	1
韩国	在役	—	—	1	1
南非	在役	—	—	1	1
阿根廷	退役	—	—	1	1
拉脱维亚	在役	—	—	1	1
英国	计划	—	—	—	1

注：数据来源包括美国海岸警卫队航道与海洋政策办公室（CG-WWM）、主要船务公司官网、船舶海工新闻、船舶数据库等。

美国曾拥有仅次于俄罗斯的破冰船舰队，包括"北极星"号、"北极海"号、"希利"号、"帕尔默"号和"艾维克"号 5 艘极地破冰船，其中"北极星"号更是世界上破冰能力最强的常规动力破冰船之一，其最大破冰厚度达 6.4 m。然而美国在近 25 年来并没有建造新的破冰船，如今随着原有破冰船的退役，即便加上超期服役的"北极星"号也仅有 4 艘。

近年来，加拿大、瑞典、芬兰、丹麦也加大了极地破冰船建造力度。目前，加拿大拥有 6 艘，瑞典拥有 6 艘，芬兰拥有 6 艘，丹麦拥有 4 艘，合计拥有极地破冰船 22 艘，约占世界在役破冰船的 1/3。这 4 国不仅拥有规模不小的极地破冰船队，而且均拥有自己的极地破冰船建造技术，芬兰更是拥有世界一流的破冰船建造技术，承担了大量其他国家破冰船的建造任务。此外，挪威、中国、澳大利亚、日本、德国、爱沙尼亚、智利、韩国、南非、拉脱维亚等共拥有在役极地破冰船 12 艘,约占世界在役破冰船的 1/6。其中中国拥有 2 艘极地破冰船,一艘在从乌克兰进口的破冰船基础上改建而来,一艘自主研发建造;爱沙尼亚拥有的 2 艘极地破冰船均是从芬兰海事局购买的退役破冰船,经维修改造后再使用。除此之外,其他国家均只有 1 艘极地破冰船。

能去北纬 90°的破冰船,其动力系统、破冰级别、续航能力等标准都是最高的,破冰船去过北极点的国家(图 2-11)仅 5 个,分别是俄罗斯、加拿大、瑞典、美国、德国。

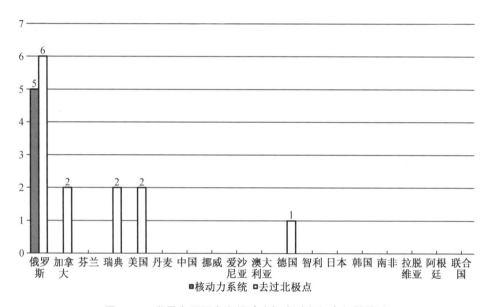

图 2-11　世界主要国家在役破冰船去过北极点船舶统计

2.世界各国拥有的代表性破冰船

(1)俄罗斯破冰船

俄罗斯是唯一独立设计和建造过核动力破冰船的国家,已为本国设计和建造了多艘核动力破冰船。

冰山设计局是俄罗斯核动力破冰船的主要设计单位,曾设计"列宁"号和 6 艘"北极"级核动力破冰船,并与芬兰阿克北极技术有限公司联合设计了 2 艘"泰梅尔"级核动力破冰船,最新设计的 LK-60 型核动力破冰船是目前世界排水量最大、破冰能力最强的破冰船,其排水量达 33 450 t,破冰厚度达 3 m。此外,该局正在与克雷洛夫国家科学中心联合设计 LK-110 型第五代核动力破冰船。

俄罗斯先进的破冰船采用了核动力驱动。传动方式上,由传统的机械式传动演变为电气传动,从而避免了由于螺旋桨击打碎冰而发生的机械损伤。此外,俄罗斯多数破冰船均采用了辅助推进系统,利用全向吊舱技术,不但能够帮助破冰船获得更强的推进动力,还可以在二次结冰船体受困的情况下使其船体进行横摇,实现舷侧碎冰作业。俄罗斯最先进的破冰船更是能够利用全向吊舱系统,配合船尾型线设计,实现反向破冰作业。

迄今为止,俄罗斯在核动力破冰船技术上遥遥领先,现已发展四代六型核动力破冰船,已建成 10 艘核动力破冰船。俄罗斯将加大在核动力破冰船方面的投入,预计到 2035 年,俄罗斯北极船队将拥有至少 13 艘重型破冰船。俄罗斯希望凭借强大的重型核动力破冰船,实现北方航道全年通航。

(2)芬兰破冰船

Karhu 级破冰船,共建 3 艘,芬兰 2 艘,爱沙尼亚 1 艘,1986—1987 年服役,全长 99 m,宽 24.2 m,吃水 8 m,满载排水量 9 200 t,编制 28 人,柴电动力功率 48 000 hp,航速 18.5 kn。

Tarmo 级破冰船,共建 3 艘,芬兰 1 艘,其余分别转让给拉脱维亚和爱沙尼亚,全长 85.7 m,宽 21.7 m,吃水 7.3 m,满载排水量 4 890 t,编制 45 人,柴电动力功率 12 000 hp,航速 17 kn,续航力 7 000 n mile/17 kn。

Urho 级破冰船,共建 2 艘,1975—1976 年服役,全长 104.6 m,宽 23.8 m,吃水 8 m,满载排水量 9 500 t,编制 47 人,柴电动力功率 48 000 hp,航速 18 kn。

(3)加拿大破冰船

1100 型破冰船是加拿大海上警卫队破冰船,共建 6 艘,1986—1987 年服役,全长 83 m,宽 16.2 m,吃水 5.8 m,满载排水量 4 662 t,编制 25 人,柴电动力功率 15 000 hp,航速 16 kn,续航力 6 500 n mile/15 kn。装备 1 架贝尔 206 型直升机。

1200 型破冰船,共建 4 艘,1978—1988 年服役,全长 98.1 m,宽 19.1 m,吃水 7.1 m,满载排水量 8 180 t。

1300 型破冰船,共建造 1 艘,1969 年服役,全长 119.6 m,宽 24.4 m,吃水 9.8 m,满载排水量 14 500 t。

Terry Fox 级远洋破冰船,共建 1 艘,全长 88 m,宽 17.8 m,吃水 8.3 m,满载排水量 7 100 t,全柴动力功率 23 200 hp,航速 16 kn,续航力 1 920 n mile/15 kn。

(4)美国破冰船

"希利"号(WAGB-20)破冰船,1997 年下水,1999 年服役,船长 128 m,宽 25 m,吃水 9.8 m,最大航速 18 kn,满载排水 16 700 t,是美国最大的破冰船,主要

作为高纬度科学研究平台和执行冰区护航任务。

Polar 级极地破冰船,共建造 2 艘,1976—1978 年服役,船长 121.6 m,宽 25.6 m,吃水 9.8 m,满载排水量 13 190 t,编制 134 人,燃气动力功率 81 000 hp,航速 20 kn,续航力 28 275 n mile/13 kn,装备 2 架直升机。

(5)日本破冰船

"白濑"号(AGB-5002)破冰船,1982 年服役,满载排水量 17 600 t,长 134 m,宽 28 m,吃水 9.2 m,动力 30 000 hp,航速 19 kn,续航力 25 000 n mile/15 kn,舰员 170 人,搭载 3 架直升机,可载运 1 000 t 货物。

"富士"号(AGB-5001)破冰船,1965 年服役,排水量 5 250 t,航速 17 kn,破冰厚度 0.8 m,长 100 m,宽 22 m,吃水 8.1 m,编制 200 人,货运能力 500 t。

(6)瑞典破冰船

Atle 级破冰船,满载排水量 9 500 t,四轴推进,航速 19 kn。

(7)德国破冰船

"极星"号(Polarstern)是德国的科考破冰船。德国拟在"极星"号上安装海雾观测设备,获取海雾发生、发展、消散过程中的前向散射光信息,以提高北极数值天气预报中的海雾预报技术;在"极星"号附近的冰站上安装自动气象站,获取海冰表层常规气象要素连续观测数据,以提高北极气候预报精确度。

2.1.3 世界极地破冰船技术动向

1.核动力破冰船

由于极地严寒,自然条件恶劣,不太具备建设大量燃料补给站的条件,因此不需要频繁补充燃料的大型核动力破冰船受到了人们的关注与青睐。目前,俄罗斯是世界上唯一拥有核动力破冰船的国家,并且已经组建了一支核动力的顶级破冰船队,典型的核动力破冰船如下:

(1)第 1 代核动力破冰船

"列宁"号是世界上第一艘核动力破冰船,建于 1956 年,1959 年服役,1989 年退役。其已在 2.1.1 节进行介绍,此处不再赘述。

(2)第 2 代核动力破冰船

第 2 代核动力破冰船共 8 艘,包括泰梅尔级 2 艘和北极级 6 艘。

1971 年 6 月,在波罗的海造船厂的船坞上铺设了第一个龙骨,1972 年 12 月新的核动力破冰船下水。随着"北极"号(1974 年 12 月移交给摩尔曼斯克船运公司)和"西伯利亚"号(1977 年 12 月交付给客户)的启用,北极地区的西部地区几乎全年都在通航。

　　两年后,俄罗斯决定继续建造一系列核动力破冰船。基于客户希望提高破冰船的操作质量的愿望,并考虑到 1052 型破冰船"北极"号、"西伯利亚"号的操作经验,冰山中央设计局在短时间内制订了修订后项目的船体和动力安装保持不变,但是在破冰船上额外安装了包括实验设备和机械在内的大量新设备。

　　1981 年 2 月,波罗的海造船厂铺设了名为"俄罗斯"的第一艘破冰船,并于 1985 年 12 月移交给客户。"苏联"号 1989 年 12 月服役,"亚马尔"号于 1992 年 10 月服役。该系列的最后一个核动力破冰船"乌拉尔"号于 1993 年建造,并于 1995 年因纪念卫国战争胜利 50 周年,改为"50 年胜利"号。

　　北极级共建成 6 艘,目前只有"亚马尔"号和"50 年胜利"号仍在服役,另外 4 艘已退役。已退役的 4 艘船均长 148.5 m,宽 30.5 m,高 17.25 m,排水量 23 000 t,破冰能力 2.5 m,排水量达 19 240 t,最大航速为 20.8 kn,主动力装置功率为 75 000 hp;装备有 2 座 171 MW OK-900A 型压水堆,为螺旋桨提供 54 MW 推动力。

　　泰梅尔级包括"泰梅尔"号和"瓦伊加奇"号(图 2-12)。它们均长 150 m,宽 28 m,吃水 8.1 m,排水量 18 500 t,破冰厚度 1.7 m,速度 18.5 kn。装备有 1 座 171 MW KLT-40M 型压水堆,为 3 个螺旋桨提供 35.5 MW 推动力,主要用于在海岸、港湾甚至内河河口等浅水区实施航道破冰作业,目前这两艘破冰船均在服役。

图 2-12　"瓦伊加奇"号核动力破冰船

　　(3)第 3 代核动力破冰船

　　第 3 代核动力破冰船为 LK-60YA 级(项目 22220),包括"北极"号、"西伯利亚"号和"乌拉尔"号。该项目的船只用于替换"北极"号(项目 10520)和"泰梅尔"号(项目 10580)。2009 年冰山中央设计局提升了核动力破冰船的技术设计。作为核电站的一部分,使用了新型的 RITM-200 型核反应堆(图 2-13)电站。2016 年 6

月 16 日,波罗的海造船厂(联合造船公司的一部分)启动了由 Rosatom 命令建造的北极破冰船项目 22220。

图 2-13　RITM-200 型核反应堆

22220 型核动力破冰船用主涡轮发电机及推进电机,如图 2-14、图 2-15 所示。22220 型核动力破冰船纵剖面图如图 2-16 所示。

图 2-14　22220 型核动力破冰船用主涡轮发电机

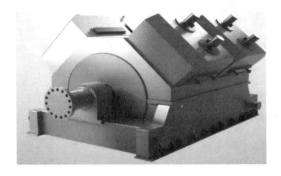

图 2-15　22220 型核动力破冰船用推进电机

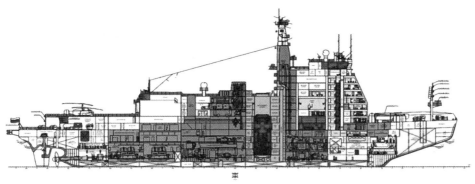

图 2-16　22220 型核动力破冰船纵剖面图

　　首舰"北极"号于 2019 年 12 月 14 日完成为期两天的航行试验,返回圣彼得堡,旨在检测"北极"号破冰船的操作性能。"北极"号在试验中使用柴油作为燃料,更多的航行试验持续至 2020 年 5 月。

　　"北极"号长 173.3 m,宽 34 m,排水量 3.35 万 t,最大航速可以达到 22 kn。乘员 75 人,服役期为 40 年,造价约为 369 亿卢布(约 6.4 亿美元)。它配备 2 座 175 MW RITM-200 型核反应堆,为螺旋桨提供 60 MW 推动力,具备 9 级破冰能力,可以破除 3 m 厚的冰层,能够在北极条件下为船队引航,保障运载碳氢化合物原料的船只从亚马尔半岛、格达半岛油田和喀拉海大陆架前往亚太市场。"西伯利亚"号排水量为 33 540 t,长 173.3 m,宽 34 m,吃水 10.5 m,采用 2 座 175 MW 的 NPS-200 型核反应堆作为动力源,3 具螺旋桨推进,航速 22 kn,于 2017 年 9 月 22 日完成下水,正在进行舰装作业。"乌拉尔"号于 2019 年 5 月 25 日在圣彼得堡下水。

　　第 3 代核动力破冰船有三大特点:船型尺寸更大;动力更强;有更高的破冰效率。

　　LK-60 级核动力破冰船是目前全球体量最大、功率最大的破冰船,标志着俄罗斯为北极开发取得重大技术突破。"北极"号投入使用后,将会在北冰洋的浅海区和深海区工作,除了在极地工作中使用,还可以保障北冰洋上的船只通行,最高能保证 10 万 t 级的货船畅行无阻。

　　此外,2019 年 8 月,俄罗斯原子能集团和波罗的海工厂签署了增建两艘该项目量产型核动力破冰船的合同。22220 型多功能原子能破冰船 LK-60YA 功率高达 60 MW,将成为世界上体量最大和功率最大的破冰船,以确保俄罗斯在北极的领先地位。

（4）第4代核动力破冰船

第4代领袖级核动力破冰船（项目10510）设计用于北海航线，全年为载重量超过100 000 t、宽度超过50 m的大容量运输船引航。也就是说，其专门用于确保船只沿欧洲到亚洲的最短北海航线航行。特别是新破冰船将必须为天然气运输船和油轮提供全年的护航，包括向韩国、日本和中国运送碳氢化合物燃料的船只。

JSC Afrikantov OKBM公司已开始为新的领袖级破冰船开发RITM-400核动力装置（图2-17）的技术设计，正在开发中的设备的热功率为315 MW，是其前身RITM-200（175 MW）的功率的1.8倍。2016年，冰山中央设计局开始着手技术方案研究工作。该新型核动力破冰船的独特设计将确保目前无法使用此航线的包括大型油轮和干货船等船舶也能沿着北海航线航行。根据计算，领袖级将能够轻松克服厚度超过4 m的北极冰，能够以15 kn的速度通过2 m厚的冰，为宽度为50 m的运输船开辟运输通道。该型破冰船的设计时间为3年。

图2-17　领袖级核动力破冰船动力装置

"领袖"号（图2-18）的总排水量为71 380 t，长209 m，宽47.7 m，高20.3 m。该船将接收两座RITM-400核反应堆，其推进器功率为120 MW，每个反应堆的热功率为315 MW。该船的推进器包括四个螺旋桨。预计该型破冰船在水中的速度将达到24 kn，而在2 m厚的冰中将达到12 kn，最大破冰厚度近4 m，各项参数与LK-60级相比均有较大提升。该船的设计使用寿命为40年，机组人员将有127人。

除此之外，"领袖"号将由能够"自我诊断"金属腐蚀的材料建造，并可在检测到损伤后进行"自我修复"，因此其维护需求很小，还采纳了"开放船尾"的新理念，开始广泛使用模块化技术，其船尾是自由舱，可依据任务需要搭载不同的作业模块,其中包括反潜装置、导弹、火炮,以及无线电或潜水设备等特种集装箱模块,快速完成多种功能之间的转换。

图 2-18 "领袖"号核动力破冰船示意图

俄罗斯计划至少建造 3 艘领袖级核动力破冰船,每艘预计耗资 16 亿美元,到 2033 年,3 艘破冰船将交付 Rosatom 公司。2019 年 3 月,在圣彼得堡进行了破冰船的模型测试。有报道称第一艘船将在 2027 年投入运营。新的破冰船具体的建成日期尚未公开,将由远东海参崴兹韦兹达(Zvezda)造船厂建造,俄罗斯政府计划筹集数十亿美元对该造船厂进行改建,正在建造的干船坞已在 2020 年投入使用。

2. 破冰船的新船型

破冰船一般常采用两种破冰方式:在冰层较薄的情况下,依赖大马力的推进装置,利用船首破切冰层,目前现有的破冰船大都是用船头破冰;遇上较厚的冰层,就会采用重力破冰法,即在船尾压水舱注水使船头抬高,冲上冰层后再排空船尾压水舱,注满船首压水舱,依靠自身重力压碎冰面。

相比较而言,由于破冰船本身尺寸的限制,用这两种传统方式开辟出的航道并不是很宽,即便是依靠两侧压水舱进行左右摇摆进行破冰也无法开辟很宽的航道,因此世界各国都在积极地投入力量以研发新的破冰船船型。

(1)船体不对称船型

2013 年,芬兰阿克(Arctech)船务公司建造了一艘名为"波罗的海 NB508"的新型破冰船,如图 2-19 所示,该船长 74 m,宽约 20 m,船体钢板厚度最厚处达 2.8 m(与俄罗斯极地破冰船相同)。破冰角度(船头抬高的角度,这里指船身一侧抬起的角度)约 30°。由于船头、船尾和侧面均可用来破冰,因此该船可以应对

不同厚度的冰层。船舶动力系统由多个柴油发动机驱动的三台涡轮机组成。

图 2-19　波罗的海 NB508 破冰船

该船型最大的特点是其船体是不对称的,当推进器将船身调整为侧倾角度时,船体就变成了一把巨大的刀子,可在冰层中开辟出宽约 70 m 的道路,不仅能够作为专业破冰船在极地航行时为船队开辟航道,还能在紧急时刻承担营救和浮油清理任务。这种新型破冰船的投入使用,预示着极地将迎来大规模通航的新时代。

(2)核动力多功能破冰船

俄罗斯为了给北极航道通航提供更大的服务能力,已于 2020 年建成 3 艘核动力破冰船,并开建一艘超大规模,长 173.3 m、宽 34 m,排水量约为 3.354 万 t 的北极级双反应堆核动力破冰船(图 2-20),该船采用 2 座 60 MW 的 RITM-200 核反应堆(设计生命 40 年)作为动力,使用^{235}U丰度(元素相对含量,用百分比表示)低于20%的燃料,装载一次燃料可以供应动力长达 7 年,是目前世界上最大的核动力破冰船,并将对探索北极能源储备大有帮助。

图 2-20　北极级双反应堆核动力破冰船

更重要的是,该船有巨大的压载舱,能够让吃水深度在 8.5~10.7 m 之间自由变化,可以适应不同航道深度,航行更广的范围,从而既可以在北冰洋的浅水区运作,也可以在深水区运作,并能保障 10 万 t 级的船舶通行。

核动力多功能破冰船可以成为商船队的领导者,确保钻井平台的安全,并运送货物,协助被卡住的船舶,拖曳浮动结构并进行远征航行。

2.1.4 我国目前破冰船技术状态

破冰船是世界各国推进极地战略的重要抓手,具有重要的战略地位。总体来说,我国极地破冰船数量较少,更缺少应急救援、海上溢油处理、事故船舶救助等多功能破冰船。随着我国极地航运、极地资源勘探开发、极地旅游等活动逐渐增加,多功能极地破冰船需求日益强烈。以国家需求为牵引,带动极地破冰船研发、设计、建造、营运的关键技术突破,研发以核动力推进为代表的大功率重型破冰船,打造一支我国自主的极地破冰船队,全面提高极地活动的安全保障与应急救援能力是我国积极参与极地事务的重要保障。

1. 我国的破冰船现状

我国目前有 4 型破冰船("雪龙"号是极地专用破冰船),除了"雪龙"号和"雪龙 2"号,目前在服役的破冰船还有"海冰 722"号和"海冰 723"号。中国海军破冰船到现在,已经经历了三代四个型号,从早期的 071 型、071 甲型,到 210 型,再到最新的 272 型。我国各型破冰船如图 2-21 至图 2-27 所示。

图 2-21   071 型破冰船"海冰 101"号

图 2-22　071 型破冰船"东海 519"号

图 2-23　071 甲型破冰船"C721"号

图 2-24　071 甲型破冰船"海冰 721"号

图 2-25　210 型破冰船"C723"号

图 2-26　272 型破冰船"海冰 722"号

图 2-27　"雪龙 2"号极地破冰船

2. 我国破冰船的技术水平（表 2-2）

表 2-2　我国 4 艘破冰船的技术参数对比表格

技术参数	"海冰 722"号	"海冰 723"号	"雪龙"号	"雪龙 2"号
正式使用时间	2015 年底	2016 年 3 月 17 日	1994 年 10 月	2019 年 7 月
定义	我国自行设计、建造的 272 型破冰船，属于中国海军第二代破冰船	"海冰 722"号的姊妹船，是我国自主研发的第二艘新型破冰船	我国第三代极地破冰船和科学考察船，我国于 1993 年从乌克兰进口后按照我国需求进行改造而成	是我国第一艘自主建造的极地科学考察破冰船

表 2-2（续）

技术参数	"海冰722"号	"海冰723"号	"雪龙"号	"雪龙2"号
长×宽/m	103.1×18.4	103.1×18.4	167×22.6	122.5×22.3
满载排水量/t	4 860	4 860	21 025	13 990
最大航速/kn	18	18	17.9	15
续航/n mile	7 000	7 000	19 000	20 000
破冰厚度	—	可连续破除1 m以下当年冰	能以1.5 kn的航速冲破1.2 m厚的冰层（含0.2 m雪）	能够在1.5 m厚冰环境中连续破冰航行

中国目前最先进的破冰船"雪龙2"号与世界上先进破冰船的对比见表2-3。

表 2-3 "雪龙2"号技术参数与国外先进破冰船的对比

技术参数	中国"雪龙2"号	美国"希利"号	俄罗斯LK-60型	俄罗斯LK-110型
服役年份	2019年	1999年	2020年	2017年开始研发
定义	我国第一艘自主建造的极地破冰船	高纬度科学研究平台和执行冰区护航	兼顾深水与浅水区域	兼顾深水与浅水区域
长×宽/m	122.5×22.3	128×25	173.3×34	205×47.7
设计吃水/最小/m	7.85	9.8	8.5~10.5	13/11.5
满载排水量/t	13 990	16 700	33 540	70 674

表 2-3(续)

技术参数	中国"雪龙 2"号	美国"希利"号	俄罗斯 LK-60 型	俄罗斯 LK-110 型
最大航速/kn	15	18	22	23
续航力/n mile	20 000	28 275	装载一次燃料可以供应动力长达 7 年	装载一次燃料可以供应动力长达 7 年
动力系统与功率	装载全回转电力推进系统和 DP-2 动力定位系统	—	2 座 RITM-200 型 175 MW 核反应堆	2 座 RITM-400 型新一代核反应堆
推进功率/MW	两台 7.5 MW 吊舱推进器	—	60	120
破冰厚度/m	能在 1.5 m 厚度的冰环境下连续破冰航行	1.4	2.8~2.9	4.3
机组人数	90	70 名船员,50 名研究员	75	127

我国新一代破冰船"雪龙 2"号的技术水平与能力已经具有一定的先进性,具体优势如下:

(1)在破冰能力方面:不仅能够处理 1.5 m 厚的冰层加 30 cm 深的浮雪,而且能够在两极混有浮冰的海水中终年作业,对海冰的破冰能力增强。

(2)在机动能力方面:新船长度缩短,不但船头可以破冰,船尾也可以破冰。一旦遇到复杂冰情,船舶无须调头,前后都可以破冰,大大增强了船体的机动性和安全性。

(3)在操作稳定性方面:新船既能在低速航行情况下原地回转,也能在符合环境条件的无冰海域环境下实现动力定位,航向的稳定性更好。

(4)在动力系统、甲板面积、实验面积等调查船要件方面,都达到了优越的设计水准,调查装备的现代化水平大幅度提高,调查能力将大大超过现有的极地科考船舶。

但是与俄罗斯的核动力破冰船相比,"雪龙 2"号各个方面的差距还是显而易见的。随着国际社会对极地资源的不断探索与开发,为了保障我国在北极地区及航线上的利益,我们还需要努力使破冰船的能力与水平更上一层楼,赶上国际先进水平。

<h1 style="text-align:center">2.2 破冰船关键技术</h1>

2.2.1 破冰船设计原理

破冰船一般常用两种破冰方法:当冰层不超过 1.5 m 厚时,多采用"连续式"破冰法,主要靠螺旋桨的力量和船头把冰层劈开撞碎,每小时能在冰海航行 9.2 km;如果冰层较厚,则采用"冲撞式"破冰法。冲撞破冰船船头部位吃水浅,会轻而易举地冲到冰面上去,船体就会把下面厚厚的冰层压为碎块。然后破冰船倒退一段距离,再开足马力冲上前面的冰层,把船下的冰层压碎。如此反复,就开出了新的航道。还有一种方法是将螺旋桨当作刀子把冰切碎。以燃料油为动力的破冰船,多采用柴油机带动发动机发电,电动机驱动螺旋桨(组合机组驱动),驱动功率可达上百万瓦,可以满足较长时间破冰航行的需要。

1. 不同破冰方法的船体受力情况

船体与竖直面之间必须有一个倾角 θ,如图 2-28 所示,设船体与冰块间的动摩擦因数为 μ,要使压碎的冰块能被挤向船底,θ 角应该满足一定的条件(冰块受到的重力、浮力忽略不计)。

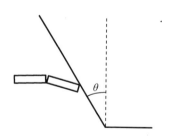

图 2-28 船体与竖直面之间的倾角 θ

（1）"连续式"破冰受力情况

"连续式"破冰时,碎冰块受力情况分析图,如图 2-29 所示。

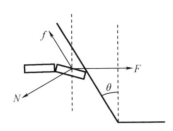

图 2-29　"连续式"破冰时,碎冰块受力分析图

碎冰块受到船壁的弹力 N、摩擦力 f 和冰层的挤压力 F。将挤压力 F 沿船壁方向和垂直于船壁方向进行分解。为了使碎冰块能被挤向船底,需满足:

船壁方向 $F\sin\theta > f$;垂直船壁方向 $F\cos\theta = N$;又

$$f = \mu N$$

解得 $\tan\theta > \mu$（μ 为摩擦因数）,故 θ 须满足的条件为 $\theta > \arctan\mu$。

（2）"冲撞式"破冰受力情况

当采用"冲撞式"破冰法时,对碎冰块受力情况进行分析,如图 2-30 所示。

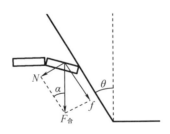

图 2-30　"冲撞式"破冰时,碎冰块受力分析图

碎冰块受到船体的弹力 N 与摩擦力 f。只有当 f 和 N 的合力 $F_{合}$ 与船体的夹角 α 小于 θ 时,冰块才能被挤向船底,否则冰块将被挤在冰层和船体之间,使船体受到很大的侧压力,即满足:

$$\tan\alpha < \tan\theta$$

由受力图 2-30 可知:$\tan\alpha = N/f = N/(\mu N) = 1/\mu$。解得 $\theta > \arctan 1/\mu$。

（3）理论数值计算

若船体为钢结构,可从高中物理实验教科书中查到:"钢-冰"的运动摩擦因

数 μ 为 0.02,进行纯理论计算则可算出:

"连续式"$\theta>1°9'$,"冲撞式"$\theta>88°50'$。

2. 破冰船破冰能力分级

2006 年国际船级社协会(IACS)颁布了《极地级船舶要求》,将极地破冰船按破冰能力分为 7 个极地冰级(Polar Class,PC),具体等级破冰厚度如下:

- PC1,全年在所有极地水域。
- PC2,全年在中等厚度的多年冰龄状况下。
- PC3,全年在第二年冰龄状况下,可包括多年夹冰。
- PC4,全年在当年厚冰状况下,可包括旧夹冰。
- PC5,全年在中等厚度的当年冰龄状况下,可包括旧夹冰。
- PC6,夏季/秋季在中等厚度的当年冰龄状况下,可包括旧夹冰。
- PC7,夏季/秋季在当年薄冰状况下,可包括旧夹冰。

各类冰区加强规范的前提与根本在于冰级的设定与定义,而冰级的定义则能基于目标海区的中长期冰情观测资料。

各个规范明确规定,根据船舶服务航区选择适宜的冰级是船东的责任。为方便船东,IACS PC 采用世界气象组织(WMO)解释,对各个冰级对应的海冰形态做直观描述。

在载荷系数、冰带加强范围、加强要求等方面均直接给出与冰级相对应的计算参数,但对海冰的具体物理参数均不做显式规定。

3. 破冰船运行情况

目前,强制性极地规则将极地航行船舶按航行水域划分为 A、B、C 三类,A 类船舶是指被设计能在一年及以上中冰(包括混杂老冰)的极地水域中航行的船舶,通常指 PC1~PC5 冰级的船舶;B 类船舶是指除 A 类船以外的,被设计能在一年及以上中冰(包括混杂老冰)的极地水域中航行的船舶,通常指 PC6、PC7 冰级的船舶;C 类船舶是指被设计能在开阔水域或冰况低于 A 类和 B 类船舶适用的水域航行的船舶。

为满足上述强制性极地规则,极地船舶应具有以下几个技术特点:

(1)在护航的前提下,冰区加强的船舶可季节性地在极地区域通航,在新设计中,B 类极地区域加强船型是重点优化的方向。

(2)运输类船舶设计强调无冰或薄冰航行与破冰航行的经济平衡。基于吊舱应用而衍生出来的双动技术基础上开发出的双动船型在多型冰区级油船上应用。

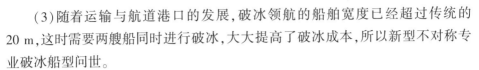

（3）随着运输与航道港口的发展,破冰领航的船舶宽度已经超过传统的 20 m,这时需要两艘船同时进行破冰,大大提高了破冰成本,所以新型不对称专业破冰船型问世。

（4）合理确定极地航行季节和时间,采取适当的防冻化设计。对于船用设备、货物及室外的电器设备等均有防冻的要求。

2.2.2　破冰船的冰载荷问题

破冰船顾名思义就是破冰的船舶,其首要任务就是通过破冰为船舶前行开辟航道。因此,破冰船的设计必须考虑其具有针对北极寒冰的能力,由此研究北极寒冰的力学性能、船体结构及构成其的材料所应该具有的强度、刚度等力学状态是非常必要的。

1. 冰载荷的强度试验

多年冰代表了海上结构物或船舶在北极可能遇到的最严重的冰况,该冰况主要取决于多年冰的厚度,但也与浮冰的大小和强度有关。加拿大、美国和俄罗斯在近海进行了许多关于多年冰的实地研究,包括测量冰的厚度、测算浮冰的大小和强度、研究冰对垂直结构的破坏与对倾斜结构的破坏的对比,等等。由于整体碎冰压力与挠曲强度的相对值是比较垂直和倾斜结构上冰力的一个重要决定因素,因此针对多年冰的弯曲强度做了很多试验。多年冰的弯曲强度试验表明:随着冰梁尺寸的增大,冰的弯曲强度会降低;冰的相对弯曲强度,由强到弱依次为淡水冰、多年冰和第一年海冰;较冷的浮冰具有较大的弯曲强度。

冰的弯曲载荷并不能确定冰的基本力学性质,在比较垂直和倾斜结构上的冰力时,整体冰破碎压力与抗弯强度的相对值是计算冰力的一个非常有用的参数。对冰的弯曲强度的一般假定是冰为线弹性材料,冰层厚度具有均匀性。直接测量多年冰的抗弯强度的数据是非常有限的。

1981 年 3 月和 4 月,对阿拉斯加普拉德霍湾多年浮冰的特征和特性进行了为期三周的实地研究。研究包括通过梁试验来测量多年冰的弯曲强度。14 根冰梁被修剪成长 0.15 m、宽 1.25 m 的正方形截面,80 根冰梁被修剪成大约长 0.065 m、宽 0.5 m 的正方形截面,采用三点加载。大、小梁试验结果如表 2-4 所示。

表 2-4 Vaudrey 梁试验的多年冰抗弯强度

大冰梁序号	冰梁试验温度/℃	冰梁破坏应力/kPa			冰梁试验序号
		大冰梁	小冰梁		
			平均值	标准差	
1	—	—	898	449	3
2	—	坚韧	830	150	2
3	—	破损	1 000	150	3
4	−14	946	939	245	6
5	−8.5	918	1 020	34	3
6	−10	932	1 150	252	7
7	—	653	—	—	—
8	−14.5	741	776	272	7
9	−15.5	1 020	966	20	2
10	−18	816	619	381	6
11	—	坚韧	952	265	7
12	−17	878	1 245	293	2
13	−19	952	1 204	313	3
14	−15.5	1 218	1 340	102	3
15	−16	891	1 177	190	4
16	−20.5	1 082	—	—	—
17	—	坚韧	1 190	177	6
18	—	坚韧	959	231	4
19	—	坚韧	1 150	218	5
20		939	—	—	—
21	−13	864	—	—	—

除多年冰试验外，还对第一年海冰和淡水(湖)冰进行了类似的弯曲试验，试验数据见表 2-5,可见第一年冰的抗弯强度小于多年冰,淡水冰明显强于多年冰。

表 2-5　Vaudrey 大、小梁抗弯强度试验结果汇总

冰种类	冰梁尺寸		试验序号	平均冰温度/℃	弯曲强度		协方差
	厚度/m	长度/m			平均强度/kPa	标准差/kPa	
多年冰	0.15	1.25	14	−15.0	918	136	0.15
	0.06	0.50	80	−15.5	1 075	279	0.26
一年冰	0.15	1.25	2	−19.0	714	19	0.03
	0.06	0.50	8	−16.4	680	122	0.18
淡水冰	0.06	0.50	6	−21.0	2 327	320	0.14

2. 船与浮冰

船以一定的速度接近冰缘,船头与冰缘接触,局部粉碎冰,船首与浮冰相互作用示意图见图 2-31,船在浮冰的边缘分别产生垂直和水平的力,即 F_V 和 F_H。垂直分量 F_V 可能会增加,直到浮冰在 x 点弯曲失效,或者船的动量不够,在浮冰弯曲失效前停止。冰的厚度 h 和挠曲强度因数 σ_f 是决定浮冰是否因弯曲或破碎而失效的因素。由于浮冰是漂浮的,水也提供了静水阻力和水动力阻力,也确定了两种与弯曲破坏有关的边缘断裂模式和连续破冰模式。

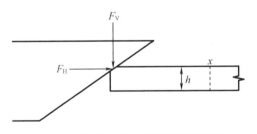

图 2-31　船首与浮冰相互作用示意图

2.2.3　总体设计

2.2.3.1　总体设计思想

破冰能力、破冰效率以及对螺旋桨等重要部件的保护能力是极地破冰船设计时需考虑的核心因素。因此,首先在总体结构设计上,极地破冰船与一般海船

不同。相较于一般海船,极地破冰船不仅拥有更大的自重,而且长宽比也更小,约为 5:1,而一般海船远远大于这个比例,如高月级驱逐舰船长为 136 m,宽却只有 13.4 m。该设计使极地破冰船船体纵向短横向宽,具有更好的操纵性。

其次,为减少破冰过程中碎冰对船体的损害,极地破冰船通常设减摇装置和突出部分,并将船体设计为有利于保护舵和螺旋桨的结构,防止倒车时舵和桨叶被海冰撞坏。

再次,为使破冰船更易冲上海冰进行破冰作业,破冰船的船首一般设计为勺型,底部具有平缓的角度(约为 15°),以提高破冰效率。

毋庸置疑,破冰能力是极地破冰船最重要的设计参数之一,可分连续航行破冰能力和反复冲压破冰能力。目前,从动力系统角度来看,大多数柴电破冰船的连续航行破冰能力在 1.2 m 厚的冰层以上,较为先进的可破开 1.8 m 厚的冰层,而核动力破冰船可连续破开 2~3 m 的冰层(俄罗斯泰梅尔级连续航行下可破开 2 m 厚的冰面,而动力更强劲的"50 年胜利"号则可破开 3 m 厚的冰面)。

同时,在连续航行破冰受限的情况下,破冰船会以反复冲压的方式进行破冰作业。一般来看,破冰船的反复冲压破冰厚度通常是连续航行破冰厚度的 2~4 倍。如俄罗斯的"北极"号破冰船可连续破冰 2.25 m,反复冲压则可破开 5 m 厚的冰层;美国的"极地星"号破冰船,在 3 kn 的航速下连续破冰厚度为 1.8 m,反复冲压破冰厚度可达 6.4 m。

最后,常用的辅助破冰设备/系统有冲水系统、气泡系统、船体加热设备和快速侧倾系统等。例如世界上最大的核动力破冰船北极级安装有瓦锡兰气泡系统和快速侧倾系统,气泡系统可以将压缩的空气从船体底部喷出,使船侧的冰块受到向上的浮力作用,并随着气泡上升破裂,以此减少对船体的摩擦;快速侧倾系统则可通过强大的抽水系统改变船体的重力分布,从而在冰密条件下使船体发生摇摆,摆脱两侧冰雪对船身的束缚。

2.2.3.2　一艘中型破冰船的总体设计介绍

"MARIA S. MERIAN"号是一艘可用于所有海洋研究学科(物理和生物海洋学、海洋地质学、海洋和大气化学、海洋地球物理学和气象学)的多用途工作船。该船设计主要在北海、波罗的海和北大西洋航行,穿过赤道驶向北部地区,一直到海冰边缘地带,该船设计能够破开厚度约 0.5 m 的海冰。

"MARIA S. MERIAN"号主尺度如下:

垂线间长:94.8 m;　　　　　　　适航温度范围:空气 -30°~+45 ℃;

吃水:7.0 m; 科学家/船员:20 人/20 人;

船深:10.0 m; 科学负载:150 t;

船宽:19.2 m; 航速:15 kn。

该船舶分为三个不同部分:

(1)前部是船员和科学家住所、厨房、食品储藏室、餐厅和娱乐场所;

(2)中部被认为是受环境影响最小的部分,设有科研室;

(3)船尾部分为使用的机械、物料、车间。

该船舶最上面是驾驶室,可以看到前方景色和工作甲板。

推进装置是柴电驱动,有两个分离舱和一个泵喷。整套系统(柴油发动机、发电机和泵)均有备份,并严格保存在两个不同的机房,所以即使一半的系统停电,船仍然可以安全地航行到下一个港口。

2 个主柴油发动机 1 600 kW;

2 个主柴油发动机(备份) 1 200 kW;

2 个 Schottel 吊舱推进器 2 050 kW;

1 个 Schottel 泵喷推进器 1 900 kW。

导航设备是最先进的:两个 GPS、两个雷达(X 波段和 s 波段)、自动航线处理(自动跟踪系统)、电子海图(ECDIS)、多普勒电磁计程仪以及生态测深仪。

拥有主动定位系统,船能停留在要求的位置,误差仅几米。

一艘可载 46 人的滑动救生艇位于船尾。右舷和左舷的救生筏可以同时容纳两倍于船上人数的人。为了在寒冷的北极海域航行,所有人都配有救生服。

对于任何用于科学研究的船只来说,将对环境的影响保持在一个非常低的水平是非常重要的。在废物处理以及使用环保油、冷冻液等方面,该船被授予"蓝天使"的标签。因此,除了冷却水外,几乎没有任何东西会被排放到水中,废水将通过微膜过滤,直到达到淡水水质标准,剩余的污泥将被带回家。

该船舶配备两种不同的稳定系统以尽可能减少船舶晃动:

(1)在巡航期间,一个 Blohm & Voss 伸缩鳍稳定系统与主动鳍(6.8 m^2)可提供平稳的航行;

(2)在静止或只有低航速的情况下,劳斯莱斯交互式减摇水舱(容积 240 t)将为船舶提供稳定性。

此外,还建立了数据管理系统,包括数据分发系统和邮件服务器。所有来自船舶导航、气象站、绞车、水声系统和科学家的数据都通过以太网在船上进行检查、控制、处理和分发。

客房共有 30 间单铺房和 5 间双铺房,均设有独立的淋浴间和卫生间,所有房内均设有数据分配系统、电话和通信(广播、电视)插座。两个餐厅为船员和科学家服务。餐厅有一个小酒吧和吸烟区。设施完善的健身房和桑拿房是休闲娱乐的好去处。科学会议室整合了一个小型但定期更新的图书馆。每个人都可以使用洗衣机和烘干机。

"MARIA S. MERIAN"号总布置图如图 2-32 至图 2-37 所示,"MARIA S. MERIAN"号三维仿真模型如图 2-38 所示。

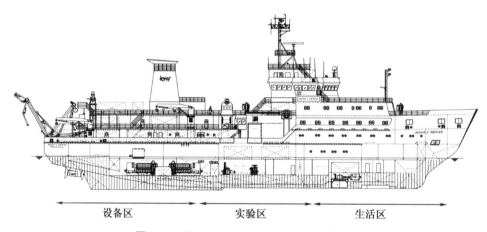

图 2-32 "MARIA S. MERIAN"号侧视图

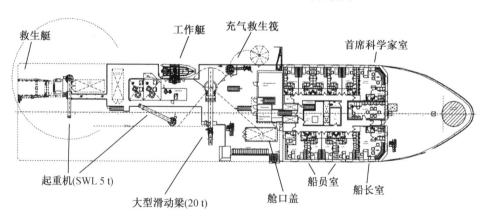

图 2-33 "MARIA S. MERIAN"号俯视图——船首楼甲板

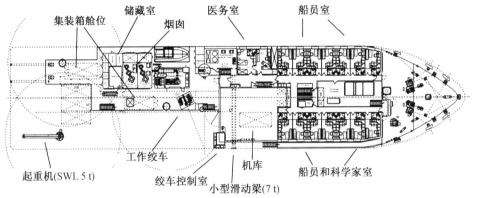

图 2-34 "MARIA S. MERIAN"号俯视图——上甲板

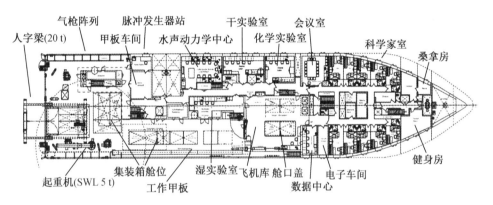

图 2-35 "MARIA S. MERIAN"号俯视图——主甲板

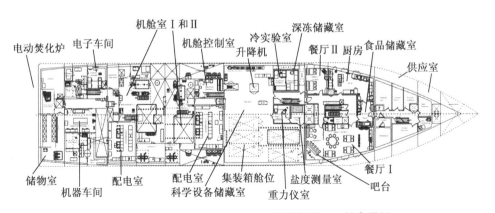

图 2-36 "MARIA S. MERIAN"号俯视图——储存甲板

极地航线船舶与海洋装备关键技术

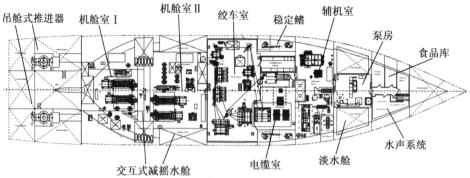

图 2-37 "MARIA S. MERIAN"号俯视图——机舱甲板

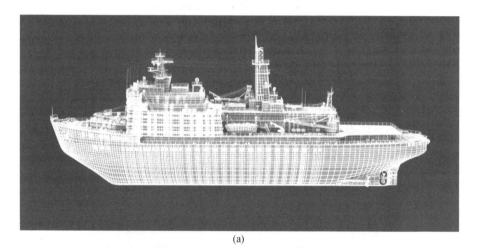

(a)

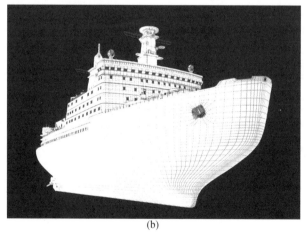

(b)

图 2-38 "MARIA S. MERIAN"号三维仿真模型

2.2.3.3　其他破冰船舶设计方案简述

1. 极地油田穿梭油船

2007 年,AARC 设计了世界首艘北极油田穿梭油船"Vasily Dinkov"号(图 2-39),由三星重工负责建造。

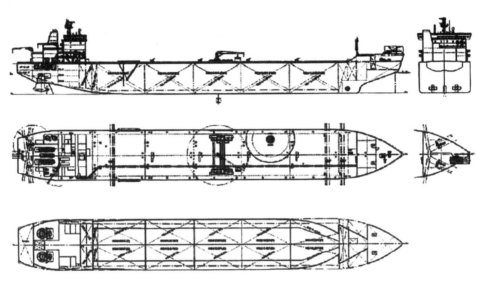

图 2-39　世界首艘双动力破冰穿梭油船"Vasily Dinkov"号

"Vasily Dinkov"号采用北极区内从未用过的最大的双螺旋桨推进装置,该船将承受普通货船所经受的最高冰扭矩(超过以前 150%),且螺旋桨必须能够承受冰的碾磨,该船创新点为形式极端的破冰船首。

2. 新型不对称船体专业破冰船型

随着运输与航道港口的发展,新型不对称船体的专业破冰船得以应用,如图 2-40 所示。

2.2.3.4　船体形状优化

为了取得更好的船型性能,一种以减少阻力和改进耐波性为目的的船体形状优化方法被提出。该方法是以一种基于径向基函数(RBF)的船体曲面变换模型来逼近基于 CFD 的船体结构水动力优化目标函数(阻力和耐波性能)。

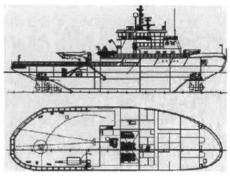

图 2-40　新型不对称船体专业破冰船

为了建立基于 RBF 的替代模型,分别采用基于 Neumann-Michell 理论和样条理论的船舶运动程序(SMP)对船型进行阻力和耐波性评估,得到基于 Neumann-Michell 理论和样条理论的实用稳流求解器(SSF)和基于样条理论的船舶运动程序(SMP)。

将船型优化工具应用于 60 系列船体,原 60 系列船体与额外的球鼻艏被最小化,作为优化的初始船体。数值计算结果表明,该计算工具可用于优化船体外形,降低阻力,改善耐波性,所建立的基于径向基频的变换模型可降低计算成本。

选择 60 系列船体($C_B = 0.6$)作为该方法应用的演示案例,船体主尺度见表 2-6,船体的 3D 视图如图 2-41 所示。

表 2-6　60 系列船体的主尺度($C_B = 0.6$)

名称	垂线间长/m	型宽/m	设计吃水/m	排水量/t	船舶纵向质量惯性半径/m
值	124	16.2	6.53	7 744	25.5

图 2-41　优化前 60 系列船体 3D 视图

目标函数定义如式(2-1):

$$f_1 = \frac{R_T - R_T^0}{R_T^0}, \quad f_2 = \frac{\xi_3 - \xi_3^0}{\xi_3^0}, \quad f_3 = \frac{\xi_5 - \xi_5^0}{\xi_5^0} \qquad (2-1)$$

式中,R_T^0 是优化前船体在静水面以恒定的速度推进所受到的阻力,ξ_3^0 和 ξ_5^0 是在船体升沉运动和纵摇运动的运动幅值响应(RAO),R_T、ξ_3 和 ξ_5 分别是相同的船型优化后,以同样的速度在相同的操作条件下的船体阻力和运动幅值响应。

此外,优化的约束条件是船体排水量的最大减少量为原船体的 1%。在优化过程中,并没有用原来的 60 系列船体作为初始船体,而是通过在原有船体上添加一个球鼻艏生成一个新的初始船体,这个新的初始船体用于优化。添加球鼻艏和形状优化控制点(RBF 控制点)的 60 系列船体 3D 视图如图 2-42 所示。

图 2-42　添加球鼻艏和 RBF 控制点的 60 系列船体 3D 视图

以球鼻艏可移动控制点的三个坐标分量作为设计变量,控制球鼻艏的长度、大小和高度。该船首也要布置固定的控制点,用于保持该区域的船体表面不变。在固定控制点之后的船体表面测距不涉及基于 RBF 的船体表面修改,即船体形状在固定控制点后的区域不发生改变。

除了利用基于 RBF 的船体形状修改技术对船体形状进行局部修改外,还采用了移位法来控制整个船体形状的变化。总共有 7 个设计变量,在表 2-7 中详细列出。

表 2-7　设计变量的汇总表

序号	项目名称	控制参数	值
1	艏尖角	$SAC\alpha_{1f}$	± 0.012
2	船首部变化	$SAC\alpha_{2f}$	$[0.2, 0.35]$
3	进流角	$SAC\alpha_{1a}$	± 0.015
4	船尾部变化	$SAC\alpha_{2a}$	$[-0.1, -0.3]$
5	球鼻艏长	$RBF\ 1(x)$	$[0.508, 0.52]$
6	球鼻艏宽	$RBF\ 1(y)$	$[0.001\ 98, 0.009\ 8]$
7	球鼻艏高	$RBF\ 1(z)$	$[-0.031\ 6, -0.014\ 6]$

为了寻找阻力减小、升沉和纵摇运动改善的船型,有必要采用多目标优化算法。在此优化过程中使用多目标人工蜂群(MOABC)算法来产生一组最优解,种群大小为 30,最大迭代次数为 300 次。因此,函数评价的总次数为 18 000M,其中 M 为目标函数的个数(此优化中 $M=3$)。显然,多目标人工蜂群算法需要大量的

目标函数评估。

使用高效的 CFD 求解器或足够准确的变换模型对优化工具的实际应用非常重要。后者用于对优化过程中的目标函数进行评价,以减少计算时间。利用所建立的替代模型对目标函数进行一次评价的计算时间小于 1 s。因此,基于 RBF 的变换模型在优化过程中避免了对 CFD 工具的直接使用,大大节省了计算时间。

1.基于 RBF 的变换模型

利用拉丁超立方抽样算法(LHS 算法)技术在设计变量空间中生成样本点,构建基于 RBF 的变换模型。在本例中,基于 RBF 的变换模型生成了 200 个样本点。除了对生成的船型进行水动力性能评价外,还计算并记录了新船型的位移。因此,建立了四种 RBF 模型来预测阻力、升沉运动和纵摇运动的 RAO 峰值以及优化时船体形态的位移。执行这些模型的交叉验证,结果如图 2-43 所示。在交叉验证中,每个样本点都是由其他 199 个样本点构建的 RBF 代理模型来评估的。从图 2-43 可以看出,代入模型给出的目标函数估计值(f^E)与 CFD 工具直接计算目标函数和直接计算位移得到的目标函数估计值(f^C)吻合较好。

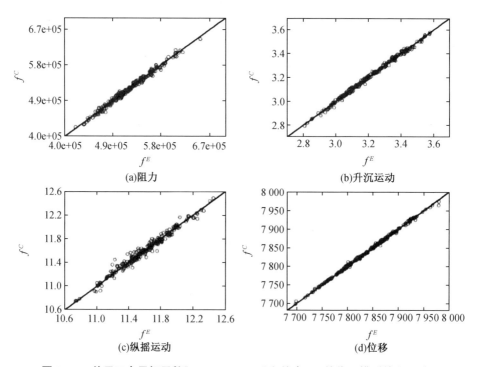

图 2-43 关于三个目标函数[(a)、(b)、(c)]和约束(d)的代理模型的交叉验证

2. 优化设计

利用多目标人工蜂群算法(MOABC)建立的 RBF 变换模型,优化过程耗时不到 1 min。如图 2-44 所示,利用 MOABC 成功地获得了最优解集 Pareto-front。

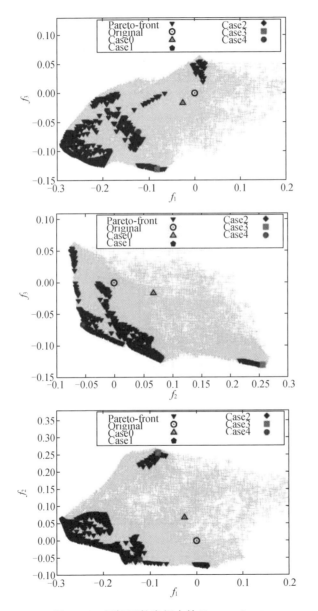

图 2-44　目标函数空间中的 Pareto-front

可观察到图 2-44 目标函数之间的关系,f_1-f_2,f_1-f_3,f_2-f_3 展示了强大的权衡,这意味着最小阻力的船型不具有最佳的耐波性,而最具耐波性的船型(升沉或纵摇表现最好)不具有最小阻力。升沉性能最好的船型也不具有最佳的纵摇性能。因此,在设计人员从 Pareto-front 解中选择最优设计时,需要特别注意。例如,图 2-44所示的最优解(Case4)代表了一种最优船型,当船体以设计速度前进时,其升沉运动、纵摇运动 RAO 峰值、船体阻力幅值分别降低了 12%、5% 和 6%。另外三种船体形式分别为 Case1、Case2 和 Case3,它们被选为最佳的船体形式,以求最大程度地减小阻力,最大限度地降低升沉运动和纵摇运动的 RAO 峰值。此外,还分析了球鼻艏的初始形态(命名为 Case0),并将初始形态和最优形态进行了比较。

为了比较最优船型,在表 2-8 中总结列出了最优解决方案。可以看出,Case1 的位移减少了 0.52%,这与优化中位移减少小于 1% 的约束是一致的。

表 2-8　阻力 R_T、升沉运动 ξ_3 和俯仰运动 ξ_5 所对应的 RAO 峰值、位移∇(%)的变化

船型	R_T	ξ_3	ξ_5	∇
Case0	−2.6	6.7	−1.7	0.94
Case1	−28.8	6.31	−8.9	−0.52
Case2	2.2	−7.4	5.1	2.10
Case3	−8.3	25.6	−13.1	0.62
Case4	−12.2	−5.4	−6.6	1.01

原船型、初始船型(Case0)和四种最优船型(Case1、Case2、Case3、Case4)的3D 视图比较如图 2-45 所示。

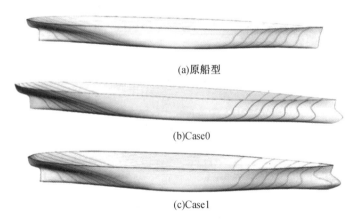

(a)原船型

(b)Case0

(c)Case1

图 2-45　原船型、初始船型和最佳船型的 3D 视图

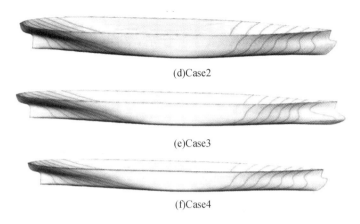

(d)Case2

(e)Case3

(f)Case4

图 2-45(续)

图 2-46 至图 2-50 给出了原船型、初始船型和四种最优船型的船体横剖线图和纵剖线图的详细比较。从图 2-46 可以看出,初始船型是在原船型上增加了一个球鼻艏,只修改了船首附近的区域。在图 2-47 至图 2-50 所示的四种最优情况下,均可观察到横剖线图和纵剖线图的大量修改,这与事实是一致的。

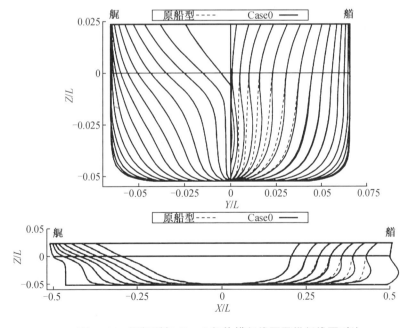

图 2-46 原船型与 Case0 船体横剖线图及纵剖线图对比

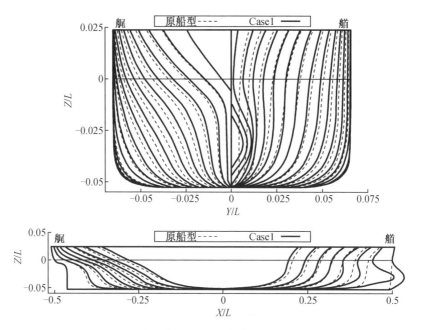

图 2-47 原船型与 Case1 船体横剖线图及纵剖线图对比

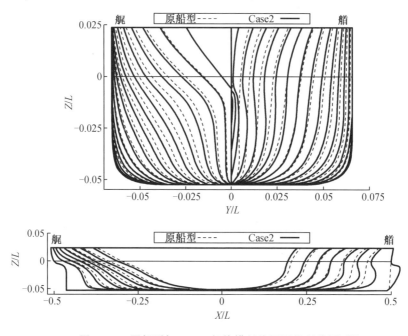

图 2-48 原船型与 Case2 船体横剖线图及纵剖线图对比

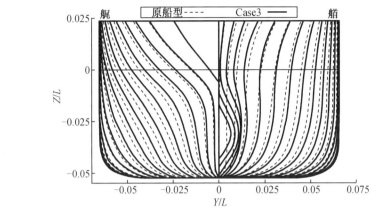

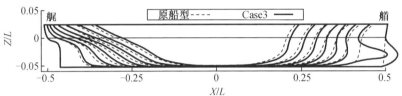

图 2-49　原船型与 Case3 船体横剖线图及纵剖线图对比

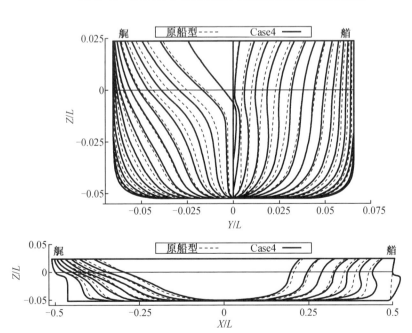

图 2-50　原船型与 Case4 船体横剖线图及纵剖线图对比

此外,船型的优化取决于目标函数的改变。因此,不同的球鼻艏和船型组合所

对应的最优船型是不同的。较长且较厚的球鼻艏在减阻(Case1)和降低纵摇(Case3)方面表现较好,但垂荡运动表现较差,Case2 则与它们相反。在 Case1 和 Case3 中,船体的后部剖面形状较窄,而 Case2 中船体剖面则较宽。最后,可以观察到 Case4 船型的变化是融合了 Case1、Case2 和 Case3 的修改,使得在相应的设计条件下,阻力、垂荡运动和纵摇运动都得到了一定程度的减小。

采用上述方法在 PC 机上完成整个优化过程仅需 2 h 左右。但是,如果采用 RBF 变换模型,在 PC 机上进行上述优化可能需要 150 h。因此,上述基于变换模型的优化方法大大减少了船体形状优化所需的计算时间。将基于 RBF 变换模型模块集成到优化模块中,可进一步开发基于 CFD 的船舶水动力优化工具,以减少船舶阻力,提高船体的耐波性能。

2.2.3.5 冰阻力估算

破冰级船舶在设计阶段最重要的问题之一,就是利用实际可行的方法来预测冰级船舶的冰阻力。采用破冰船经验公式计算和 CFD 数值仿真,对破冰船进行计算流体动力学分析,并与冰模型试验结果进行比较,可以得到冰阻力。

经验公式是设计初期的有效工具,但对冰荷载的准确预测存在一定的局限性。船体后部或侧方推进器的载荷不能用经验公式来预测,因此,可以采用离散元法(DEM),以更准确地预测冰荷载。离散元法通过模拟冰颗粒来模拟冰荷载,冰荷载可以反映冰与结构之间的相互作用。

文献 Ice Resistance Estimation and Comparison the Results with Model Tese[13]主要展示了两种估计方法与模型试验的比较结果。

1. 项目评估

KIM W J, KIM S P, SIM I H 等[13]提出的冰载荷估算程序由经验公式和三维 CAD 模型组成,并通过该方法确定船型。在这种方法中,冰的阻力包括破冰阻力、清冰阻力和浮冰阻力。该公式主要考虑水线角、肋骨角、L、B、T 等船型参数。首先,采用 Shimansky 方法利用水线角和肋骨角定义破冰参数计算破冰阻力。该方法将以破冰船船首为起始点,一直到平行部分的起点定义为由水线角和肋骨角组成的破冰阻力单元。其次,采用改进的 Ionov 法计算清冰阻力。用 Ionov 法计算得到的清冰阻力是航速的函数。最后,浮冰阻力的计算采用改进的 Enkvist 方法。与原始的 Enkvist(1972)方法相比,改进的 Enkvist 方法使用每一肋骨角来计算,而不是平均肋骨角。

采用各种冰的强度、厚度作为输入数据进行计算。冰阻随计算面积、断面间距、吃水和船速的变化而变化。图 2-51 给出了计算区域和截面空间,并给出了船体的三维 CAD 模型。计算区域是指船舶的哪一部分将用于计算冰的阻力,截面空间是积分计算的区间。由于这种方法是基于积分计算的,积分区间会影响结果。在 0.2 的截面空间下,如图 2-51(b)所示,计算收敛性很好。y 轴上的冰阻力达到 100%,即本次计算得到收敛值。

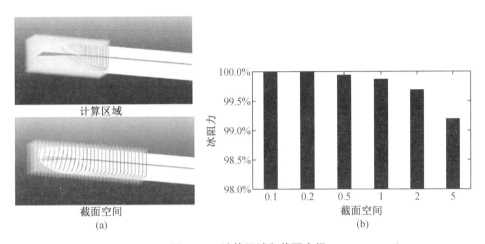

图 2-51　计算区域和截面空间

图 2-52 为实例计算结果,冰阻力由破冰阻力、清冰阻力和浮冰阻力组成。图 2-52 只显示清冰阻力随船速的变化。出于数据的保密要求,本书抹去了图像中冰阻力的精确值,仅供参考。

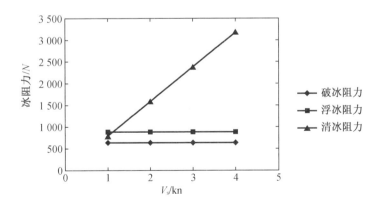

图 2-52　清冰阻力随船速的变化

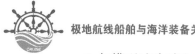

2. 与模型试验对比

利用北极 LNGC 项目确定了经验公式与海冰模型试验之间的修正系数。海冰模型试验与开放水域试验相比不够完善,海冰模型试验存在许多不确定性。许多冰模型池都有自己的模型试验方法,且试验结果存在差异,即海冰模型试验的重复性不强。这意味着海冰模型试验存在许多不确定性,误差范围比开放水域大。图 2-53 为北极 LNGC 在海冰模型池进行海冰模型试验。

图 2-53　在北极 LNGC 在海冰模型池进行的模型试验

大多数破冰船都有破冰船首,因此计算范围从船首端到船舶垂线间长的中点。计算时应采用修正系数。在冰阻力计算时,KIM W J, KIM S P, SIM I H 等[13]只对浮冰阻力进行了修正。因为该方法在计算时只改变计算面积这一项,因此采用此方法时,一旦船体形状确定,则破冰阻力和清冰阻力不再发生变化,除非对其内部经验因子进行修正。

KIM W I, KIM S P, SIM I H 等[13]通过将计算结果和模型试验结果对比,得出各船型阻力曲线的斜率相差不大,且冰阻曲线的斜率只受清冰阻力项的影响。由于这些原因,仅对浮冰阻力项进行修正,可利用最小二乘法求计算值与模型试验值之差的 X 因子。式(2-2)和式(2-3)给出了最小二乘法计算公式,采用浮冰阻力的 X 倍系数进行冰阻修正计算。

$$R_{\mathrm{cal,corr}} = R_{\mathrm{br}} + R_{\mathrm{c}} + X \cdot R_{\mathrm{bu}} \tag{2-2}$$

$$E = \left(\frac{R_{\mathrm{cal,corr}} - R_{\mathrm{test}}}{R_{\mathrm{test}}} \right)^2_{ij} \tag{2-3}$$

在式(2-3)中,i 和 j 分别表示北极 LNGC 项目中各航速和各种船型,然后确定最小化 E 的 X 因素。

3. CFD 计算

采用 STAR-CCM+ 作为 CFD 工具模拟波罗的海级冰船。计算流体力学可以依次反映冰的流动和冰与船体之间的接触力。在计算流体动力学中,采用离散元方法对冰进行模拟。

利用拉格朗日模型,采用离散元方法进行船与冰之间相互作用的预测。在这项研究中,建立一个冰粒子模型用于计算冰荷载。阻力是根据黏流阻力对冰的接触力来计算的,接触力是根据颗粒的重叠面积和重叠变化率来计算的。

两艘波罗的海级 Aframax 型油轮分别于 2010 年和 2014 年在 HSVA 进行冰载荷测试模型试验。与破冰船相比,波罗的海级不需要破冰,因此在浮冰航道进行了模型试验。与模型试验一样,在 CFD 中实现浮冰通道也是非常重要的。如图 2-54(a) 所示,计算中并没有生成太多 CFD 分析网格,因为在本次模拟中,冰颗粒是最重要的,而不是开放水阻力。边界条件系统如图 2-54(b) 所示。湍流模型采用可实现的 k-ε 湍流模型。在研究中,提出了实现浮冰通道冰性的两种途径,即简单途径和现实途径。

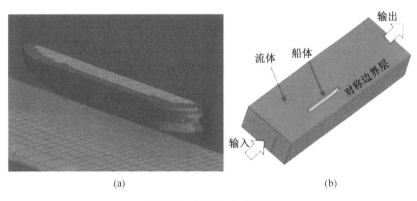

(a)　　　　　　　　　　　　　　(b)

图 2-54　网格和边界条件

如图 2-55 所示,冰颗粒的宽度为模型试验的平均值,冰的厚度随模型试验目标的不同而不同。

图 2-56 所示为射流冲刷冰通道在 CFD 中的实现。根据 HSVS 程序,通过破碎冰来制取冰槽。首先,在拖曳通道上铺满水平冰,然后将水平冰打破为碎冰,以达到目标冰厚。与模型试验相同,急冲冰槽的宽度是船梁的两倍。

为了求解冰对船体的接触力,在船体前方注入粒子,如图 2-57 所示。原则上,喷冰并不是实现河道冲冰的最佳途径,船体应该已经通过了航道上的冰。然而,由于 DEM 对粒子数的要求较高,模拟时间较长。因此,在模拟的开始阶段,不是求解每个粒子,而是测量冰层完全覆盖后的接触力,这使得求解时间很短。

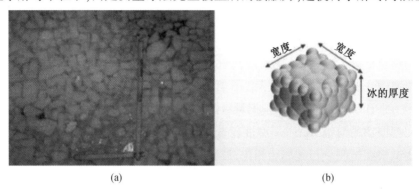

(a)   (b)

图 2-55   CFD 中冰粒子的实现

图 2-56   CFD 中浮冰通道的实现

图 2-57   CFD 中冰的注入和测量

表 2-9 给出了 2010 年波罗的海级 Aframax 油轮的主尺度。

表 2-9　2010 年 Aframax 油船主尺度及试验情况

名称	值
船长/m	243
船宽/m	46
结构吃水/m	14.6
船速/kn	5

在模型试验中,进行了 3 种不同厚度冰层的试验,得到了 1A、1B、1C 级冰的阻力。根据 FMA 规则,3 种冰层厚度分别为 1.02 m、1.22 m 和 1.42 m,如图 2-58 所示,冰层宽度均为 5.0 m。

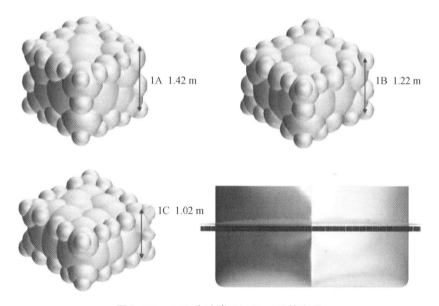

图 2-58　CFD 中冰类 1A、1B、1C 的实现

图 2-59(a)所示为 CFD 在急冲冰中的模型试验,浮冰对船体的接触力如图 2-59(b)所示。仿真过程中只显示了一个实例瞬间,接触力随着船体在冰颗粒中通过而不断变化。

图 2-60 为模型试验与 CFD 计算的冰阻力差异。在 1A 级冰的情况下,差异在 1%以内,但在 1C 级冰的情况下,差异增加了 40%。可见根据冰的厚度,其变化趋势是明显的。

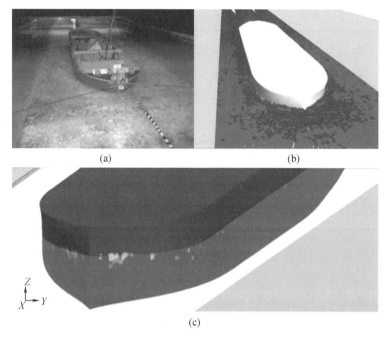

(a)   (b)

(c)

图 2-59　CFD 中冰模型试验对比及船体接触力

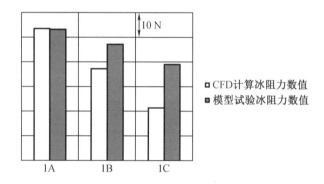

图 2-60　模型试验与 CFD 计算的冰阻对比

　　将 CFD 计算结果与波罗的海级 Aframax 冰模型试验(2014)对比,表 2-10 为波罗的海级 Aframax 油轮(2014)的主要尺寸。

表 2-10　波罗的海级 **Aframax** 油轮主要尺寸(2014)及试验情况

名称	值
船长/m	242
船宽/m	44

表 2-10(续)

名称	值
结构吃水/m	14.6
压载吃水(艏/艉)/m	5.3/8.8
船速/kn	5

图 2-61 展示了如何在 CFD 中实现这种冰的特性。计算流体动力学的冰颗粒厚度与模型试验的水平冰厚度相同。在 CFD 中,通过水平定位满足模型试验中冰的部分,实现了对冰颗粒的垂直积累和最后一层冰的部分性质的确定,并与波罗的海级 Aframax 油轮在压载吃水 1.51 m、1.74 m,结构吃水 1.43 m、1.99 m 进行了对比;进行了相应的模型尺度的冰厚计算。

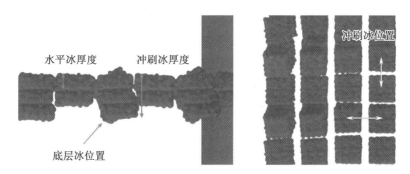

图 2-61　CFD 中浮冰特性

图 2-62 所示为浮冰在船体底部的流动情况。计算流体力学中冰的流动与模型试验非常相似。

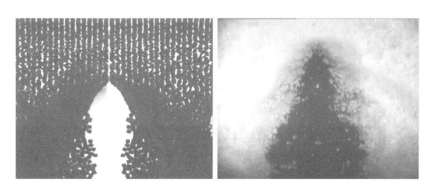

图 2-62　浮冰从船体底部流过

图 2-63 显示了 CFD 计算与模型测试的结果对比。模型试验和计算流体动力学计算结果的准确值不同,但更有意义的是模型试验和计算流体动力学计算结果的相对阻力相似。

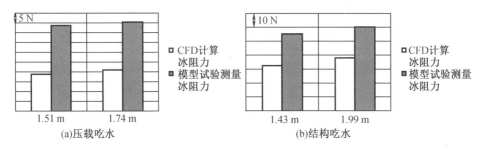

(a)压载吃水   (b)结构吃水

图 2-63 模型试验与 CFD 的冰阻力结果对比

4.结论

经验公式计算阻力的时间很短,可以反映出不同船体的相对差异,但选取不同的修正系数会使计算结果与模型试验结果有较大的区别。

含有球鼻艏的船舶由于形状复杂,所以难以计算。即使在这种情况下,若能通过大量的模型试验,很好地确定破冰和清冰的修正系数,不仅对阻力的确定有很大的影响,而且对破冰船的早期设计具有重要的预测意义。

计算流体动力学可用于计算含有球鼻艏的船舶没有任何几何问题。然而,计算冰粒子需要花费大量的时间,并且仍然需要模拟破冰。在 CFD 模拟中实现冰的特性是一项非常困难的工作,但计算能力的发展将使 CFD 更适合于模拟计算船舶的冰载荷,清楚地显示出冰阻随冰厚变化的趋势,在研究中具有重要的意义。

2.2.4 船体设计

2.2.4.1 船体结构

1.船体结构设计原则

坚实的船体结构是保障破冰船功能的关键之处,其船壳钢板比一般船厚得多,这样既可以用光滑坚硬的船首冲破较薄的冰层,又可以通过调节船首与船尾的吃水,压挤较厚的冰层使其破碎,所以设计时应考虑以下几点:

①船体宽胖,以便于在冰层中开出较宽的航道。

②船身短,因而进退和变换方向灵活,操纵性好。

③吃水深,可以破碎较厚的冰层。

④船头成折线型,使头部底线与水平线成 20°～35°,能够使得船头爬到冰面上。

⑤在船首、船尾各有一个或多个水舱,遇到厚的冰层,一次冲不开,就开动大水泵,灌满艉水舱,使重心后移,船头抬高,船体前进,冲上厚冰层,再把船尾水舱抽空并把船首水舱灌满,反复利用船体重力压碎冰层前进。

⑥为了预防破冰船被冰夹住,设有一套破冰设备,包括"侧倾技术系统"与"气泡减阻系统"。"侧倾技术系统"是在船腹两侧设计很大的水舱,这些水舱在处于有水与无水状态转换时,船体发生侧向摇摆现象,可以压碎冰层,以避免被冰层冻结住。"气泡减阻系统"是从靠近船底两侧的管道排放压缩空气,以减轻船体与冰块的摩擦力,并在船体与冰水之间形成气泡层,使海水不易冻结船体。

2. 极地船破冰过程有限元仿真分析

在实际航行过程中,极地船船首区域与冰层发生碰撞,进而破开冰层,开辟航道,从而使船舶顺利通过极地区域。考虑到冰层厚度等因素,极地船舶会选择不同的运动状态来进行破冰。极地船舶通常采用的两种破冰方式分别为连续式破冰和冲撞式破冰。极地船在航行过程中,除受到局部破冰载荷外,还将受到碎冰载荷、海流阻力、螺旋桨的推力等作用力。而这些载荷又受诸多因素影响,且又相互耦合。因此,极地航线船舶的受力状态和运动状态都十分复杂。

针对极地航线船舶的破冰过程,文献[22]采用有限元仿真的方法进行数值模拟,分析得到极地船和冰层的结构响应。首先建立了极地船、海冰、空气、海水的有限元模型,然后基于航行过程中的不同冰厚和航速,考虑海水、海冰和空气的耦合作用,运用非线性有限元仿真软件 LS-DYNA 求解极地船连续式和冲撞式破冰过程,得出极地船所受碰撞力的时间历程,船体和冰层的结构响应,并对连续式和冲撞式破冰过程结果进行对比分析。

(1)极地船有限元模型

文献[22]分析了一艘极地自破冰科考船,该船可在 PC3 冰区进行破冰航行,其服务航速可达到 15 kn。表 2-11 为该自破冰科考船主尺度参数。

表 2-11　自破冰科考船主尺度参数

主尺度	符号	取值
总长	L_{OA}	115.5 m

表 2-11（续）

主尺度	符号	取值
水线长	L_{DWL}	108.7 m
型宽	B	20.0 m
型深	D	10.8 m
设计吃水	d	7.7 m
冰区吃水	T	8.0 m
服务航速	v	15.0 kn
方形系数	C_b	0.757

对于该极地科考船,船首区域是破冰的主要区域,受力最大,疲劳问题最严重。为了提高计算效率并节省计算时间,建模时针对极地科考船船首区域进行完整建模,其他船体区域只建外壳,且通过在这些区域建立若干质量点来调平衡以达到与实际一样的全船质量分布效果。

船体有限元建模采用 SHELL(壳)单元来模拟船体外板和较大尺寸的骨材,且尽量采用正方形单元,少用畸形的四边形单元和三角形单元,对于发生碰撞的船首区域,单元网格尺寸应控制为 0.53 m×0.53 m,其他区域单元尺寸可适当增大。壳单元算法采用 Belytschko-Tsay 算法。

对于较小的骨材,采用 BEAM(梁)单元来模拟,并根据不同的剖面采用不同的梁单元类型,单元算法为 Hughes-liu。

该极地科考船的有限元模型如图 2-64 所示。

(a)中纵剖面图

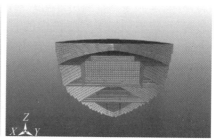

(b)横剖面图

图 2-64　极地科考船的有限元模型图

(c)三维斜视图

图 2-64(续)

(2)冰排、水、空气耦合有限元模型

在实际航行中,冰排尺寸一般较大,而在理论计算中,不可能建立和实际一样大的冰排模型。为了达到与实际相同的效果并尽量减少建模工作量,建模时冰排在 X 方向尺寸取为 250 m,Y 方向尺寸取为 90 m,Z 方向尺寸为实际冰排厚度。空气和水域尺寸与冰排保持一致。同时,给冰排、空气和水域边界处设置无反射边界条件以达到无反射效果的目的。

冰排建模采用 SOLID(固体)单元,单元尺寸为 1. 38 m×1. 38 m,单元为单点积分常应变体单元。

空气和水域建模同样采用 SOLID-ALE(固体)单元,并与冰排单元进行耦合,单元尺寸为 3 m×3 m×3 m,采用中心单点积分 ALE 单物质单元。

冰排、空气和水域的有限元模型如图 2-65 和图 2-66 所示。

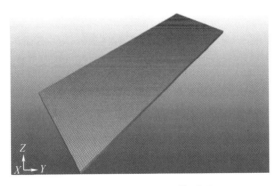

图 2-65 冰排有限元模型图

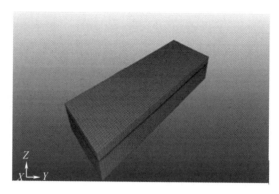

图 2-66 冰排和空气、水域耦合有限元模型图

(3)连续式破冰辅助有限元模型

在连续式破冰过程中,为了计算船体结构响应并保持航速稳定,在船尾区域后方建立一个模型,如图 2-67 所示,其材料属性与船体保持一致,其在 X 方向尺寸为 10 m,Y 方向尺寸为 30 m,Z 方向尺寸为 6 m。

辅助模型建模采用 SOLID(固体)单元,单元尺寸为 0.5 m×0.5 m×0.5 m,单元为单点积分常应变体单元。

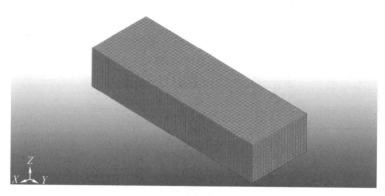

图 2-67 连续式破冰辅助有限元模型

(4)极地科考船船体板材多为 DH36 钢,也有较少区域采用 AH36 钢,其材料参数根据经验数值设置,如表 2-12 所示。

表 2-12 钢板材料参数

参数名称	符号	取值	单位
密度	ρ	7 850.0	kg/m³

表 2-12(续)

参数名称	符号	取值	单位
泊松比	μ	0.3	—
屈服应力	σ_s	3.55×10^8	Pa
弹性模量	E	2.20×10^{11}	Pa
剪切模量	G	8.46×10^{10}	Pa
应变率参数	C	40	—
应变率参数	P	6	—

(5)冰排材料属性

海冰是一种形态多变的固体材料,不同的温度、盐度、厚度、形成时间、运动特征都会导致其物理和化学属性不同。海冰在与极地船发生碰撞过程中,若达到其强度极限,就会产生破碎并分离的效果。

文献[22]中每一工况下所考虑的冰排厚度一致,各项物理属性相同,其材料属性参数根据经验数值设置,如表 2-13 所示。计算中所采用的海水相关参数如表 2-14 所示,空气相关参数如表 2-15 所示。

表 2-13　海冰材料相关参数表

名称	数值	单位
材料密度	920	kg/m³
剪切模量	2.20×10^9	Pa
屈服应力	2.12×10^6	Pa
塑性模量	4.26×10^9	Pa
体积弹性模量	5.26×10^9	Pa
截断压力	-4×10^6	Pa
塑性应变失效	0.35	—

表 2-14　海水相关参数表

参数	符号	数值	单位
海水密度	ρ	998	kg/m³
海水中声速	C	1 650	m/s

表 2-14（续）

参数	符号	数值	单位
截断压力	P_c	-10	N/m^2
动力黏性系数	μ	0.001	N·s/m^2
拟合系数	S_1	2.56	—
拟合系数	S_2	-1.98	—
拟合系数	S_3	0.227	—
修正系数	α	1.39	—
修正系数	γ_0	0.493	—
单位体积内能	E_0	0.25	kg/(m^2·s^2)

表 2-15 空气相关参数表

参数	符号	数值	单位
空气密度	ρ	1.29	kg/m^3
截断压力	P_c	-1.0	N/m^2
动力黏性系数	μ	0.001 7	N·s/m^2
拟合系数	C_0	0	—
拟合系数	C_1	0	—
拟合系数	C_2	0	—
拟合系数	C_3	0	—
拟合系数	C_4	0.4	—
拟合系数	C_5	0.4	—
拟合系数	C_6	0	—
单位体积内能	e_{in0}	0.000 002 5	kg/(m^2·s^2)

（6）定义接触和边界条件

①侵蚀接触

在实际破冰过程中,如果冰排某一区域发生破碎,极地船将继续与冰排其他区域发生碰撞。因此采用侵蚀接触类型,目的是保证当模型外部单元发生失效时,主面能继续与模型内部单元发生接触碰撞,并判断模型内部单元是否失效。侵蚀接触示意图如图 2-68 所示。

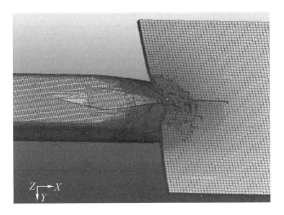

图 2-68　侵蚀接触示意图

②固连接触

在连续式破冰过程中,船体速度保持恒定。当辅助模型与船体模型发生接触时,固连接触使两者固连在一起,并以恒定速度向前破冰。采用该种接触类型,既可使船体以恒定速度行驶,又不会影响船首区域的结构动态响应计算,方法简单可靠。固连接触示意图如图 2-69 所示。

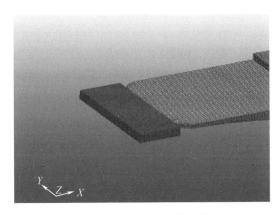

图 2-69　固连接触示意图

③初始条件和约束设置

对于极地船,设置其初始条件为航行的初始速度。对于辅助模型,设置其强制运动,并与连续式破冰时船速保持一致,如图 2-70 所示。

对于冰排,边界条件设置为约束 X 和 Y 方向位移。对于船体,边界条件设置为约束除船体运动方向上的其他运动,如图 2-71 所示。

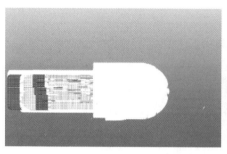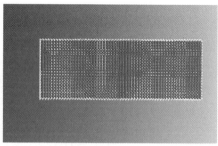

图 2-70　船体和辅助模型初始条件设置图

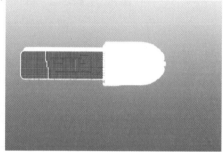

图 2-71　冰排和船体边界约束示意图

（7）极地船破冰过程结果分析

①连续式破冰过程有限元结果

建立船体、冰排碰撞有限元仿真模型，船体分别以 10 kn 和 6 kn 速度稳定进行连续式破冰。为了充分模拟极地船不同航速下连续式破冰过程，同时提高计算效率，计算时间取为 20 s，其有限元仿真模型如图 2-72 所示。

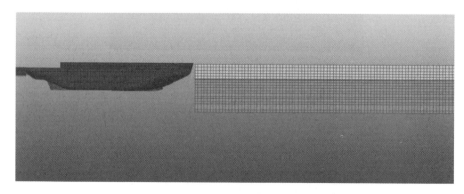

图 2-72　极地船连续式破冰有限元仿真模型

a. 0.5 m 厚冰层中连续式破冰结果分析

在 0.5 m 厚冰层中连续式破冰过程中,由于冰层较薄,极地船有足够的动力保持航速稳定。由图 2-73(a) 可以看出,极地船速度维持在 10 kn 左右,由图 2-73(b) 可以看出,位移以直线趋势上升,航行保持稳定。

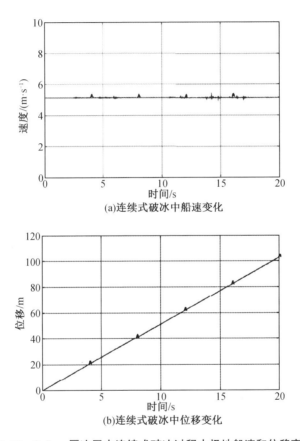

(a)连续式破冰中船速变化

(b)连续式破冰中位移变化

图 2-73　0.5 m 厚冰层中连续式破冰过程中极地船速和位移变化图

图 2-74 为 0.5 m 厚冰层中连续式破冰过程中碰撞合力和合弯矩时历图。在 0~2.52 s 时间段内,极地船没有与海冰发生接触。在 2.52~20 s 的时间段内,碰撞合力和合弯矩大体分布趋势均呈现脉冲式,且峰值随时间增加没有出现减小的趋势。这是由于极地船与冰层不断发生挤压碰撞,碰撞力不断增加,当碰撞力超过海冰的受力极限时,海冰发生弯曲破坏,碰撞力随之减小,最后浮冰会对船体产生较小的碰撞力。在连续式破冰过程中,极地船航速保持稳定,船体动能较为稳定,因此碰撞力峰值不会随时间增加而有较大的减小趋势。

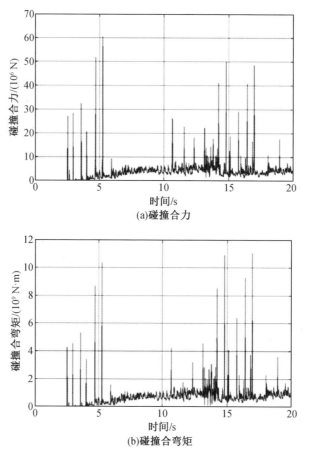

(a)碰撞合力

(b)碰撞合弯矩

图2-74　0.5 m厚冰层中连续式破冰过程中碰撞合力和合弯矩时历图

在5~10 s的时间段内,可以观察到碰撞力和弯矩峰值较低,这是由于在前5 s内多块海冰同时发生了弯曲破坏,形成了可以使极地船以较低碰撞力通过的航道。当没有多块海冰同时发生弯曲破坏时,碰撞力会再次增大。海冰应力云图如图2-75所示。

b. 1.0 m厚冰层中连续式破冰结果分析

在1.0 m厚冰层中连续式破冰过程中,由于冰层较薄,极地船有足够的动力保持航速稳定。由图2-76(a)可以看出,极地船速度维持在6 kn左右,由图2-76(b)可以看出位移以直线趋势上升,航行保持稳定。

图2-77为1.0 m厚冰层中连续式破冰过程中碰撞合力和合弯矩时历图。在0~2.89 s时间段内,极地船没有与海冰发生接触。在2.89~20 s的时间段内,船冰发生碰撞,碰撞合力和合弯矩大体分布趋势均呈现脉冲式,且峰值随时间增

加没有出现减小的趋势。这是由于极地船与冰层不断发生挤压碰撞,碰撞力不断增加,当碰撞力超过海冰的受力极限时,海冰发生弯曲破坏,碰撞力随之减小,但产生的浮冰会对船体产生较小的碰撞力。在连续式破冰过程中,极地船航速保持稳定,船体动能较为稳定,因此碰撞力和弯矩峰值不会随时间增加而有较大的减小趋势。

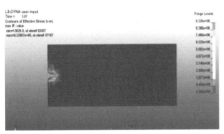
(a)5 s时冰层应力云图

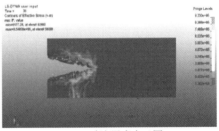
(b)10 s时冰层应力云图

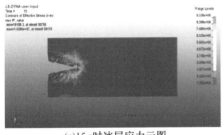
(c)15 s时冰层应力云图

(d)20 s时冰层应力云图

图 2-75　海冰应力云图

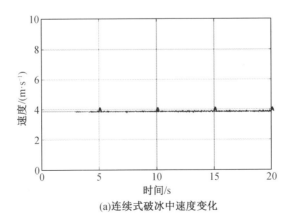
(a)连续式破冰中速度变化

图 2-76　1.0 m 厚冰层中连续式破冰过程中极地船速度和位移变化

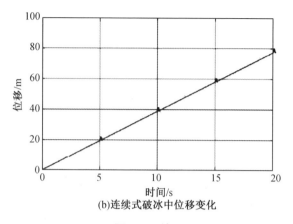

(b)连续式破冰中位移变化

图 2-76(续)

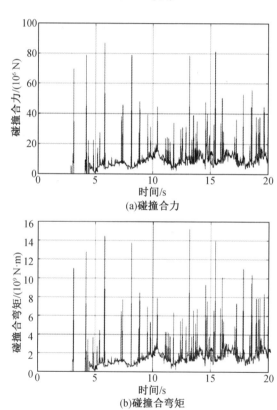

(a)碰撞合力

(b)碰撞合弯矩

图 2-77　1.0 m 厚冰层中连续式破冰过程中碰撞合力和合弯矩时历图

②冲撞式破冰过程有限元结果

针对冲撞式破冰过程建立了两种冰厚的有限元模型,船体分别以

12 kn 和 10 kn 的初始速度在冰层中行进。由于在冲撞式破冰过程中,船体速度不断减小,直至停止,因此计算时间必须大于极地船实际航行时间,取为 12 s,其有限元仿真模型如图 2-78 所示。

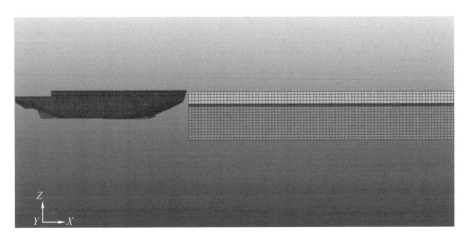

图 2-78　极地船冲撞式破冰有限元仿真模型

a.1.5 m 厚冰层中冲撞式破冰结果分析

在 1.5 m 厚冰层中冲撞式破冰过程中,由于冰层较厚,极地船无法提供足够的动力保持航速稳定。从图 2-79(a)可以看出,此时极地船会以 10 kn 初始速度冲向冰层,但由于受到冰层碰撞力和其他阻力因素的影响,极地船速度会不断减小,直至趋近于零。

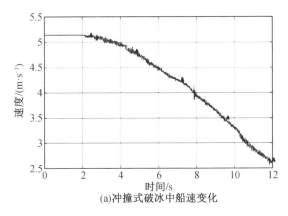

(a)冲撞式破冰中船速变化

图 2-79　1.5 m 厚冰层连续式破冰过程中极地船速度和位移变化

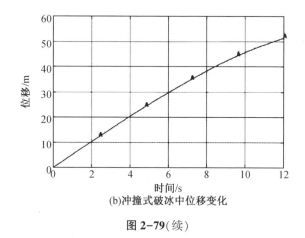

(b)冲撞式破冰中位移变化

图 2-79(续)

由图 2-80 可以看到,在 1.95~12 s 的时间段内,船冰发生碰撞,碰撞合力和合弯矩分布呈脉冲分布趋势,且随接触时间增加峰值先增大后减小,然后再增加,最后不断减小。这是由于在 1.95~4 s 时间段内,船与冰开始发生碰撞,海冰不断失效,导致碰撞力不断增大。在 4~5.2 s 时间段内,由于多块海冰同时发生失效,形成了一个可以使极地船通过的航道,此时接触碰撞力较小。在 5.2 s 之后,船与冰接触碰撞力和弯矩再次增加,但由于船体动能不断减小,碰撞力和弯矩峰值也不断减小。

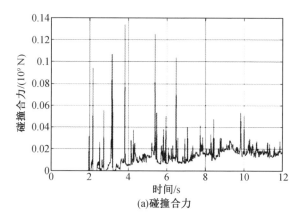

(a)碰撞合力

图 2-80 1.5 m 厚冰层中冲撞式破冰过程中碰撞合力和合弯矩时历

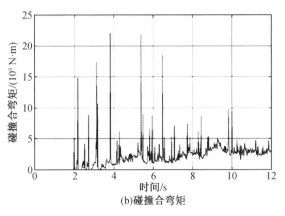

(b)碰撞合弯矩

图 **2-80**(续)

b. 2.0 m 厚冰层中冲撞式破冰结果分析

在 2.0 m 厚冰层中冲撞式破冰过程中,由于冰层较厚,极地船无法提供足够的动力保持航速稳定。从图 2-81(a)中可以看出,此时极地船会以初始速度 12 kn 冲向冰层,但由于受到冰层碰撞力和其他阻力因素的影响,极地船速度会不断减小,直至趋近于零,位移以图 2-81(b)所示曲线形式上升。与 1.5 m 厚冰层中冲撞式破冰过程相比,由于此时极地船受到更大的阻力因素影响,极地船单位时间内位移减小更快。

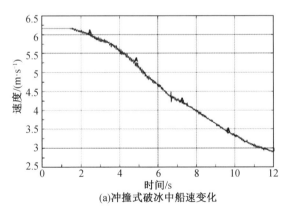

(a)冲撞式破冰中船速变化

图 **2-81**　**2.0 m** 厚冰层中连续式破冰过程中极地船速度和位移变化图

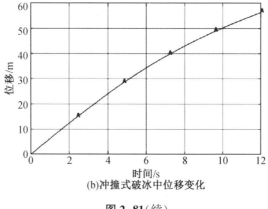

(b)冲撞式破冰中位移变化

图 2-81(续)

图 2-82 为 2.0 m 厚冰层中冲撞式破冰过程中碰撞合力和合弯矩时历图。在 0~1.44 s 时间段内,极地船与冰层没有发生接触。在 1.44~12 s 的时间段内船冰发生碰撞,碰撞合力和合弯矩分布呈脉冲趋势,且随接触时间增加峰值先增大后减小,然后再增加最后不断减小。这是由于在 1.44~2.69 s 时间段内,船冰开始发生碰撞,海冰不断失效,导致碰撞力不断增大。在 2.69~5.2 s 时间段内,由于多块海冰同时发生失效,形成了一个可以使极地船通过的航道,此时接触碰撞力较小。在 5.2 s 之后,船冰接触碰撞力和弯矩再次增加,但由于船体动能不断减小,碰撞力和弯矩峰值也不断减小。

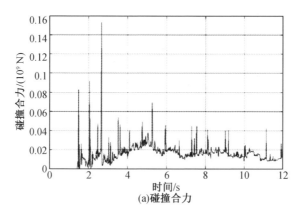

(a)碰撞合力

图 2-82 2.0 m 厚冰层中冲撞式破冰过程中碰撞合力和合弯矩时历图

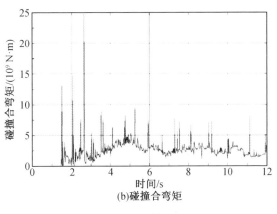

(b)碰撞合弯矩

图 2-82(续)

③连续式与冲撞式破冰结果对比分析

通过对极地船破冰过程进行有限元模拟分析计算,可以得到碰撞过程中的碰撞合力和碰撞弯矩、船体和冰层结构响应、船体运动状态等。对连续式破冰和冲撞式破冰结果进行对比分析,得出以下结论:

a.在连续式破冰过程中,冰层较薄,船体航行保持稳定,单位时间内位移不变,船体动能保持不变;而在冲撞式破冰过程中,冰层较厚,船体以一较大初始速度撞向冰层,单位时间内位移不断减小,船体动能不断减小。

b.从碰撞合力和弯矩时历曲线图中可以看出,随着碰撞时间增加,连续破冰碰撞力和弯矩峰值变化较小,而冲撞式则不断减小。碰撞初期,冲撞式所受的碰撞合力和弯矩比连续式要大。

c.从破冰过程中冰层破坏效果分析得出,在连续式破冰过程中,由于碰撞力较小,冰层单元失效现象较为缓慢,而在冲撞式破冰过程中,由于碰撞合力较大,易发生多块冰排同时发生失效现象,形成可以使极地船以较小碰撞力通过的航道。

2.2.4.2 船体材料

为了防止低温对船体的损害,在船体结构设计中,一般选取特殊低温高性能钢材,并在船首、船尾和水线附近对其进行加厚。美国极地破冰船"极地星"号选取的钢材,可抗−51.5 ℃的低温。瑞典极地破冰船"奥登"号对船体进行了加厚,最厚处钢材厚度达 6 cm。

低温时,原子受环境影响,其会发生不对称滑移使晶格形状发生改变,导致其运动灵活性下降,最后影响其循环次数,从而产生裂纹。温度越低,这种现象越明显。

1. 低温钢强度和韧性性能

王元清[35]通过钢材在低温下的力学性能试验研究,给出了钢材的力学性能随温度变化的特征曲线。通过图 2-83 中曲线可以得出以下结论:

(1)钢材的屈服强度 f_y 和极限强度 f_u 随温度降低而升高,且屈服强 f_y 的提高速率大于极限强度 f_u 的提高速率。

(2)钢材的破坏强度 f_p、破坏截面中亮纤维含量 B 都随温度升高而降低。

(3)随着温度降低,钢材的破坏形式从塑性破坏过渡为脆性破坏。塑性破坏和脆性破坏之间存在温度临界点。

(4)随着温度降低,钢材塑性降低,脆性增强,且在极端低温下,钢材脆性严重。

图 2-83 中 f_y 为钢材的屈服强度,f_u 为钢材的极限强度,B 为破坏截面中亮纤维含量所占的百分比,f_p 为钢材的破坏强度,1 区域为脆性破坏区域,2 区域为准脆性破坏区域,3 区域为塑性破坏区域。T_{cr1} 为材料从塑性破坏到准脆性破坏的临界温度,它是以材料破坏截面中亮纤维含量所占的百分比 50% 为标准定义的,或者按照破坏截面的收缩率为其常温下数值的 10% 定义的。T_{cr2} 为从准脆性破坏到脆性破坏的临界温度,它是以材料的破坏强度等于该材料常温下的屈服强度为标准定义的。

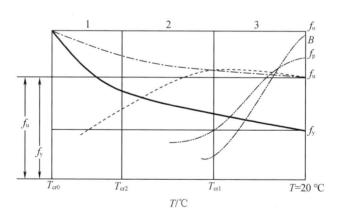

图 2-83　钢材力学性能随温度变化曲线

表 2-16 和图 2-84、图 2-85 是张玉玲等[47]对 16Mn 钢材各温度下力学性能的研究。通过分析该数据,可以得出以下结论:

(1)16Mn 钢材的屈服强度和极限强度随温度降低而升高,且屈服强度的提高速率大于极限强度的提高速率,而钢材的破坏强度、破坏截面的收缩率、破坏截面中亮纤维含量都随温度升高而降低,与图 2-83 中分析结论一致。

(2)不管钢材是高温正火还是热轧状态,其弹性模量都随温度的升高而降低。

(3)由于加工工艺的不同,同一种钢材的各项力学性能有所差别。

表 2-16　16Mn 钢材各温度下力学性能对比

工艺	温度/℃	屈服强度/MPa	极限强度/MPa	断裂应力/MPa	断裂收缩率/%	弹性模量/GPa	疲劳极限/MPa
热轧	25	375	546	771	75.8	209	261
	−60	426	602	845	70.8	228	—
	−120	474	664	911	66.4	236	—
	−140	492	697	952	64.1	240	—
高温正火	25	350	579	817	73.4	209	289
	−60	386	632	930	72.9	228	—
	−120	429	698	993	72.3	230	—
	−140	469	758	1 099	70.6	236	—

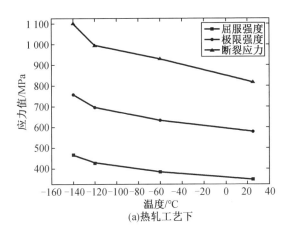

(a)热轧工艺下

图 2-84　16Mn 钢材各项强度指标随温度变化曲线图

极地航线船舶与海洋装备关键技术

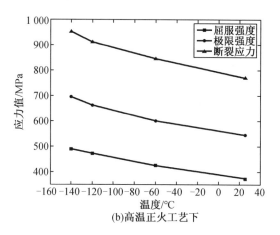

(b)高温正火工艺下

图 2-84(续)

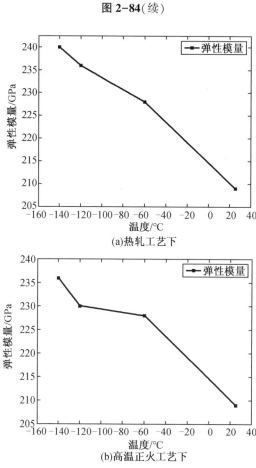

(a)热轧工艺下

(b)高温正火工艺下

图 2-85 16Mn 钢材弹性模量随温度变化曲线图

2. 低温对钢材疲劳性能的影响

根据 R. I. Stephens 等[48-49]相关研究,低温使钢材韧性下降,脆性增强。而钢材从准脆性破坏到脆性破坏存在临界温度,因此低温对钢材疲劳性能的影响取决于温度临界点。在钢材温度临界点前,材料没有发生韧脆转变,其材料性能与常温时相差不多,因此该温度下疲劳寿命与常温下是同一种类型。但在钢材温度临界点之后,材料发生韧脆转变,其韧性变弱,脆性增强,该温度下疲劳寿命将会发生很大变化。图 2-86 为张玉玲等所做的 A537 钢十字型标准件常温和低温 S-N 曲线。从图中可知,低温 S-N 曲线(-25 ℃)和常温 S-N 曲线存在一个应力范围交汇点。若施加的应力范围大于该交汇点,则低温时的疲劳寿命小于常温时;若施加的应力范围小于该交汇点,则低温时的疲劳寿命大于常温时。此结论说明,施加的应力范围也会影响到温度对材料疲劳寿命的影响。

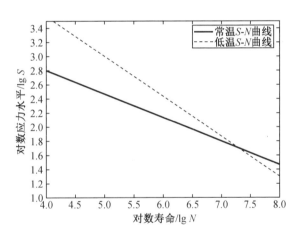

图 2-86　某钢材室温和低温 S-N 曲线对比图

图 2-86 中 N 为某一应力范围内的疲劳循环次数,S 为试件所加载的应力范围。

从上述结论可以看出,低温对材料疲劳寿命的影响十分复杂,取决于多种因素,目前为止并未得出一致的结论。

3. 标准件低温 S-N 曲线数据处理

确定 S-N 曲线的关键在于参数 m 和 lg A 的取值。极大似然法先通过设定一个参数的取值,再利用似然函数去估计另一个参数的值。通常,可根据已知类似结构的疲劳试验结果给定参数 m 的取值,则可得似然函数为

$$L = \prod_{i=1}^{n} \frac{1}{\sqrt{2\pi}\,\sigma_{\lg N}} \exp\left[-\frac{1}{2\sigma_{\lg N}}(\lg N_i - \lg A + m\lg S_i)^2\right]$$

$$= \left(\frac{1}{\sqrt{2\pi}\,\sigma_{\lg N}}\right)^n \exp\left[-\frac{1}{2\sigma_{\lg N}}\sum_{i=1}^{n}(\lg N_i - \lg A + m\lg S_i)^2\right] \quad (2-4)$$

对似然函数取对数并对 $\lg A$ 求导,求解得出 $\lg A$,如式(2-5)所示:

$$\lg A = \frac{1}{n}\sum_{i=1}^{n}\lg N_i + \frac{m}{n}\sum_{i=1}^{n}\lg S_i \quad (2-5)$$

当试验数据较少时,极大似然法可利用现有数据给出较为准确的 $S-N$ 曲线的方程。参考国际焊接学会(IIW)的规定,取 $S-N$ 曲线中参数 $m=3$,进而利用式(2-5)求解 $\lg A$ 的值。

2.2.4.3　防腐技术

为避免船体涂料因寒冷而受损,从而丧失对船体的保护能力,以往通常在水线附近船壳使用特殊的防腐涂料,即抗冰漆。抗冰漆不仅有效地保护了船体,还有效减少了船体与冰的摩擦,提高了破冰效率。同时,防腐蚀工程师还采用施加阴极保护的方法来降低船体在海水中的腐蚀速率。但由于极地船的结构形式复杂,所处的海洋环境恶劣多变,阴极保护系统的保护电位经常达不到或超过保护电位区间,导致保护不足或过保护而发生腐蚀破坏,影响系统正常运转,缩短船体寿命,甚至威胁人员财产和生命的安全。因此,科学合理地设计阴极保护系统方案和准确地评估阴极保护系统工作状态便成为极地船防腐的重要工作。

20 世纪 70 年代后期,人们开始利用三维数值仿真技术进行船体腐蚀防护问题的分析,设计出最佳的腐蚀防护方案,其主要优点是:

①可以不受水深的局限,预测、预报海洋结构物阴极保护电位分布情况;

②为预测腐蚀情况和实时腐蚀速度监测提供数据基础;

③可同时进行多种保护方案的设计,设计过程中可综合考虑各种环境参数及保护参数;

④与优化方法相结合实现优化设计,提高电位场分布均匀性的同时大幅降低工程造价;

⑤大大节省设计时间,提高工作效率。

下面对该方法做一个简单的介绍。

1. 船舶与海洋结构物阴极保护数学模型及求解

船舶与海洋结构物阴极保护数学模型如式(2-6):

$$
\begin{cases}
\dfrac{1}{\rho}\nabla^2\phi=0 & \text{in } \Omega(\text{控制域内}) \\[2mm]
q=\dfrac{1}{\rho}\dfrac{\partial\phi}{\partial n}=0 & \text{on } S_1(\text{湿表面涂层完好部位}) \\[2mm]
q=\dfrac{1}{\rho}\dfrac{\partial\phi}{\partial n}=f_{ac}(\varphi) & \text{on } S_2(\text{涂层损伤或裸露部位、阳极表面}) \\[2mm]
q=\dfrac{1}{\rho}\dfrac{\partial\phi}{\partial n}=0 & \text{on } S_w(\text{海面}) \\[2mm]
\phi=\phi_\infty & \text{on } S_\infty(\text{距离被保护构件足够远处}) \\[2mm]
q=\dfrac{1}{\rho}\dfrac{\partial\phi}{\partial n}=0 & \text{on } S_\infty(\text{距离被保护构件足够远处})
\end{cases}
\tag{2-6}
$$

对于满足上述定解条件 ϕ，采用边界元方法进行求解。阴极保护电位分布问题所对应的边界元积分方程可归纳为式（2-7）：

$$
\begin{cases}
\phi_p+\displaystyle\int_S q^*(P,Q)\phi\mathrm{d}S=\int_S q\phi^*(P,Q)\mathrm{d}S+\dfrac{1}{\rho}\phi_\infty \\[4mm]
\displaystyle\int_S q\mathrm{d}S=0
\end{cases}
\tag{2-7}
$$

对于控制域 Ω 内的 ϕ 值和 q 值的求解如式（2-8）：

$$
\phi_i=\sum_{j=1}^N G_{ij}q_j-\sum_{j=1}^N H_{ij}\phi_j
$$

$$
\begin{cases}
(q_x)_i=\dfrac{\partial\phi}{\partial x}=\displaystyle\int_S q\dfrac{\partial\phi^*}{\partial x}\mathrm{d}S-\int_S \phi\dfrac{\partial q^*}{\partial x}\mathrm{d}S \\[4mm]
(q_y)_i=\dfrac{\partial\phi}{\partial y}=\displaystyle\int_S q\dfrac{\partial\phi^*}{\partial y}\mathrm{d}S-\int_S \phi\dfrac{\partial q^*}{\partial y}\mathrm{d}S \\[4mm]
(q_z)_i=\dfrac{\partial\phi}{\partial z}=\displaystyle\int_S q\dfrac{\partial\phi^*}{\partial z}\mathrm{d}S-\int_S \phi\dfrac{\partial q^*}{\partial z}\mathrm{d}S
\end{cases}
\tag{2-8}
$$

2. 应用边界元方法编制软件系统求解阴极保护电位分布

根据阴极保护电位分布数学模型和数值求解方法，可应用边界元方法编制软件对阴极保护电位进行仿真预报，边界元方法编制的软件系统组成如图 2-87 所示。

（1）主程序 NSOCP

规定输入输出控制参数，定义计算常量和变量，调用子程序，读入计算输入数据文件，形成校核文件以便于监控计算结果，输出结果文件。

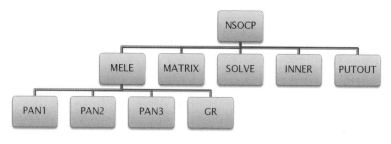

图 2-87　边界元软件组成部分

（2）子程序 MELE

将单元信息按照输入文件格式输入即可进行计算。

本子程序用来计算与面元有关的几何量和 $\int_{\Delta Q_k} \mathrm{d}S$ ，以及基本解在面元上的

积分值 $\int_{\Delta Q_k} \rho \phi^*(P,Q) \mathrm{d}S$ 和 $\int_{\Delta Q_k} \rho q^*(P,Q) \mathrm{d}S$ 。

本子程序包括：

PAN1：判断面元类型及节点排序规格化处理；

PAN2：计算面元坐标系基底、面元中心坐标和面元顶点坐标投影；

PAN3：计算面元投影的面积及各顶点相对面元中心之矢径在面元局部坐标系 x,y 轴的投影；

GR：计算基本解在面元上的积分值 $\int_{\Delta Q_k} \rho \phi^*(P,Q) \mathrm{d}S$ 和 $\int_{\Delta Q_k} \rho q^*(P,Q) \mathrm{d}S$ 。

（3）子程序 MATRIX

形成矩阵 H 和 G 并调用非线性边界条件，形成 $AX=F$ 形式的线性方程组。

（4）子程序 SOLVE

采用高斯消去法求解线性方程组 $AX=F$ 。

（5）子程序 INNER

用于计算控制域内的电位值。

（6）子程序 PUTOUT

输出计算结果，包括保存在指定的输出数据文件中的结果和用于显示电位分布云图形式的结果，将结果文件导入后处理软件，可进行电位分布云图显示。

3. 模拟实验测量电偶对电位分布

为了验证阴极保护电位分布数学模型建模思想的合理性，数值模拟仿真方法求解极化问题计算结果的准确性，可通过在实验室内进行模拟实验与数值计算结果进行对比。

　　将两种不同电化学性质的金属材料导通连接后形成一对电偶,然后将此电偶放置于特定的溶液中。溶液的导电性质,必然使两种不同的金属材料表现出其相应的电化学性质。平衡电位高的金属将成为电偶对的阴极,平衡电位低的金属将成为电偶对的阳极,并且在整个电极系统中必然会出现极化现象。为使极化现象更加明显,试验选取平衡电位相差较大的 P110 钢与 G3 镍基合金作为电极,两种金属材料的化学成分见表 2-17。采用电化学工作站在室温 20 ℃时,分别测得两种金属材料在 5% 浓度氯化钠溶液中的极化曲线,如图 2-88(a)所示。通过拟合极化曲线,得出 P110 钢自腐蚀电位为 -0.977 V,G3 合金自腐蚀电位为 -0.411 V,所有电位数据均是相对于饱和甘汞电极的电位值。将试件通过螺纹连接在一起形成电偶对之后放入 5% 浓度氯化钠溶液中静置一段时间,待电偶对在溶液中极化完全后,通过图 2-88(b)所示电位测量方法沿电极外表面逐点测量电偶对电位。

表 2-17　G3 与 P110 两种金属的化学成分（wt%）

材料型号	C	Si	Mn	P	S	Cr	Mo	Ni	Fe
G3	≤0.015	≤1.0	≤1.0	≤0.04	≤0.03	21~23.5	6~8	48~52	18~21
P110	0.25	0.2	1.4	≤0.009	≤0.003	0.15	0.01	0.012	balance

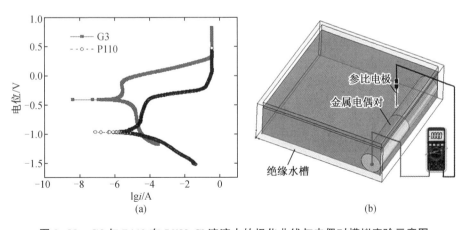

图 2-88　G3 与 P110 在 5%NaCl 溶液中的极化曲线与电偶对模拟实验示意图

4. 数值仿真求解电偶

　　对电位分布建立阴极、阳极和电解质的三维几何模型,并划分计算网格。计算偶极子电位分布的几何模型和边界元计算模型如图 2-89(a)所示,通过定义网格的属性来确定阴极和阳极,模型大部分采用收敛性较好的四边形网格,圆形区域采用适应性较好的三角形网格。对偶极子的模拟采用了三种网格方案,沿圆棒轴向方向网格节点数为 10~20,沿圆形区域周向网格节点数为 6~10,网格总数为 296~904。如表 2-18 所示,可以看出三种网格方案在最低电位、最高电位上差别很小,方案 2 和方案 3 在最低电位上相差 0.001%,在最高电位上相差 0。图 2-89(b)给出不同网格尺度下沿偶极子轴向电位值分布,可以看出,方案 1 和其他两个方案在电位值分布上略有差别,其电位值向着 y 轴正方向略有移动,而方案 2 和方案 3 基本重合,考虑到计算时间和计算精度,最终采用方案 2 作为计算阴极保护电位分布的网格尺度。

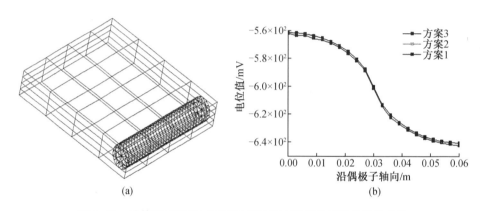

图 2-89　计算域网格图与不同网格尺度下沿偶极子轴向电位分布

表 2-18　网格独立性验证结果

方案	网格总数	圆棒轴向节点数	圆形周向节点数	最低电位/mV	最高电位/mV	最低电位偏差	最高电位偏差
1	296	10	6	−642.37	−562.43	—	—
2	568	15	8	−640.41	−561.83	−0.003	−0.001
3	904	20	10	−640.40	−561.83	−0.000 02	0.00

5. 模拟实验测量结果与数值计算结果对比

根据所建立的模拟电位分布实验装置,建立数值计算几何模型和数值计算网格并求解,获得电偶对的数值计算电位分布情况,如图 2-90 和图 2-91 所示。为了方便与实验结果数据进行对比,在实验室测量的大量电位读数中选取两次稳定测量结果与数值计算的结果进行对比,具体情况如图 2-92 所示。在图表中可以清晰地看出,计算值与测量值有相同的变化趋势,数值走向大体一致;从数值差异来说,两种方法得到的结果差别不大。进而证明,应用边界元法编写的数值计算程序在计算阴极保护电位分布和解决阴极保护极化问题时是可靠、可信的。

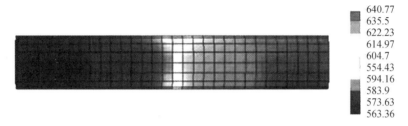

图 2-90　G3 与 P110 电偶对模拟电位分布云图(单位:mV)

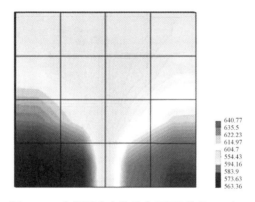

图 2-91　电解质中电位分布云图(单位:mV)

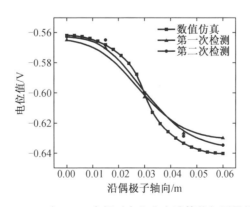

图 2-92　G3 与 P110 电偶对电位分布计算值与测量值对比

图 2-93 至图 2-96 为某船舶应用边界元方法进行阴极保护电位数值仿真预

报及优化的实例。

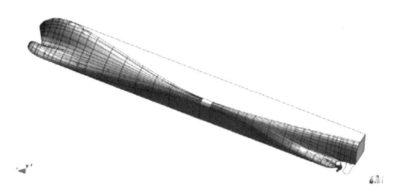

图 2-93　三维腐蚀分析——船体初始辅助阳极布设效果图

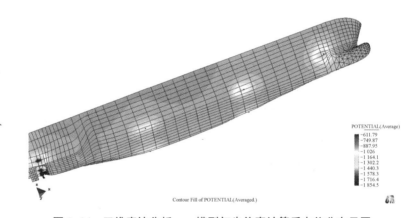

图 2-94　三维腐蚀分析——模型初步仿真计算后电位分布云图

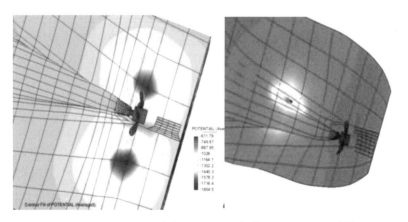

图 2-95　三维腐蚀分析——船体近阳极区过保护情况

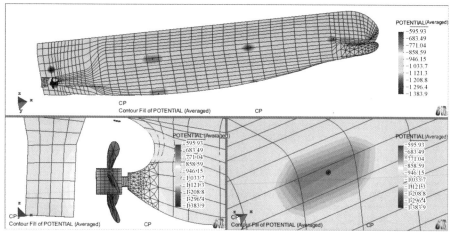

图 2-96 三维腐蚀分析——模型优化之后的电位分布云图

从上述实例可以看到,在数值仿真模型精确建立、边界条件选取合理的前提下,数值仿真技术可以准确地预报船舶外加电流阴极保护系统的保护电位分布;也看到阴极保护初步方案在一定程度上满足了船舶防腐的需要,但在一些细节方面仍然有不足,部分区域出现过保护和保护不足现象,产生这些问题的原因可能为:外加保护电流大小有待调整;辅助阳极位置布置不是最优方案。

2.2.4.4 疲劳问题

破冰船疲劳问题是该船航行相当长时间内的损伤度分析问题,而在实际航行相当长的一段周期中,破冰船会遭遇到不同厚度的冰层,其航行速度和航向也会随冰况改变而发生改变,因此有必要对破冰船疲劳工况进行分析。本节参照以往对极地环境的统计分析资料,把疲劳总工况划分为若干疲劳子工况,确定每一子工况下冰层厚度及其概率分布,进而确定破冰船航行速度分布。

为了提高计算效率和节省分析时间,需对破冰船所有类型热点进行筛选,进而进行热点疲劳损伤度计算。筛选方法依据破冰船破冰过程的有限元动力响应分析结果,并参照中国船级社船舶结构疲劳强度指南,筛选出破冰船疲劳问题突出区域作为疲劳分析热点。最后针对疲劳热点建立局部精细网格,并计算热点应力集中系数。

1. 极地环境分析

(1)极地冰厚分布

世界气象组织(WMO)对极地地区海冰进行了分类和描述,海冰主要分为新冰、初期冰、当年冰、旧冰、冰架和固定冰六大类。各大类海冰冰厚和成分不同，物理属性也不同。根据极地区域冰情的不同，IACS 极地规范又把极地区域冰情划分为不同的级别，如表 2-19 所示。

表 2-19　IACS 极地区域冰情划分表

冰级分类	冰情描述	船舶操作限制
PC-1	包含各种冰类型	船舶可进行无限制操作
PC-2	最大冰厚为 3 m，包含中等厚度多年冰	船舶可进行全年独立航行操作
PC-3	最大冰厚为 3 m，包含二年冰和少量旧冰	船舶可进行全年独立航行操作
PC-4	最大冰厚为 2 m，包含厚当年冰和少量旧冰	船舶可进行全年独立航行操作
PC-5	最大冰厚为 1.2 m，包含中等厚度当年冰和少量旧冰	船舶可进行全年独立航行操作
PC-6	最大冰厚为 0.95 m，包含中等厚度当年冰和少量旧冰	船舶仅可在夏秋进行独立操作
PC-7	最大冰厚为 0.7 m，包含薄当年冰及少量旧冰	船舶仅可在夏秋进行独立操作

巴伦支海位于北冰洋南面，是东北航道的重要组成部分。由于受暖流的影响，巴伦支海西南部常年不结冰，但其他区域在冬季有较厚的冰层。北部区域冬季平均气温较低，为-25 ℃。

KV Svalbard 号破冰船经常航行在冰层覆盖的巴伦支海和 Svalbard Islands 附近区域。2007 年冬，当 KV Svalbard 号破冰船航行到巴伦支海区域时，科考人员在该船安装了电子冰厚测量装置，获取每隔 30 s 内冰厚的平均值，用来分析航行过程中的冰厚分布情况。该船测量的冰厚数据如图 2-97 所示。

破冰船破冰过程的冰厚概率分布由挪威科技大学的 A. Suyuthia 分析归纳得出，冰厚分布可以用两参数伽马函数分布描述方法取值，结果如图 2-98 所示。

（2）极地气温分布

冬季南极和北极水域最低日平均气温均为-38 ℃，并且最低气温由南极点和北极点向低纬度区域逐渐升高。在冬季时间内，极地区域温度很低，对破冰船舶航行和设备造成较大影响。

在每年夏季时间，即 7 月至 11 月，北极区域日气温较高，有些区域冰雪开始融化，但由于温度场分布不均，一些低温区域海冰仍大量存在。

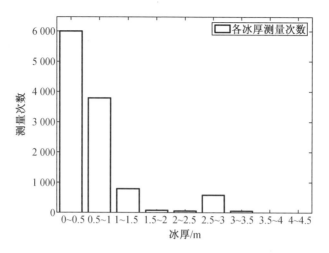

图 2-97 巴伦支海平均冰厚分布

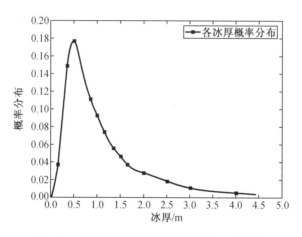

图 2-98 各冰厚在破冰船航行周期内的概率分布

2. 极地航行分析

(1) 破冰船速分布

加拿大运输组织在他们的报告中给出了当航行在有冰的海面时,破冰船安全航速的范围区间。破冰船安全航速是冰层数值的函数,冰层数值由式(2-9)计算得到:

$$I_N = \sum_{i=1}^{n} C_i I_{M_i} \tag{2-9}$$

式中,I_N 为冰层数值,C_i 为第 i 种冰的冰密集度(以十分法度量),I_{M_i} 是考虑船舶破冰能力的第 i 种冰类型的冰乘子。

根据破冰等级,该组织将破冰船分为 8 种类型。冰密集度为船舶视野范围内浮冰覆盖的比例,也可分为 8 项。破冰船等级和冰密集度划分如表 2-20 所示。

表 2-20　破冰船等级和冰密集度划分表

极地船等级	冰层状况	冰密集度	描述
CAC2	旧冰或多年冰	0/10	无冰区域
CAC3	二年冰	<1/10	开敞区域
CAC4	厚当年冰	1/10~3/10	散量冰区域
TypeA	中等厚度当年冰	4/10~6/10	少疏冰区域
TypeB	薄当年冰(第二阶段)	7/10~8/10	密冰区域
TypeC	薄当年冰(第一阶段)	9/10	集冰区域
TypeD	灰白冰	*9/10	满冰区域
TypeE	新冰	10/10	坚冰区域

根据 Timco G W, Kubat I, Johnston M 等的研究成果,每种船舶类型的冰乘子分布可按表 2-21 取值。

表 2-21　每种船舶类型的冰乘子分布表

冰级分类	每种船舶类型的冰乘子						
	Type E	Type D	Type C	Type B	Type A	CAC 4	CAC 3
旧冰或多年冰	-4	-4	-4	-4	-4	-3	-1
二年冰	-4	-4	-4	-4	-3	-2	1
厚当年冰	-3	-3	-3	-2	-1	1	2
中等厚度当年冰	-2	-2	-2	-1	1	2	2
薄当年冰(第二阶段)	-1	-1	-1	1	2	2	2
薄当年冰(第一阶段)	-1	-1	1	1	2	2	2
灰白冰	-1	1	1	1	2	2	2
灰冰	1	2	2	2	2	2	2
新冰	2	2	2	2	2	2	2

图 2-99 为船舶安全北部(AMNS)和加拿大运输组织给出的考虑冰厚和天气的破冰船只安全航行速度区间图。该图给出了考虑冰层数值因素时船舶安全航

行速度的上限、下限及均值。后续破冰船破冰过程的船速按照上述方法取值。

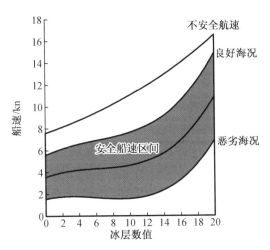

图 2-99 考虑冰厚和天气的破冰船安全航行速度图

（2）破冰船外板腐蚀问题

在实际航行中,破冰船外板不断与海冰发生碰撞和摩擦,外板腐蚀现象比常规船舶严重。在破冰船疲劳计算中,这些腐蚀量对节点疲劳强度影响很大,因此不可避免需要考虑外板的腐蚀量问题。

国际船级社协会(IACS)针对破冰船外板腐蚀量问题给出了相关规定,且得到了世界各国船级社的认可。该规范规定航行在极地区域的破冰船舶外板都需考虑不同程度的腐蚀问题,且抗冰加强结构的内部构件也需适当考虑腐蚀问题,一般取 1 mm 腐蚀量。表 2-22 给出了国际船级社协会(IACS)针对各冰级中破冰船外板腐蚀量的规定。

表 2-22 各冰级中破冰船外板腐蚀量表

船体部位	腐蚀量/mm					
	各冰级中有防腐措施			各冰级中没有防腐措施		
	PC-1 PC-2 PC-3	PC-4 PC-5	PC-6 PC-7	PC-1 PC-2 PC-3	PC-4 PC-5	PC-6 PC-7
船首及船首中间冰带区域	3.5	2.5	2.0	7.0	5.0	4.0

表 2-22（续）

船体部位	腐蚀量/mm					
	各冰级中有防腐措施			各冰级中没有防腐措施		
	PC-1 PC-2 PC-3	PC-4 PC-5	PC-6 PC-7	PC-1 PC-2 PC-3	PC-4 PC-5	PC-6 PC-7
船首中间冰带下部，船中、船尾冰带区域	2.5	2.0	2.0	5.0	4.0	3.0
船中、船尾冰带下部，船底区域	2.0	2.0	2.0	4.0	3.0	2.5
其他外板区域	2.0	2.0	2.0	3.5	2.5	2.0

3. 破冰船疲劳工况划分

在破冰船航行过程中，冰厚、船速等变量因素的变化都会导致其所受冰载荷发生变化，进而影响破冰船疲劳损伤度的计算。根据本书第一章对极地环境、极地航行情况的分析讨论，把破冰船航行总工况划分为若干子工况，每一子工况内冰厚、船舶初始航速基本保持不变，如图 2-100 所示，然后计算出每一子工况内的热点损伤度。根据线性累积损伤度原则，各个子工况内损伤度叠加可以得出航行总周期内破冰船热点的总损伤。

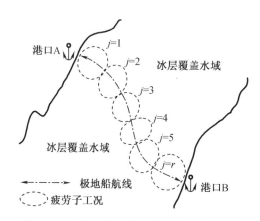

图 2-100 破冰船航行过程中子工况划分图

假设破冰船航行在巴伦支海区域，航线总长 909.29 n mile，冰厚分布情况参照图 2-97。在 20 年设计寿命期内，该船每年航行于此冰区 10 次，且只考虑冰区航行里程,不考虑常规水域航行,估算总航行里程为 90 928.73 n mile,则划分了 4 个疲劳工况,见表 2-23。

表 2-23 破冰船疲劳工况表

疲劳工况编号	破冰类型	冰厚/m	计算用冰厚/m	船舶航速/kn	设计寿命期内冰厚分布概率	设计寿命期内估算航行里程/n mile
1	连续式破冰	0.2~0.5	0.5	10	0.531 0	48 280.74
2		0.6~1.0	1.0	6	0.336 3	30 577.80
3	冲撞式破冰	1.1~1.5	1.5	10	0.070 8	6 437.43
4		1.6~2.0	2.0	12	0.061 9	5 632.75

4.破冰船疲劳热点分析

(1)疲劳热点筛选

通过对以往极地破冰船碰撞过程中各构件受力状态的分析,得出破冰船主要受力部位为外板区域。此外由于破冰过程中船体会产生垂向弯矩,船体的甲板和框架结构受力也较大。

首先参照中国船级社《船体结构疲劳强度指南》并考虑破冰船结构的特殊性,将 5 大类典型结构节点确定为疲劳热点筛选的重要对象,描述如下。

①甲板舱口角隅;

②舱壁、外板和甲板交界处节点;

③横舱壁、纵舱壁和外板交界处节点;

④纵骨与舷侧横框架交界处节点;

⑤舷侧肋骨与甲板交界处节点。

根据本书第 2.2.4.1 节破冰船碰撞过程的有限元仿真结果,通过分析比较碰撞过程中各构件的受力状态,筛选出 5 个典型结构节点作为后续疲劳分析的热点,如图 2-101 至图 2-105 所示。

(2)热点应力集中系数计算

当热点处发生几何形状变化时,需要考虑应力集中因子对疲劳应力的影响。根据中国船级社《船体结构疲劳强度指南》中的规定,在计算焊接节点的热点应力集中系数时,计算点取在结构可能发生裂纹处,按式(2-10)计算:

$$\beta = \frac{\sigma_h}{\sigma_n} \tag{2-10}$$

107

式中,σ_h 为热点应力,可由细网格有限元分析得到;σ_n 为名义应力,可由粗网格有限元分析得到。

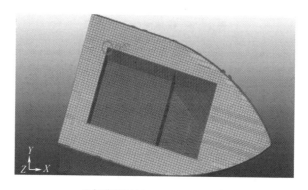

坐标位置[141.00,2.06,19.78]

图 2-101 甲板舱口角隅位置图

坐标位置[106.83,14.12,6.21]

图 2-102 舱壁、外板和甲板交界处位置图

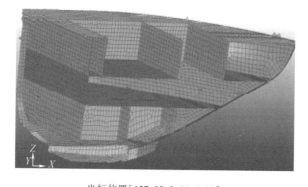

坐标位置[127.92,2.11,4.18]

图 2-103 横舱壁、纵舱壁和外板交界处位置图

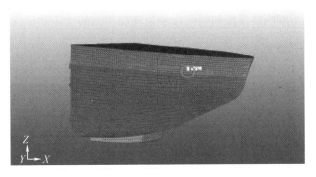

坐标位置[141.00,-10.63,19.78]

图 2-104　纵骨与舷侧横框架交界处位置图

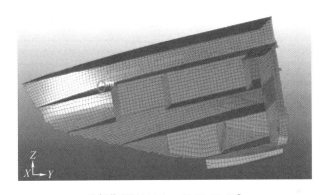

坐标位置[141.71,-10.17,15.98]

图 2-105　舷侧肋骨与甲板交界处位置图

　　热点应力 σ_h 是通过插值、合成焊缝 45°范围内主应力的方法得到的,而焊缝 45°范围内主应力是由垂直焊缝主应力、平行焊缝主应力、剪应力合成得到的。每种应力的插值方法如图 2-106 所示,提取热点相近的 4 个单元的中心点应力,用单元 1 和单元 3 进行插值得到 0.5t 处的应力值 $\sigma_{0.5t}$,用单元 2 和单元 4 进行插值得到 1.5t 处的应力值 $\sigma_{1.5t}$,再利用 $\sigma_{0.5t}$ 和 $\sigma_{1.5t}$ 进行插值得到热点应力 σ。具体计算公式如式(2-11)所示:

$$\sigma = \frac{3(3\sigma_1 - \sigma_3) - 3\sigma_2 + \sigma_4}{4} \tag{2-11}$$

式中,σ 为热点处的应力;$\sigma_i(i=1,2,3,4)$ 为第 i 个单元中心点处的应力;t 为热点周围板厚。

　　针对上述 5 个典型节点建立局部精细网格,对于骨材用壳单元模拟,以热点为中心向四周建立 10 个 $t \cdot t$ 的正方形壳单元,并在粗网格和细网格之间进行良好过渡,避免在热点 $10t$ 区间内出现畸形单元或者三角形单元,如图 2-107 至图 2-111 所示。然后分别对细网格模型和粗网格模型施加相同的动态载荷,提取不同模型同一位置处的应力响应,按式(2-10)计算得到各个热点的应力集中系数,如表 2-24 所示。

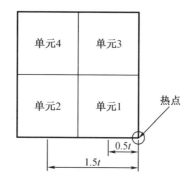

图 2-106　热点应力插值方式图

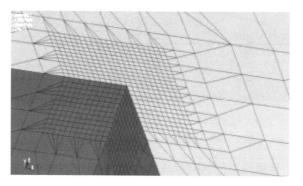

图 2-107　甲板舱口角隅细化局部模型图

图 2-108　舱壁、外板和甲板交界处细化局部模型图

图 2-109　横舱壁、纵舱壁和外板交界处细化局部模型图

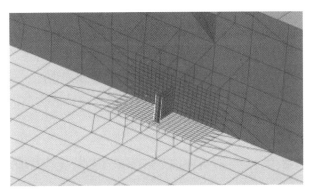

图 2-110　纵骨与舷侧横框架交界处细化局部模型图

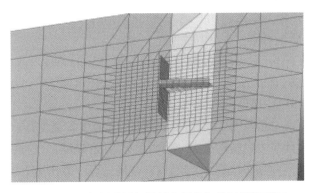

图 2-111　舷侧肋骨与甲板交界处细化局部模型图

表 2-24　筛选热点应力集中系数

序号	典型热点名称	热点坐标	应力集中系数 β
热点 1	1 甲板舱口角隅	[141.00, 2.06, 19.78]	1.57
热点 2	舱壁、外板和甲板交界处	[106.83, 14.12, 6.21]	1.87
热点 3	横舱壁、纵舱壁和外板交界处	[127.92, 2.11, 4.18]	1.80
热点 4	纵骨与舷侧横框架交界处	[141.00, -10.63, 19.78]	1.43
热点 5	舷侧肋骨与甲板交界处	[141.71, -10.17, 15.98]	1.36

5. 破冰船冰载荷引起的疲劳强度分析

根据非线性有限元方法计算得出各疲劳子工况的热点区域的应力时历过程,运用雨流计算法对该时历过程进行分析,统计得出热点应力的幅值和均值,并对所得平均应力进行修正。基于线性累积损伤理论和低温疲劳 $S-N$ 曲线,得到雨流统计周期内各个热点由冰载荷引起的疲劳累积损伤度。最后根据破冰船低温疲劳累积损伤度计算公式,则可算得各个热点设计寿命期内由冰载荷引起的疲劳累积损伤度。

(1) 低温 $S-N$ 曲线

$S-N$ 曲线是结构在某一应力范围下所能承受的最大载荷循环次数,其表达式如下:

$$\log N = \log K - m\log S \tag{2-12}$$

式中,N 为结构在应力范围为 S 时达到破坏时的最大载荷循环次数;K 为 $S-N$ 曲线参数,m 为曲线反斜率。

在计算船体结构热点的疲劳强度时,应根据热点的结构形式、受力方向和建造工艺选择合适的 $S-N$ 曲线。

(2) 线性累积损伤理论

根据 Palmgren-Miner 线性累积损伤理论,结构在多级循环应力的总损伤度 D 等于各单级循环应力的损伤度 D_i 之和,而某单级循环应力的损伤度 D_i 等于该单级循环应力的实际循环次数 n_i 与结构在该级循环应力作用下的最大循环次数 N_i 之比,即

$$D = \sum_{i=1}^{k} D_i = \sum_{i=1}^{k} \frac{n_i}{N_i} \tag{2-13}$$

式中,k 为循环载荷的应力水平级数。

且结构在设计寿命期内的总的损伤度需要满足以下条件:

$$D \leq 1 \tag{2-14}$$

（3）破冰船低温疲劳累积损伤度表达

破冰船疲劳强度是评估破冰船整个设计寿命期内的累积损伤度问题，而通过非线性有限元方法模拟破冰船破冰过程时，只能模拟某一工况下一小段时间内的破冰过程，获得某一工况下一小段时间内的损伤度，因此需将损伤度累积来评估破冰船整个设计寿命期内的疲劳强度问题。

本节已把破冰船航行的整段周期划分为若干疲劳子工况，设在疲劳子工况 1 内，通过雨流计数法对该工况内的一段时间 t_1 内的结构热点应力时历进行分析，可得到结构热点在子工况 1 的时间段 t_1 内的若干个简单的应力循环。设其中一个应力循环的应力幅值为第 i 级，应力均值为第 j 级，且此时该结构的工作循环次数为 n_{ij}。经过平均应力修正并查找低温热点 S-N 曲线，可得该结构在上述应力水平作用下疲劳寿命为 N_{ij}。因此，结构在第 i 级应力幅值和第 j 级应力均值作用下，且在子工况 1 的雨流统计时间 t_1 内，其疲劳寿命 D_{t_1ij} 可表示为

$$D_{t_1ij} = \frac{n_{ij}}{N_{ij}} \tag{2-15}$$

根据线性累积损伤理论，在雨流计数法统计的时间段 t_1 内，该结构在各级应力水平作用下的总损伤度 D_{t_1} 可表示为

$$D_{t_1} = \sum_{i=1}^{m} \sum_{j=1}^{n} D_{t_1ij} = \sum_{i=1}^{m} \sum_{j=1}^{n} \frac{n_{ij}}{N_{ij}} \tag{2-16}$$

设该结构在子工况 1 内总的时间 T 内的航行里程为 S_1，而雨流计数法统计的时间段 t_1 内航行里程为 s_1，则该结构在该工况 1 内的损伤度 D_1 可表示为

$$D_1 = \sum_{i=1}^{m} \sum_{j=1}^{n} \frac{S_1 D_{t_1ij}}{s_1} = \frac{S_1}{s_1} \sum_{i=1}^{m} \sum_{j=1}^{n} \frac{n_{ij}}{N_{ij}} \tag{2-17}$$

故该结构在整个设计寿命期内的总损伤度 D 可表达为

$$D = D_1 + D_2 + \cdots + D_x + \cdots + D_c$$

$$= \sum_{i=1}^{m} \sum_{j=1}^{n} \frac{S_1}{s_1} D_{t_1ij} + \sum_{i=1}^{m} \sum_{j=1}^{n} \frac{S_2}{s_2} D_{t_1ij} + \cdots + \sum_{i=1}^{m} \sum_{j=1}^{n} \frac{S_x}{s_x} D_{t_1ij} + \cdots + \sum_{i=1}^{m} \sum_{j=1}^{n} \frac{S_c}{s_c} D_{t_1ij}$$

$$= \sum_{x=1}^{c} \frac{S_x}{s_x} \sum_{i=1}^{m} \sum_{j=1}^{n} \frac{n_{ij}}{N_{ij}} \tag{2-18}$$

（4）典型疲劳热点应力时历分析

通过提取 4 个疲劳工况下 5 个典型热点的等效应力，并进行雨流计数统计分析，从而可获得一系列应力循环的应力均值、应力幅值，并用 Goodman 修正法修正平均应力，最后可根据线性累积损伤理论和低温 S-N 曲线得到雨流统计周期内的各个热点的疲劳累积损伤度。

（5）破冰船疲劳热点累积损伤度评估

破冰船航行在巴伦支海区域，航线总长 909.87 n mile，冰厚分布情况前文已阐明，若假设 20 年设计寿命期内该船每年航行于此区域 10 次，根据上述破冰船低温疲劳累积损伤度计算公式，可算得各个热点设计寿命期内的疲劳累积损伤度，如表 2-25 至表 2-29 所示。

表 2-25　冰载荷引起的热点 1 疲劳损伤度

热点名称	工况序号	雨流统计周期内损伤度	航行里程/n mile	整修航行周期内的损伤度	总损伤度	设计寿命/a
热点 1	1	1.16×10^{-7}	48 280.74	1.01×10^{-2}	0.037	540.54
	2	1.57×10^{-7}	30 577.80	1.15×10^{-2}		
	3	3.66×10^{-7}	6 437.43	8.56×10^{-3}		
	4	3.55×10^{-7}	5 632.75	6.61×10^{-3}		

表 2-26　冰载荷引起的热点 2 疲劳损伤度

热点名称	工况序号	雨流统计周期内损伤度	航行里程/n mile	整修航行周期内的损伤度	总损伤度	设计寿命/a
热点 2	1	7.67×10^{-8}	48 280.74	6.67×10^{-3}	0.023	869.57
	2	7.97×10^{-8}	30 577.80	5.83×10^{-3}		
	3	2.67×10^{-7}	6 437.43	6.19×10^{-3}		
	4	2.56×10^{-7}	5 632.75	4.73×10^{-3}		

表 2-27　冰载荷引起的热点 3 疲劳损伤度

热点名称	工况序号	雨流统计周期内损伤度	航行里程/n mile	整修航行周期内的损伤度	总损伤度	设计寿命/a
热点 3	1	5.35×10^{-8}	48 280.74	4.64×10^{-2}	0.170	117.65
	2	7.05×10^{-8}	30 577.80	2.20×10^{-2}		
	3	1.12×10^{-7}	6 437.43	8.71×10^{-2}		
	4	1.66×10^{-7}	5 632.75	1.59×10^{-2}		

表 2-28　冰载荷引起的热点 4 疲劳损伤度

热点名称	工况序号	雨流统计周期内损伤度	航行里程/n mile	整修航行周期内的损伤度	总损伤度	设计寿命/a
热点 4	1	3.16×10^{-6}	48 280.74	2.75×10^{-1}	0.937	21.34
	2	4.88×10^{-6}	30 577.80	3.57×10^{-1}		
	3	6.48×10^{-6}	6 437.43	1.50×10^{-1}		
	4	8.39×10^{-6}	5 632.75	1.55×10^{-1}		

表 2-29　冰载荷引起的热点 5 疲劳损伤度

热点名称	工况序号	雨流统计周期内损伤度	航行里程/n mile	整修航行周期内的损伤度	总损伤度	设计寿命/a
热点 5	1	1.78×10^{-6}	48 280.74	1.55×10^{-1}	0.586	34.13
	2	2.72×10^{-6}	30 577.80	1.99×10^{-1}		
	3	5.66×10^{-6}	6 437.43	1.31×10^{-1}		
	4	5.43×10^{-6}	5 632.75	1.01×10^{-1}		

　　从上述各表可以看出,在雨流统计周期内,随着冰厚数值的增加,由冰载荷引起的破冰船各个热点的损伤度值也增加。但在整个寿命周期内,由于工况 3 和 4 占总航行里程比例较小,根据线性累积损伤理论,工况 3 和 4 的总损伤度值并不比工况 1 和 2 大。

　　热点 4 和热点 5 的典型骨材热点损伤度值比热点 1、热点 2、热点 3 的典型板材热点损伤度值要大,这是由于热点 4 和热点 5 位置处于承受冰载荷的关键部位,受力较大,故其损伤值要比热点 1、热点 2、热点 3 处大。最终,由评估得出由冰载荷引起的目标船中 5 个典型热点的损伤度值均满足设计寿命要求。

2.2.5　推进动力

　　从动力系统发展来说,破冰船从蒸汽动力、柴电动力一直发展到核动力,其推进能力有了明显提高。由于蒸汽动力已无法满足当前各国极地战略的需求,目前世界上大多数破冰船的动力系统均采用了柴电动力系统,而更先进的则采用了核动力推进系统,如俄罗斯的"LK-60"号,单个反应堆核能发电功率就达 175 MW,全船推进功率达 60 MW,远远超越了大多数柴电动力的破冰船。然而,

作为世界海洋强国,美国"极地星"号是现役推进能力最强的柴电动力破冰船,虽然其发电功率仅 68.4 MW,远远不如俄罗斯核动力破冰船,但其推进功率达到 56 MW,是目前世界仅有的推进性能堪比核动力破冰船的柴电动力破冰船。

从推进装置上来说,蒸汽发动机、柴油发动机均通过减速齿轮将动力传给固定螺距螺旋桨,这类系统由于螺旋桨击打船头撞击产生的碎冰而容易发生机械损伤。目前多数破冰船都改进使用电气传动装置,将原动机与推进器分离以减少击冰损伤,使得机舱设计更灵活,且不再需要传动轴和减速齿轮。与此同时,在螺旋桨周围加装了喷嘴或导流管,不仅更好地保护了暴露在外的螺旋桨,还改善了水体流动,增加了推力。此外,目前最先进的破冰船还采用了全向吊舱系统,该系统是一个悬挂于船体之下的封闭装置,其中含有与螺旋桨直接相连的电动机。全向吊舱可以做 360°旋转,从而迅速地朝任何方向施加推进力。这种可旋转推进器与船首的侧向推进器互相配合,可以实现对船只的动态定位,大大提高破冰船在冰区和开阔水域的机动性。

| 2.3 核动力破冰船 |

2.3.1 核动力破冰船简介

2.3.1.1 核动力破冰船的特点

核动力破冰船经过几十年的运行,被证明是较为可靠的,由于其不受燃料供应的限制,故大大降低了恶劣自然环境的限制,且相对常规动力驱动的破冰船的动力功能更为强大。核动力破冰船的主要技术特点如下:

1. 单船功率大

通常破冰船按功率分为三个级别:其一是 15 000 hp 的普通破冰船;其二是 25 000 hp 的中级破冰船;其三是 75 000 hp 的核动力破冰船。核动力破冰船的单船功率之大可见一斑。

2. 续航能力强

在俄罗斯乃至全世界破冰船的发展史上,核动力推进技术发挥了划时代的作用。在冬季,北冰洋的冰层厚度一般为 1.2~2 m,而北极海域中心区域的冰层平均厚度达到 2.5 m，除非使用具有强劲的动力、厚重的吨位、坚固的船体和超群耐力的核动力破冰船，否则要满足北极观光、北极油气资源开发与北极地区运输将是困难重重的。

近年来，随着极地冰层开始融化，厚厚冰层下蕴藏的丰富资源开采可能性越来越大，极地的战略意义的呈现，促使美国、俄罗斯等国的争夺战越来越激烈。要取得极地区域冰下的资源，就需要航程远、自持力久、破冰能力强的破冰船开展极地勘察和运输补给的行动。

目前，俄罗斯的核动力破冰船能够破除 3 m 厚的冰层，可以持续航行 7 年，能在北亚和西伯利亚地区较浅的河流中粉碎冰层而自由穿行，也能在极地区域深水海域运行。

3.船型结构特殊

核动力破冰船的船体长宽比例与常规船舶不同，一般其纵向尺度较短、横向尺度较宽，便于以强劲的推进力开辟出较宽的航道，其外壳至少由 5 cm 的钢板制成，内部结构用密集型钢构件支撑，船体吃水线部位则用抗撞击的合金钢板加固。

2.3.1.2　目前核动力破冰船情况

目前，世界上有许多国家都拥有极地破冰船，但是能够建造并拥有众多核动力破冰船的国家仅是俄罗斯，其在北极地区的霸主地位无可匹敌。俄罗斯的核动力破冰船发展历程如表 2-30 所示，性能比较如表 2-31 所示。

表 2-30　俄罗斯核动力破冰船发展一览表

分类	级别(项目)	名称	服役/年份	状态	备注
1 代	"列宁"级(92M)	"列宁"号	1959—1989 年	退役	
2 代	"泰梅尔"级(10580)	"泰梅尔"号	1989 年至今	在役	
		"瓦伊加奇"号	1990 年至今	在役	
	"北极"级(1052/10521)	"北极"号(1052)	1975—2012 年	退役	
		"西伯利亚"号(1052)	1978 年至今	退役	
		"俄罗斯"号(10521)	1985—2013 年	退役	
		"苏联"号(10521)	1989 年至今	退役	
		"亚马尔"号(10521)	1992 年至今	在役	
		"胜利 50 周年"号(10521)	2007 年至今	在役	

表 2-30（续）

分类	级别（项目）	名称	服役/年份	状态	备注
3代	LK-60YA 级（22220）	"北极"号	2020 年至今	在役	
		"西伯利亚"号	2021 年至今	在役	
		"乌拉尔"号	2022 年至今	在建	
4代	"领袖"级（LK-110YA级、LK-120YA 级）（10510）	"俄罗斯"号	—	在建	预建造 3 艘,2019年 3 月进行了模型试验
	LK-40 级（10570）		—	在研	2015 年完成外形设计开发

表 2-31 俄罗斯核动力破冰船性能比较

指标	"胜利50周年"号（пр. 10521）	"北极"号（пр. 22220）	"领袖"级（пр. 10510）
主要使用区域	全年:北极西部地区 夏秋季:北极东部地区	全年:北极西部地区 夏秋季:北极东部地区	全年:整个北极区
最大长度/m	159.6	173.3	209
最大宽度/m	30	34	47.7
高度/m	17.2	15.2	18.9
吃水深度/m（设计吃水线/最小）	11/9.9	10.5/8.5	13/11.5
排水量/t（设计吃水线/满载）	25 150	33 530/25 540	70 674/50 398
燃气轮发电机数量及功率/kW	2×27 960	2×36 000	4×36 000
轴功率/kW	49 000	60 000	120 000
水中航速/kn	19	22	23
破冰能力/m	2.8	2.8~2.9	4.3
轴功率与排水量的比	1.95	1.79	1.7
机组人数/人	138	75	127

俄罗斯国家原子能公司（Rosatom）旗下子公司 Rosatomflot 近日在俄罗斯波罗的海造船厂（Baltzavod）增订了 2 艘 22220 型核动力破冰船，合同价值约为 1 000.59 亿卢布（约合 15 亿美元）。这是继正在建造的"北极"号、"西伯利亚"号和"乌拉尔"号之后，波罗的海造船厂建造了第 4 艘和第 5 艘 22220 型核动力破冰船。22220 型核动力破冰船是目前世界最强的破冰船。

按照规定，第 4 艘 22220 型核动力破冰船必须在 2024 年 12 月 20 日之前完成建造，第 5 艘不晚于 2026 年 12 月 20 日完工。交付后，这 2 艘船计划沿俄罗斯北极海岸的北海航线航行工作，在北极为船队引航，保障油船从亚马尔、吉丹半岛和卡拉海半岛驶往亚太市场。

2019 年 4 月，俄罗斯总统普京表示，俄罗斯将加大在核动力破冰船方面的投入，预计到 2035 年前俄罗斯北极船队将拥有至少 13 艘重型破冰船，其中 9 艘为核动力破冰船。目前，俄罗斯正在服役的核动力破冰船共计 6 艘，全部由 Rosatomflot 运营。

除了正在建造的 22220 型破冰船之外，Rosatomflot 还准备建造"领袖"号重型核动力破冰船。"领袖"号船身长 205 m，满载排水量 7.1 万 t，比正在建造的 3 艘最大破冰船还长 50 m，将采用两个 RITM 400 试验堆，使其有能力穿越北极最厚的冰层。俄罗斯计划至少建造 3 艘同级别核动力破冰船，每艘预计耗资 16 亿美元。

2.3.2　中国正在研发的核动力破冰船

我国首艘自主建造的"雪龙"号极地破冰船为常规动力破冰船，2019 年 7 月交付使用完成的"雪龙 2"号极地破冰船亦是常规动力破冰船，都无法与核动力破冰船相比。

当前，发展核动力破冰船对于我国极地科研考察等有着显著的推动作用，可以大力提升我国破冰船研制的水平和促进我国极地科学研究发展，意义非常重大。

1. 中国核工业集团有限公司公开招标建造一艘实验船平台

2018 年，中国核工业集团有限公司（简称"中核集团"）发布"实验船平台建造项目"招标公告，这是我国首次公布将建造核动力破冰船。该项目采用船型平台，安装 2 个 25 MW 紧凑型压水堆，一堆两机配置，反应堆热功率 200 MW。船总长 152 m，型宽 30 m，型深 18 m，设计吃水 8.32 m，设计排水量约 30 000 t，具备

自航能力和 DP1 级动力定位能力,可核动力航行或辅助柴油动力航行,最大航速 11.5 kn。

招标内容包括船平台生产设计、设备采购、建造、安装、首次装料和调试等工作,建造周期 24 个月,调试周期 15 个月。

这次我国的核动力破冰船动力技术来源于中核集团的小型堆技术,该技术是中核集团积累 60 多年核电建造、运营管理经验自主研发的,具有零污染、零排放等特点,并且该集团此前的浮动式核电站的研发和运营给核动力破冰船的核动力带来更多的经验。

2. 为什么我们需要核动力破冰船

我国现阶段极其重视北极的商业价值,2018 年 1 月,我国首次发布《中国的北极政策》白皮书,明确提出愿依托北极航道的开发利用,与各方共建"冰上丝绸之路",2018 年 9 月份,中远海运"天恩"号货轮也顺利完成首次"冰上丝绸之路"航行。核动力破冰船的建造,将在以下几方面为发展我国的北极事务提供强有力的保障。

(1)动力和续航优势

虽然我国已经有了自主建造的极地科考破冰船"雪龙 2"号,但是其动力和续航力低于核动力破冰船,理论上说有了核动力,只要船上的生活资源充足,核动力舰船就可以一直工作下去。破冰船需要在极地连续工作数月之久,对于续航时间等方面的要求自然是越久越好。

(2)跨向核动力航母的第一步

俄罗斯在核动力破冰船领域有绝对的发言权,但是仍然没有造出核动力航母,而美国和法国都没有走核动力破冰船跨向核动力航母的过渡路子,就成功跨越到核动力航母上。

核动力破冰船虽然作为民用船,但它对于核动力航母的研究还是相当有启发性的,特别是动力运作等方面的问题研究。或者说通过核动力破冰船这一台阶再去实现核动力航母会更偏向于稳中求胜。

除此之外,它的出现会达成中国核动力在民用和军用之间的融合,民用发展成熟可以为军用借鉴,将来助力于提升中国海军的远洋能力。我国核动力破冰船效果图如图 2-112 所示。

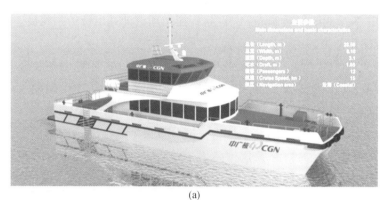

(a)

(b)

图 2-112　我国核动力破冰船效果图

2.3.3　**核动力破冰船的结构优化技术**

1.核动力破冰船疲劳分析评估

在工程问题中人们总结出一种疲劳评估的简化计算方法,各大船级社也都推出了自己的疲劳评估的校核规范,规范中关于疲劳简化计算法的步骤都介绍得十分清晰。但是,对于核动力破冰船,目前还没有统一的规范。中国船级社最新提出的《船体结构疲劳强度指南》,阐述简化计算的基本原理,对核动力破冰船选取的典型横剖面上的纵骨节点进行疲劳损伤计算。

(1)基本原理

每个船级社规范中简化疲劳计算的思想和框架大致相同,主要包括假设为Weibull 分布的应力范围的长期分布,考虑到船舶的船长、船宽、型深、方形系数等特征参数计算出船舶遭遇的疲劳载荷,根据特定的海况资料对船舶进行长期

121

分析,利用 $S-N$ 曲线以及 Miner 线性累积损伤理论计算出疲劳损伤度。

规范简化计算的主要内容包括:

①疲劳载荷的计算。确定装载工况,使用经验公式计算出各装载工况对应的波浪载荷值以及运动响应值,进而计算出因为船体运动产生的船舱内货物及压载水对船的动载荷。

②计算出各应力范围分量。应力范围分量根据载荷的不同可以分为总体应力范围(如船体梁应力)和局部应力范围(如船体内部货物惯性力等局部载荷造成的局部应力)。

③对各应力范围分量进行合成,得到设计应力范围。考虑各应力的概率水平,获得应力范围的长期分布。

④选择对应的 $S-N$ 曲线及线性损伤公式计算出疲劳损伤度。依据 $S-N$ 曲线、线性累积损伤理论及确定的应力范围,得到结构热点的疲劳损伤度。

(2)疲劳载荷

①船体梁载荷。一般船体梁载荷包括静水弯矩、垂向波浪弯矩和水平波浪弯矩。

②船舶运动加速度。

③载荷工况。载荷工况可由规则波组成,如表 2-32 所示,不同工况中的船体梁载荷和加速度的分量,应以各分量的值乘上相对应的载荷组合因子。

表 2-32　载荷工况

载荷工况	H1	H2	F1	F2	R1P	R2P
EDW	"H"		"F"		"R"	
浪向	迎浪		随浪		横浪	
上风舷	—		—		左舷	
结果	最大弯矩		最大弯矩		最大横摇	
	中垂	中拱	中垂	中拱	(+)	(−)
运动定义	垂荡向下	垂荡向上	—	—	左舷 垂荡向下	左舷 垂荡向上

表 2-32（续）

载荷工况	R1S	R2S	P1P	P2P	P1S	P2S
EDW	"R"		"P"		"P"	
浪向	横浪		横浪		横浪	
上风舷	右舷		左舷		右舷	
结果	最大横摇		最大外部压力		最大外部压力	
	(−)	(+)	(+)	(−)	(−)	(+)
运动定义	右舷 垂荡向下	右舷 垂荡向上	左舷 垂荡向下	左舷 垂荡向上	右舷 垂荡向下	右舷 垂荡向上

表 2-32 中，H 代表迎浪，且垂向波浪弯矩最大时所对应的规则波；F 代表随浪，且垂向波浪弯矩最大时所对应的规则波；R 代表横摇运动最大时所对应的规则波；P 代表水线处水动压力最大时所对应的规则波。

④海水动压力

船体外板任意点的总的海水压力 P_{sw} 计算公式如下：

$$P_{sw} = P_s + P_w \ (kN/m^2) \tag{2-19}$$

式中，P_s 是静水压力，见表 2-33；P_w 为根据载荷工况确定的水动压力。

表 2-33　静水压力 P_s 的计算表

位置	静水压力 $P_s/(kN/m^2)$
水线处及以下的点($z \leqslant d_{LCi}$)	$\rho g(d_{LCi} - z)$
水线以上的点($z \geqslant d_{LCi}$)	0

表 2-33 中，d_{LCi} 是在不同工况下所选取的剖面处对应的吃水；z 为载荷点垂向坐标。

对于工况 H1、H2、F1 和 F2，船上外板水线下任意某点的水动压力 P_H 和 P_F 见表 2-34，船中位置水动压力 P_{F2} 分布如图 2-113 所示。

表 2-34　载荷工况 **H1**、**H2**、**F1** 和 **F2** 的水动压力表

载荷工况	水动压力/（kN/m²）
H1	$P_{H1} = -k_{aH}k_{pH}P_{HF}$
H2	$P_{H2} = -k_{aH}k_{pH}P_{HF}$
F1	$P_{F1} = -k_{aF}k_{pF}P_{HF}$
F2	$P_{F2} = -k_{aF}k_{pF}P_{HF}$

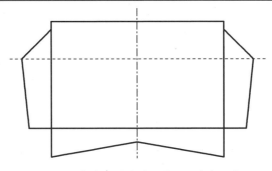

图 2-113　船中位置水动压力 P_{F2} 分布示意图

对于工况 R1P、R2P、R1S 和 R2S,水线下外板上任意某点的水动压力见表 2-35,压力分布如图 2-114 所示。

表 2-35　载荷工况 **R1P**、**R2P**、**R1S** 和 **R2S** 的水动压力表

载荷工况	水动压力/（kN/m²）
R1P	$P_{R1P} = P_{RP}$
R2P	$P_{R2P} = -P_{RP}$
R1S	$P_{R1S} = P_{RS}$
R2S	$P_{R2S} = -P_{RS}$

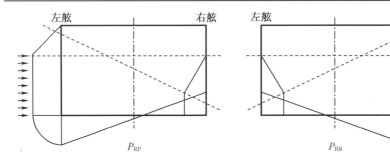

图 2-114　船中位置处水动压力 P_{RP} 和 P_{RS} 的分布示意图

对于工况 P1P、P2P、P1S 和 P2S,船体外板水线下任意某点的水动压力见表 2-36。压力分布如图 2-115 所示。

表 2-36 载荷工况 P1P、P2P、P1S 和 P2S 的水动压力表

载荷工况	水动压力/(kN/m^2)
P1P	$P_{P1P} = P_{PP}$
P2P	$P_{P2P} = -P_{PP}$
P1S	$P_{P1S} = P_{PS}$
P2S	$P_{P2S} = -P_{PS}$

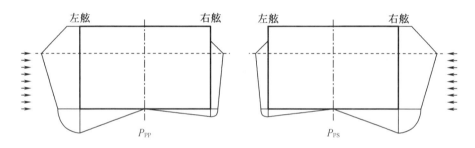

图 2-115 船中位置水动压力 P_{PP} 和 P_{PS} 分布示意图

⑤干散货压力。包括静水中干散货的压力、干散货造成的惯性压力与干散货造成的总压力 P_C。

⑥内部液体压力。包括液体造成的静压力、液体造成的惯性压力与液体造成的总压力 P_L。

(3)简化应力

规范中的疲劳简化计算法一般来说适用于纵骨端部节点的疲劳强度评估,热点通常出现在纵骨端部节点的焊趾部位。简化应力分析时,名义应力分量通常包括两部分:船体梁弯曲正应力以及侧向载荷引起的纵骨弯曲正应力。

(4)S-N 曲线

S-N 曲线表示的是节点处的交变应力与应力循环次数之间的关系,一共有 8 条曲线,分别为 B、C、D、E、F、F_2、G、W 曲线,如图 2-116 所示。该 S-N 曲线适用于最小屈服应力小于 400 N/mm^2 的钢材。核动力破冰船常规区域所用钢材的屈服极限为 355 N/mm^2,核反应堆舱区域所用钢材的屈服极限为 390 N/mm^2,均满足 S-N 曲线的适用要求。

对于简化疲劳计算中的焊接接头,应使用 D 曲线;对于简化疲劳计算中的母材自由边,应使用 C 曲线。C 曲线和 D 曲线对应的 S-N 曲线参数见表 2-37。

表 2-37　S-N 曲线参数

S-N 曲线	K	S_q
C	3.464×10^{12}	70.230 5
D	1.520×10^{12}	53.368

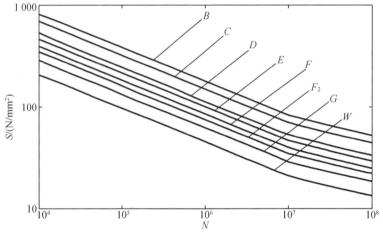

图 2-116　S-N 曲线图

(5)疲劳寿命

结构疲劳计算节点的疲劳寿命可按公式(2-20)进行计算,以船体的设计寿命为参考,对结构计算点的疲劳寿命进行校核。

$$T_F = 20/D \tag{2-20}$$

(6)海洋核动力船疲劳简化方法实船分析

以某海洋核动力船为例进行实船规范疲劳简化方法评估,该海洋核动力船的主尺度见表 2-38。

表 2-38　海洋核电船的主尺度

项目	单位	数值
总长 L	m	163.40
垂线间长 L_{pp}	m	160.80
型宽 B	m	29
型深 D	m	12
设计吃水 T	m	7.4
结构吃水 T	m	7.6
方形系数 C_{b}	—	0.956

按中国船级社《船体结构疲劳强度指南》节点的选取方法,疲劳评估一般选取纵骨节点,这是因为当船体受到总纵弯曲和扭转作用时,纵骨节点会受到很大的弯曲应力以及翘曲应力。确定节点的类型后应进行横剖面的选取,一般船中位置受到的波浪载荷值最大,该处剖面的结构发生疲劳的可能性较大。另外,距船首尾 1/4 处的波浪剪力最大,也应校核该处剖面的纵骨节点,所以选取该海洋核动力船 FR67、FR134、FR215 三处剖面进行疲劳规范简化计算校核,各剖面的参数见表 2-39。

表 2-39　各选取剖面的参数

项目	单位	FR67	FR134	FR215
横剖面垂向惯性矩 I_y	m^4	163.417	382.500	163.333
横剖面水平惯性矩 I_z	m^4	282.250	428.000	295.917
中性轴距基线的高度 e	m	9.278	11.250	9.317

每个剖面上的船底、舷侧、甲板上的纵骨节点最为危险,应当进行疲劳校核,故每个剖面上选取顶棚甲板上 2 根纵骨,舷侧外壳上 2 根纵骨,内底上 1 根纵骨,外底上 1 根纵骨,各剖面纵骨节点位置示意图如图 2-117 和图 2-118 所示。

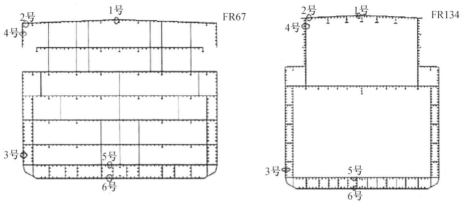

图 2-117 FR67 剖面纵骨节点位置示意图与 FR134 剖面纵骨节点位置示意图

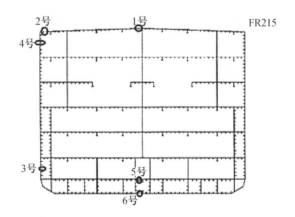

图 2-118 FR215 剖面纵骨节点位置示意图

波浪载荷的计算值按表 2-40 所示。

表 2-40 各选取波浪载荷值表

项目	单位	FR67	FR134	FR215
静水弯矩	kN·m	−382 600	−1 400 000	−170 500
中拱波浪弯矩	kN·m	192 073.36	307 317.38	173 941.64
中垂波浪弯矩	kN·m	192 623.23	308 197.17	174 439.60
水平波浪弯矩	kN·m	94 148.72	154 159.90	87 254.51

船舶运动参数见表 2-41 所示,加速度计算结果见表 2-42,将加速度进行合成得到合成加速度,见表 2-43。

表 2-41　船舶运动参数表

项目	单位	数值
初稳心高	m	3.48
横摇转动半径	m	10.15
横摇周期	s	12.51
最大横摇角	rad	0.139
纵摇周期	s	7.22
最大纵摇角	rad	0.011 8

表 2-42　船舶加速度参数表

项目	单位	数值
加速度系数	m/s^2	0.045
纵荡加速度	m/s^2	0.088
横荡加速度	m/s^2	0.135
垂荡加速度	m/s^2	0.322
横摇角加速度	rad/s^2	0.035
纵摇角加速度	rad/s^2	0.008 9

表 2-43　船舶合成加速度参数表

项目	单位	数值
纵摇_纵向加速度	m/s^2	0.231
横摇_横向加速度	m/s^2	0.906
横摇_垂向加速度	m/s^2	0.017
纵摇_垂向加速度	m/s^2	0.072
纵向合成加速度	m/s^2	−0.292
横向合成加速度	m/s^2	0
垂向合成加速度	m/s^2	0.274

各剖面名义应力分量的值仅以 FR134 剖面的 H1 工况举例,梁载荷造成的名义应力分量见表 2-44,侧向载荷造成的名义应力分量见表 2-45,热点应力见表 2-46。

129

表 2-44 FR134 剖面 H1 工况的梁载荷名义应力分量表

纵骨编号	静水弯矩引起船体梁弯曲正应力 $\sigma_{SW,(k)}$/(N/mm^2)	垂向波浪弯矩引起船体梁弯曲正应力（中垂）$\sigma_{WV,ij}$/(N/mm^2)	垂向波浪弯矩引起船体梁弯曲正应力（中拱）$\sigma_{WV,ij}$/(N/mm^2)	水平波浪弯矩引起船体梁弯曲正应力 $\sigma_{WH,(k)}$/(N/mm^2)	船体梁载荷引起名义应力分量 $\sigma_{nh,ij(k)}$/(N/mm^2)
1	−75.867	16.701	16.654	0.180	−92.569
2	−74.356	16.369	16.322	3.602	−90.724
3	28.366	−6.245	−6.227	5.223	34.611
4	−65.088	14.329	14.288	3.818	−79.417
5	33.856	−7.453	−7.432	2.089	41.309
6	41.176	−9.065	−9.039	2.089	50.241

表 2-45 FR134 剖面 H1 工况的侧向载荷名义应力分量表

纵骨编号	纵骨跨距中点处海水压力/(kN/m^2)	纵骨跨距中点处液体压力/(kN/m^2)	侧向载荷引起名义应力分量/(kN/m^2)
1	0.000	0.000	0.000
2	0.000	0.000	0.000
3	27.811	0.000	0.000
4	0.000	0.000	0.000
5	43.134	0.000	8.056
6	0.000	0.000	0.000

表 2-46 FR134 剖面 H1 工况的热点应力计算表

纵骨编号	非对称纵骨应力集中系数 K_s	纵骨轴向载荷应力集中系数 K_{gh}	纵骨侧向载荷应力集中系数 K_{gl}	腐蚀修正系数 f_{ch}	腐蚀修正系数 f_{cl}	板架弯曲修正系数 C_g	热点应力 σ_h/(N/mm^2)
1	1.030	1.280	1.340	1.050	1.100	1.000	−124.412
2	1.030	1.280	1.340	1.050	1.100	1.000	−121.933
3	1.030	1.280	1.340	1.050	1.100	1.050	55.949
4	1.030	1.280	1.340	1.050	1.100	1.050	−112.073

表 2-46(续)

纵骨编号	非对称纵骨应力集中系数 K_s	纵骨轴向载荷应力集中系数 K_{gh}	纵骨侧向载荷应力集中系数 K_{gl}	腐蚀修正系数 f_{ch}	腐蚀修正系数 f_{cl}	板架弯曲修正系数 C_g	热点应力 σ_h /(N/mm^2)
5	1.030	1.280	1.340	1.050	1.100	1.100	73.303
6	1.030	1.280	1.340	1.050	1.100	1.100	74.276

根据各个载荷工况的热点应力进而计算到热点应力范围以及热点的平均应力,再计算出设计应力范围。各选取剖面纵骨节点的设计应力范围见表 2-47。

表 2-47　各计算剖面设计应力范围表

纵骨编号	设计应力范围 S_D/(N/mm^2)		
	FR67	FR134	FR215
1	30.390	31.381	30.422
2	29.357	30.755	29.385
3	19.839	19.572	33.617
4	26.128 9	28.268	27.308
5	25.890	22.706	21.919
6	33.284	29.042	31.345

表 2-48 给出各剖面疲劳损伤度和疲劳寿命,从各剖面的计算结果看,1 号、2 号、6 号纵骨的疲劳损伤度较 3 号、4 号、5 号纵骨的疲劳损伤度大。

表 2-48　各剖面损伤度和疲劳寿命表

纵骨编号	FR67		FR134		FR215	
	损伤度 D	疲劳寿命 T/a	损伤度 D	疲劳寿命 T/a	损伤度 D	疲劳寿命 T/a
1	0.021 34	1 872.71	0.024 84	1 610.27	0.021 47	1 863.33
2	0.018 13	2 206.53	0.022 60	1 770.05	0.018 21	2 196.44

表 2-48（续）

纵骨编号	FR67		FR134		FR215	
	损伤度 D	疲劳寿命 T/a	损伤度 D	疲劳寿命 T/a	损伤度 D	疲劳寿命 T/a
3	0.002 67	15 007.60	0.002 49	16 052.50	0.034 21	1 169.12
4	0.010 35	3 864.32	0.015 13	2 642.94	0.012 82	3 120.53
5	0.009 90	4 040.28	0.005 20	7 686.73	0.004 37	9 149.11
6	0.032 68	1 224.07	0.017 22	2 322.94	0.024 71	1 618.82

FR134 剖面处于船中位置，该处剖面受到的波浪载荷值最大，所以体现出该处剖面上的顶层甲板上的 1 号、2 号纵骨节点的疲劳寿命较其他两个剖面的 1 号、2 号纵骨的疲劳寿命小。但是由于船中剖面存在上层建筑以及核反应堆舱，FR134 剖面的高度比其他剖面大，也就反映出三个剖面上离顶层甲板距离相同的 3 号、4 号纵骨节点并不处于同一基线高度上，所以其疲劳寿命也未体现出类似不同剖面间 1 号、2 号疲劳寿命的规律。

（7）海洋核动力船疲劳——评估谱分析法

谱分析法采用的理论基础是线性系统变换，是一种用于解决实际工程问题载荷和结构响应的方法。谱分析法进行疲劳评估的基本流程图如图 2-119 所示。

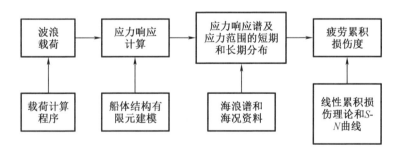

图 2-119　谱分析法进行疲劳评估的基本流程图

在船体结构的疲劳分析中，可以将波浪看作一个平稳的随机过程，通过波浪载荷获得的交变应力同样是平稳的随机过程，如图 2-120 所示。

波浪过程$\eta(t)$(输入)　　　　　　　　交变应力过程$X(t)$(响应)

图 2-120　线性系统关系示意图

①腐蚀余量

船舶在使用期内,由于部分船体结构直接暴露在大气及海水中,极易发生腐蚀的现象,进而对节点结构的疲劳损伤计算精度造成影响,因此在谱分析研究时应考虑到腐蚀因素的影响。海洋核动力船根据其设计审图原则,用谱分析法进行疲劳评估时所采用的腐蚀余量修正值见表 2-49。

表 2-49　腐蚀余量修正表

舱室类型	结构构件	腐蚀余量修正值/mm
压载水舱、污水舱、污油舱和锚链舱	舱顶 3 m 范围内	1.5
	其他位置	1.0
暴露于大气	露天甲板	1.0
	其他构件	0.75
暴露于海水	外板	0.75
燃油和滑油舱		0.5
淡水舱		0.5
空舱(不经常进入的场所,如仅能通过人孔、管隧等才能进入的舱室)		0.5
干舱(甲板室、机器处所、泵舱和储存舱等舱室)		0.5

②波浪载荷

波浪载荷的直接计算是疲劳评估谱分析法中的关键部分,主要的方法分为二维切片法和三维势流理论。目前,采用三维势流理论进行水动力分析更加广泛。这里采用三维线性频域势流软件来进行海洋核动力船水动力分析以及湿表面水动压力的计算。该海洋核动力船进行波浪载荷直接计算时的水动力网格模型如图 2-121 所示。

图 2-121　海洋核动力船船体水动力网格图

a. 首向浪向不等概率分布波浪载荷

航速:首向浪向不等概率分布的波浪载荷对应系泊状态,该状态的航速可取为 0。

浪向角:系泊状态时浪向只考虑首向浪向,共有 5 个浪向:0°、15°、30°、330°、345°;各浪向是不等概率分布的,0°浪向的分布概率为 60%,15°和 345°浪向的分布概率为 15%,30°和 330°浪向的分布概率为 5%。

频率:规则波的圆频率、波长和波数间存在一定的关系,通过确定频率来确定波浪的其他参数。

波浪载荷的基本参数根据上述原则确定,如表 2-50 所示。

表 2-50　首向浪向不等概率分布波浪载荷基本参数表

项目	单位	内容及数据				
装载工况	—	工作状态和工作结束状态				
计算航速	kn	0				
波向角 θ	(°)	0	15	30	330	345
各浪向角出现的概率 P_J	—	60%	15%	5%	5%	15%
频率 ω	rad/s	0.1,0.2,0.3,0.4,0.5,0.6,0.7,0.8,0.9,1.0,1.1,1.2,1.3,1.4,1.5,1.6,1.7,1.8				

b. 全浪向等概率分布波浪载荷

航速:根据经验及规范规定,计算航速取为最大设计航速的 60%。

浪向角:航行过程浪向的概率分布采用全浪向等概率分布。因此,在 360°的范围内每隔 30°取一个浪向,一共有 12 个浪向:0°、30°、60°、90°、120°、150°、180°、210°、240°、270°、300°、330°。由于各浪向为等概率分布,所以各浪向出现的概率均是 1/12。

频率:根据波长的范围,确定出波浪圆频率的范围为 0.1~1.8,间隔为 0.1,

即一共 18 个频率。

波浪载荷的基本参数根据上述原则确定,如表 2-51 所示。

表 2-51　全浪向等概率分布波浪载荷基本参数表

项目	单位	内容及数据
装载工况	—	拖航到港、拖航离港以及生存状态
计算航速	kn	5
浪向角 θ	(°)	0,30,60,90,120,150,180,210,240,270,300,330
各浪向角出现的概率 P_J	—	等概率分布,各占 1/12
频率 ω	rad/s	0.1,0.2,0.3,0.4,0.5,0.6,0.7,0.8,0.9, 1.0,1.1,1.2,1.3,1.4,1.5,1.6,1.7,1.8

③应力响应的传递函数

传递函数是谱分析法中的关键参数,通常由以下两种方法得到:理论计算法和有限元分析法。理论计算法是根据作用载荷的不同将传递函数分解为几个分量,之后计算各个分量,最后再进行组合,这种方法在实际使用时的计算结果不太理想,误差较大。有限元分析法使用波浪载荷软件获得船体在某一浪向角和频率下规则波中的船体运动和外部水动压力的响应。之后,在有限元模型上施加外部水动压力以及船体运动造成的惯性力,得到应力的响应。应力响应传递函数的值为单位波幅下应力响应的值。

④热点应力的插值

热点应力即为热点所在处的应力,与名义应力不同的是,热点应力涉及构件不连续和焊接件所造成的应力集中。一般来说,热点应力有两种获取方法,一种是用名义应力乘以应力集中系数,另一种是采用精细的网格进行分析得到。

当采取精细网格分析获得热点应力的方法时,热点应力通过线性插值的方法获得。如图 2-122 所示,首先,提取细化点相近的 4 个单元中心点的应力,之后用单元 1 和单元 3 中心点的应力插值得到 $t/2$ 处的应力;同理利用单元 2 和单元 4 中心点的应力插值得到 $3t/2$ 处的应力。最后,利用 $t/2$ 和 $3t/2$ 处的应力插值获得热点处的应力。

⑤应力的响应谱

一般来说,载荷的响应值应根据船舶航行海域的海浪资料来计算,但这在实际过程中比较难以实现。因此,国际船舶结构会议(ISSC)推荐了 Pierson-

Moskowitz 谱(简称 P-M 谱)。

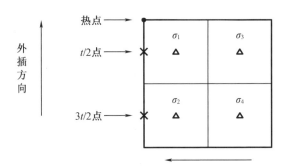

图 2-122 热点应力插值方式示意图

⑥应力范围的短期分布

我们在得到应力的响应谱后,进而可以得到结构的应力响应。短期内的交变应力服从 Rayleigh 分布。

⑦应力范围的长期分布

获得应力范围的短期分布后,考虑船舶航行时遇到的各海况的分布情况,进而得到应力范围的长期分布。对各短期分布加权组合,得到应力范围的长期分布。

⑧海况资料的选取

根据船舶航行海域选取海况资料,该海洋核动力船航行海域海况资料见表 2-52。

表 2-52 工作海域各海况出现的概率表

T_z/s	H_s/m									
	0.5	1	1.5	2	2.5	3	3.5	4	4.5	5
1	0	0	0	0	0	0	0	0	0	0
2	0.000 2	0	0	0	0	0	0	0	0	0
3	0.010 8	0.000 2	0	0	0	0	0	0	0	0
4	0.124 6	0.052 7	0.000 1	0	0	0	0	0	0	0
5	0.078 4	0.211 9	0.046 4	0.000 6	0	0	0	0	0	0
6	0.021 6	0.057 6	0.161 4	0.076 6	0.004 8	0.000 1	0	0	0	0
7	0.001	0.007 6	0.015 6	0.047 9	0.044 6	0.010 7	0.007	0	0	0

表 2-52(续)

T_z/s	H_s/m									
	0.5	1	1.5	2	2.5	3	3.5	4	4.5	5
8	0	0.000 1	0.000 7	0.001 8	0.007 7	0.007 6	0.004	0.001 3	0.000 4	0
9	0	0	0	0	0	0	0.000 2	0.000 1	0	0
10	0	0	0	0	0	0	0	0	0	0

⑨疲劳累积损伤度的计算

在得到应力范围的长期分布之后,就可以根据 Miner 线性累积损伤的理论来进行累积损伤度的计算。对于一个短期工况,其损伤度可按式(2-21)进行计算:

$$D_{ij} = \frac{T_{ij}v_{0ij}}{A} \int_0^{+\infty} S^m f_{sij}(S)\,\mathrm{d}S \qquad (2-21)$$

式中,T_{ij} 是该短期工况的航行时间;v_{0ij} 是应力交变过程的跨零率;f_{sij} 是该短期所对应的应力范围分布;A 和 m 为 S-N 曲线中的参数。

2. 海洋核动力船疲劳谱分析法数值计算

(1)有限元建模原则

船体结构的有限元模型能够十分准确地反映出船体结构的细节和特性,使疲劳评估的谱分析结果更加准确合理,因此在谱分析法评估中通常采用有限元模型进行分析。有限元模型一般分为全船模型和三舱段模型两种。由于海洋核动力船自身结构的复杂性,在全船范围内并不存在结构相似的舱段,另外为了保证疲劳评估结果的准确性,将采取全船有限元模型。

(2)海洋核动力船有限元模型

根据有限元建模原则,采用有限元软件 MSC. Patran/Nastran 对海洋核动力船进行全船建模。有限元模型的坐标系采取右手笛卡尔坐标系如图 2-123 所示。以毫米为长度单位进行建模,所对应的单位系统见表 2-53。建立的海洋核动力船结构单元总数为 564 742 个,全船的有限元模型如图 2-124 所示,船体中纵剖面和船体核反应堆舱结构板厚如图 2-125 所示。

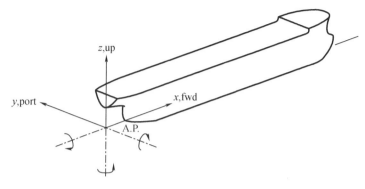

图 2-123　坐标系系统图

表 2-53　单位系统表

物理量	国际单位制
长度	mm
质量	t
力	N
密度	t/mm^3
应力	MPa

　　建好全船模型后,根据不同工况下的质量分布对模型的质量进行调整,通常采用修改材料的密度和在结构上施加质量点两种方法。调整好质量分布后还应进行浮态调整,将有限元的重心位置调整为实船的重心位置。此海洋核动力船共有 5 种工况,各工况下的船体质量以及吃水深度见表 2-54。

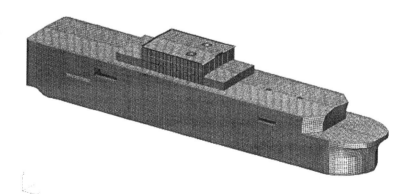

图 2-124　海洋核动力船全船有限元模型

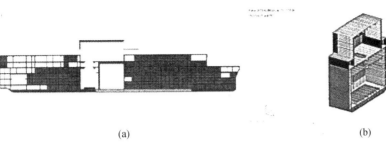

(a)　　　　　　　　　　　　　　　　(b)

图 2-125　船体中纵剖面示意图与船体核反应堆舱结构板厚示意图

表 2-54　各工况下船体重量信息表

项目	工作状态	工作结束	拖航到港	拖航离港	生存状态
总重/t	33 206.24	33 021.94	34 407.42	33 895.02	28 414.65
吃水/m	7.266	7.219	7.615	7.502	6.26
排水体积/m³	32 396.33	32 216.52	33 568.22	33 068.31	27 721.61
方形系数 C_B	0.956	0.957	0.945 6	0.945	0.950

（3）海洋核动力船结构特性分析

海洋核动力船与其他散货船、集装箱船、矿砂船等常规船舶不同,其内部舱室更加紧密,结构更加复杂,空间利用率更高。海洋核动力船为了保证安全性采用了双层壳和双层底的设计,中间舱室为核反应堆舱,一方面,为了保证核反应堆装置所需要的空间,各层甲板在核反应堆舱处断开;但在另一方面,核反应堆舱室对安全性的要求较其他舱室更为严格,甲板断开使得该处舱室的结构评估显得尤为重要,核反应堆的存在也导致了堆舱内存在集中质量,因此在疲劳强度分析时应考虑到核反应堆舱室的特殊性,重点关注反应堆舱室内一些典型的节点结构。

核反应堆舱由于舱内需要存放核反应堆装置,其舱室内的货物质量较大,根据海洋核动力船的质量分布,可以得出工作状态下核反应堆舱内舱和外舱的装载质量分别为 2 657.2 t 和 9 049.7 t,可以看出堆舱内的集中质量较大,占整船工作状态下排水量的 1/4 左右,因此如果在疲劳计算中忽略了对集中质量的考虑,将影响最终计算结果的精确性。以中垂状态下使船体产生垂向弯矩最大的设计波作为载荷,分别计算出考虑堆舱集中质量和不考虑堆舱集中质量时的应力分布情况,以验证堆舱集中质量的重要性。两种工况下核反应堆舱分段的应力分布云图如图 2-126~图 2-130 所示,可以看出两种工况应力分布的情况大致相

同,但未考虑堆舱集中质量的工况下的总体应力偏小,这样会使最终计算出的疲劳寿命变大,影响计算结果的精确性,也无法保证核动力船的安全性。

图 2-126　考虑集中质量 SM06 分段应力分布云图与未考虑集中质量 SM06 分段应力分布云图

图 2-127　考虑集中质量 SM07 分段应力分布云图与未考虑集中质量 SM07 分段应力分布云图

图 2-128　考虑集中质量 SM08 分段应力分布云图与未考虑集中质量 SM08 分段应力分布云图

图 2-129　考虑集中质量 SM09 分段应力分布云图与未考虑集中质量 SM09 分段应力分布云图

图 2-130　考虑集中质量 SM10 分段应力分布云图与未考虑集中质量 SM10 分段应力分布云图

计算时采用在核反应堆舱的舱内重心处施加 MPC 点,利用 MPC 点将反应堆舱的结构节点连接起来,再通过质量点的方式在 MPC 点上施加堆舱内的集中质量。结合加速度计算出堆舱内集中质量所产生的惯性力,进而分析核反应堆舱内的一些关键结构,如内底板与内壳相交处、舱角、舱内小平台与内底板相交处、旁纵桁与外底板相交处等,体现出核反应堆的特点。

(4)疲劳评估热点位置的选取

在疲劳谱分析前,利用设计波法进行屈服强度校核来确定海洋核动力船应力集中较为严重结构的位置,选取应力集中较严重的节点和规范规定的一些容易发生疲劳问题的位置(如舱角、开口处)等作为疲劳谱分析评估的热点。

根据海洋核动力船的特点和结构特性,重点考虑了船体中间核反应堆舱室的特殊性,参考全船应力的计算结果一共选取了 19 个典型的疲劳节点进行评估,其中核反应堆舱内的疲劳热点有 12 个,并由计算得到海洋核动力船航行和工作状态下的热点应力传递函数。

(5)疲劳损伤度及疲劳寿命计算结果

得到热点应力的传递函数以及选取好 S-N 曲线后,根据疲劳损伤度的计算公式,扣除维修、坐坞、工作间隙等船舶处于空闲的时间后,计算出工作状态下和航行状态下各热点所对应的疲劳损伤度。

根据海洋核动力船的工作特性和航行状态分配时间系数,获得总的疲劳损伤度,进而可得各热点的疲劳寿命。本海洋核动力船的设计寿命为 40 年,根据设计寿命进行热点寿命的校核。

3.典型疲劳热点结构优化设计

(1)海洋核动力船疲劳热点结构优化

根据优化方法的原理和操作流程,以尺寸优化和形状优化为例,选取部分海洋核动力船的疲劳热点进行优化。由于各热点所处的具体结构位置不同,各热点在达到应力最大时所对应的波浪浪向角和频率是不同的。在进行热点优化时,单以一个浪向和频率的波浪载荷无法真实反映出不同疲劳热点的应力情况,而进行波浪谱分析又太过烦琐,因此优化设计的波浪载荷通常将结构强度分析时用的设计波作为载荷,选用垂向波浪弯矩最大时所对应的设计波进行加载。

(2)尺寸优化实例

根据热点的结构形式和热点疲劳损伤度的综合考虑,尺寸优化将板厚作为设计变量,热点在设计波下的应力作为目标值。原则上设计变量越多,最终的计算结果越精确,但由于设计变量为板厚,应考虑具体施工时的因素,将板厚设计在一个合理的范围内。板厚变动范围选为从原板厚到原板厚增加 10 mm,间隔为 0.5 mm,依据有限元分析软件计算出热点所在处的应力。以某热点为例,各工况对应的应力云图如图 2-131 所示。

(a)某热点原板厚应力云图　　　　　(b)某热点原板厚增加0.5 mm应力云图

图 2-131　某热点板厚-应力云图

绘制典型热点的板厚-应力曲线如图 2-132 所示。根据各工况设计波载荷下的热点应力可以计算出应力集中系数,进而利用谱分析法计算出各工况下热点的疲劳寿命并得出以下结论:

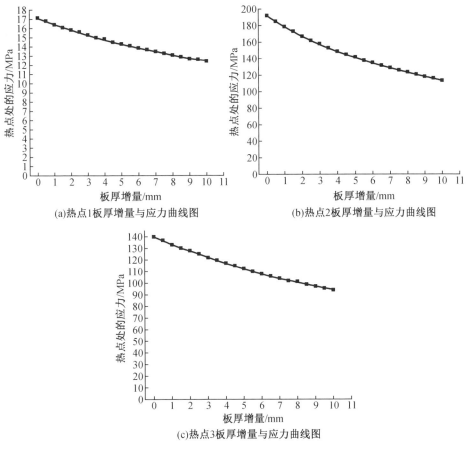

(a)热点1板厚增量与应力曲线图　　　　　(b)热点2板厚增量与应力曲线图

(c)热点3板厚增量与应力曲线图

图 2-132　某热点板厚-应力曲线图

①板厚的增加有效地降低了热点所在区域的应力,进而增加了热点的疲劳寿命。说明尺寸优化可以有效降低结构的应力,增加疲劳寿命,验证了尺寸优化的合理性。

②根据尺寸优化的原理,应力对板厚的变化存在敏感性,即在敏感阶段,同等的板厚变化造成的应力改变量要明显大于非敏感阶段。但从图 2-132 可以看出,所计算的三个热点在 10 mm 板厚改变范围内均处在敏感阶段,也就是说在该板厚范围内无法根据敏感性找出最佳板厚的修改值,但可以根据目标应力范围和疲劳寿命进而确定板厚的增量。

③考虑到实际应用中施工的合理性,太大的板厚增量并不合适,板厚的最大增量设为 10 mm,如果超过该板厚增量而对应的应力仍未达到理想状况,可以考虑进行形状优化等其他优化方法。

（3）形状优化实例

形状优化指改变目标区域的形状以达到应力下降的目的。从结构的抗疲劳角度来说,形状优化包括:改变过渡区域圆弧半径,改变纵骨端部节点形式(采用软踵和软趾),高应力区域加入肘板,加入舱口角隅等几种具体方法。根据海洋核动力船疲劳热点结构的具体特点和疲劳损伤度的计算结果,选取某热点为例进行形状优化设计。

选取的热点位于反应堆舱舱壁上 T 型材与顶棚甲板的相交处,原始结构如图 2-133 所示。该热点在设计波载荷下的应力计算云图如图 2-134 所示,可以看出该处应力集中情况较为严重,最大应力达到了 503 MPa,对结构的屈服强度和疲劳方面都会产生影响。加上该热点处于反应堆舱的特殊位置,根据具体结构特点采用加入肘板进行优化设计。该热点加入肘板后结构示意图如图 2-135 所示,肘板长边长度为 300 mm,热点应力云图如图 2-136 所示。表 2-55 给出了各工况下应力计算结果比较值,可以看出:

①加入肘板有效地降低了节点所在位置的结构应力,最大应力值从无肘板时的 503 MPa 下降为 200~300 MPa,同时疲劳寿命也增加较大。

②加入肘板后最大应力值出现的位置发生改变,最大应力值所对应的单元号从 Elm 47794 变为 Elm 503737,但只改变肘板长边长度时最大应力值出现的位置不再发生改变。

③肘板长边为 300 mm 和肘板长边为 350 mm 对应的工况应力下降百分比较大,随着肘板长边长度的增加,应力下降的百分比逐渐降低。

④综合考虑,该处节点的形状优化可以选择肘板长边 300 mm 或肘板长边为 350 mm 的优化方案,既能有效降低应力水平,增加疲劳寿命,又能控制整船质量,节约建造成本。

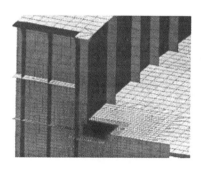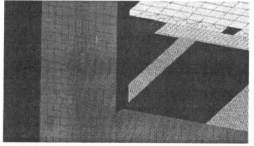

图 2-133　某热点原始结构示意图

图 2-134 某热点原始结构应力云图

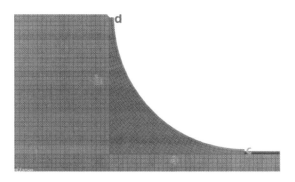

图 2-135 某热点加入肘板后结构示意图

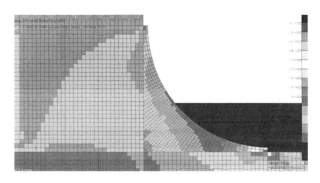

图 2-136 肘板长边长度为 300 mm 热点应力云图

表 2-55 各工况下应力计算结果比较

工况列表	最大应力值对应的单元号	最大应力值/MPa	应力下降百分比	疲劳寿命/a
原始工况,无肘板	Elm 477994	503	—	77.5
肘板长边为 300 mm	Elm 503737	301	40.2%	361.6

表 2-55(续)

工况列表	最大应力值 对应的单元号	最大应力值 /MPa	应力下降 百分比	疲劳寿命 /a
肘板长边为 350 mm	Elm 503737	271	10.0%	495.5
肘板长边为 400 mm	Elm 503737	248	8.5%	646.5
肘板长边为 450 mm	Elm 503737	231	6.9%	800.1
肘板长边为 500 mm	Elm 503737	216	6.5%	978.6

2.3.4　核动力破冰船的简要设计方案

通过借鉴俄罗斯核动力破冰船的发展经验,结合我国的实际需求和设计建造能力,提出我国未来新型核动力破冰船的初步设计技术方案。

2.3.4.1　初步设计方案

1. 总体性能需求

(1)排水量

由于极地破冰船除承担搭载科学家进行短期极地科学考察外,还是极地考察站的补给船,因此需要较大的物资运输能力,排水量也要相应较大。从目前我国极地科考的实际需要出发,考虑到我国的船舶设计与建造能力,将新型核动力破冰船的排水量考虑为 3 万 t 级,同时由于新型破冰船为核动力推进,不需要携带大量船用燃油,所以新型核动力破冰船的实际载重量及承载人员数应有较大提高。

(2)主尺度选择

破冰船的长宽比与一般海船不一样,纵向短、横向宽,长宽比约为 5∶1,既有利于在冰区选择薄冰层处灵活航行,又能使船体开辟出较宽的水域,方便后续船舶的航行,参考俄罗斯"北极级"破冰船设计,将新型核动力破冰船的长度设定为 180 m,宽度为 32 m。

(3)破冰能力设计

目前,"雪龙"号破冰船的连续破冰厚度为 1.2 m,和俄罗斯核动力破冰船破冰能力差距不小,为了将极地科考向极地纵深推进,必须加强我国极地科考船的破冰能力,使其能够达到俄罗斯第二代核动力破冰船的技术水平,即破冰能力设

计为 2.8 m。

（4）推进功率设计

由于新型极地破冰船的排水量与破冰能力提升，因此轴功率也需要相应提升，结合俄罗斯核动力破冰船的设计经验，破冰能力为 2.8 m 的 3 万 t 级新型核动力破冰船的轴功率需求约为 10 万 hp。结合船用电力需求，总功率约为 11 万 hp，目前水面核动力装置效率一般为 20%～25%，因此新型核动力破冰船的核动力装置功率需求约为 360 MW。

（5）船体设计

为了适应极地破冰的特殊需要，新型极地破冰船船型采用小长宽比的平甲板型，船体采用横骨架式结构，肋骨间距较小，以抵抗破冰时产生的强大冲击力。

船首为破冰型艏，整体圆钝结实的外形有利于撞开更宽的冰面。船首水线以下倾斜明显，起到先将艏部挤上冰面，再利用船体本身重量将冰面压碎的作用。船尾为巡洋舰型，有利于减小倒车时的阻力。另外，为避免上层建筑与甲板设备、人员受海浪与浮冰的侵袭，整船的干舷设置较高。

新型核动力破冰船的主要技术参数见表 2-56。

表 2-56　新型核动力破冰船的主要技术参数

项目	技术参数
规格（长×宽）	180 m×32 m
满载排水量	3 万 t
载重量	1.5 万 t
轴功率	10 万 hp
续航能力	无限制
连续破冰厚度	2.8 m
乘载人员	150 人

2.总布置设计

破冰船总体布置分为两大部分，即水下部分与上层建筑。在新型核动力破冰船中，为了保证船体的稳定性，将动力舱、储藏室、控制室等舱室设置在水线以下，同时将所有上层建筑设置于船体前部，上层建筑后部甲板为面积较大的直升机起降平台。

上层建筑顶层为驾驶室，其与船体同宽，视野开阔。一座塔柱式主桅杆位于驾驶室顶层甲板后部,桅杆上设有一个观察室,便于从高处对冰情进行观察瞭望。上层建筑后部为大型机库。除上述舱室外,上层建筑其余空间为各种实验室和各类人员居住、生活空间。在上层建筑后部船体甲板的前后端各设一大型起重机,用于吊放设备与货物。新型核动力破冰船外形示意图如图 2-137 所示。典型核动力船舶舱室布置如图 2-138 所示。

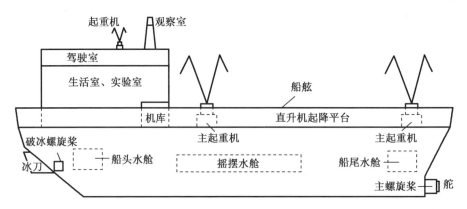

图 2-137　新型核动力破冰船外形示意图

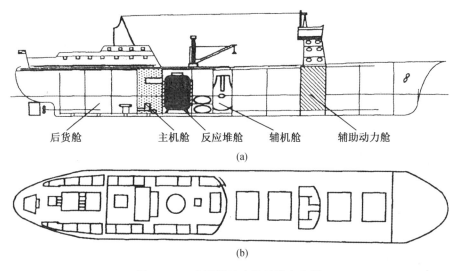

图 2-138　典型核动力船舶舱室布置

(1)水舱

破冰船在厚冰区域行进时,通常采用"冲撞式破冰法",即将翘起的船头冲上冰面,靠船头部分的重量将冰压碎,为了增加船头重量,常常将船尾水舱中的水抽到船首水舱;同时当船身夹在冰层中间时,通过调整左右舷摇摆水舱水量,使破冰船左右摇摆而摆脱困境。

因此,在极地破冰船的船首、船尾均设置破冰水舱,在中部沿着两舷设置摇摆水舱,而且所有水舱的容积都比较大。

(2)螺旋桨

结合国外极地破冰船先进的设计理念,我国未来的核动力破冰船上设置两个破冰螺旋桨和一个主推进螺旋桨。

两个破冰螺旋桨设置在船首下方冰刀两侧,当船在薄冰区域行进时,船首破冰螺旋桨从冰下将水抽出,削弱冰层的支托并结合船首锋利冰刀的切割作用,使之成片状裂开。

主推进螺旋桨设计参考加拿大"卡马·吉格里亚科"号破冰船设计,即将其设置在船尾中央,并用一个大防护罩环绕着,使流向船尾的大冰块偏开。为了增进破冰船的机动性,在破冰船后方增设一个特大的舵。

2.3.4.2　破冰船核动力推进系统方案

核推进系统是核动力破冰船的心脏,核推进系统方案的优劣直接影响到新型核动力破冰船的成败,因此在俄罗斯破冰船的核动力推进装置发展的经验基础上,对我国未来型核动力破冰船推进系统做出初步设计方案。

1. 核动力装置配置方案设计

新型核动力破冰船的核动力装置功率需求约为 360 MW,目前比较切实可行的核动力配置方案主要有两种:两套 180 MW 方案和三套 120 MW 方案。如果采用三套 120 MW 方案,核安全部件总数增加,核安全隐患也随之增加,同时据"列宁"号相关设计经验,两套方案动力装置总质量与体积也较三套方案优化,因此,我国新型核动力破冰船配置两套 180 MW 反应堆。每套动力装置采用单堆-单机-单轴配置方案。

2. 核动力装置布置方案

目前,占主导地位的分散布置核动力装置功率密度低,也由于大口径管道破损将导致严重的失水事故,存在严重的安全隐患,因此不适用于新型极地破冰船。必须对其加以改进,近年来世界各国的相关改进途径主要有两个:

一是研制更加紧凑型的核动力装置。在当前技术和工艺条件下,很容易从分散式回路型核动力装置改进发展而来,在俄罗斯船用核推进系统(KLT-40)和核电站(AP1000)中已经被广泛应用,并取得了良好的效果。

二是研究发展一体化核动力装置。大多停留在实验验证阶段,实际应用鲜有报道。

因此,在我国新型极地核动力破冰船上拟采用紧凑型核动力装置。

3.核动力装置上主要设备方案设计

(1)反应堆方案设计

世界各国在船用核推进系统中不约而同地选择了压水堆型,因为对船用压水堆型核动力装置研究较为成熟,并具有丰富的设计运行经验。而其他类型的反应堆的船用核动力装置反应堆,由于目前技术还不成熟,且在实际运行中经常出现各种问题,因此新型核动力破冰船也将采用压水堆型核动力装置。由于船用环境对核动力装置的体积和质量有特殊要求,因此我国在设计新型极地核动力破冰船反应堆时,应适当提高燃料丰度、反应堆运行压力,并在保证安全的前提下降低反应堆出口过冷度。

(2)其他主要设备方案设计

为了满足破冰时破冰船功率需求急剧变化的要求,整个核动力装置应具有较好的功率调节性能,因此在我国新型核动力破冰船中拟采用全电力推进装置。全电力推进装置采用交流——交流配电形式,可保证较高效率,又降低设备维护工作量。

目前,我国已开展核动力破冰船的项目,上述技术方案可为我国实际工程项目提供参考,为我国发展核动力破冰船的事业发展提供帮助。

参 考 文 献

[1] 伍浩松.俄罗斯将建造全球最大的核动力破冰船[J].国外核新闻,2012(8):5.

[2] 伍赛特.核动力破冰船的发展前景展望[J].能源与环境,2019(4):97-98.

[3] 张健,韩文栋.极地破冰船技术现状及我国发展对策[J].中国水运(下半月),2016,16(5):47-50.

[4] 林鹰.大型破冰船青睐核动力[J].交通与运输,2010,26(3):14-16.

[5] 伍赛特.核动力装置应用于民用商船的可行性分析研究[J].中国水运(下

半月),2018,18(10):97-98.

[6]　黄春如,熊小兰. 再谈"破冰船"破冰原理的受力分析[J]. 物理教师,2008,29(9):38.

[7]　吴刚,张东江. 极地船舶技术最新动向[J]. 中国船检,2015(3):97-101.

[8]　FREDERKING R, SUDOM D. Review of Flexural Strength of Multi-year Ice [C]. Proceedings of the Twenty-third (2013) International Offshore and Polar Engineering Anchorage, Alaska, USA, June 30 - July 5, 2013:1087-1093.

[9]　CROASDALE K R. Platform Shape and Ice Interaction[C]. A Review, Proceedings of the 21st International Conference on Port and Ocean Engineering under Arctic Conditions, July 10-14, 2011, Montréal, Canada, Paper POAC11-029.

[10]　FORRESTER A I, KEANE A J. Recent advances in surrogatebased optimization [J]. Progress in Aerospace Sciences, 2009, 45(1):50-79.

[11]　PERI D, CAMPANA E F. Multidisciplinary design optimization of a naval surface combatant[J]. Journal of Ship Research, 2003, 47(1):1-12.

[12]　HUANG F X, WANG L J, YANG C. Hull Form Optimization for Reduced Drag and Improved Seakeeping Using a Surrogate - Based Method[C]. Proceedings of the Twenty - fifth (2015) International Ocean and Polar Engineering Conference Kona, Big Island, Hawaii, USA, June 21 - 26, 2015:931-938.

[13]　KIM W J, KIM S P, SIM I H, et al. Ice Resistance Estimation and Comparison the Results with Model Test[C]. Proceedings of the Twenty-fifth (2015) International Ocean and Polar Engineering Conference, Kona, Big Island, Hawaii, USA, June 21-26, 2015:1822-1828.

[14]　POZNYAK I I, IONOV B P. The division of icebreaking resistance into components[J]. Proc. 6th STAR Symposium, SNAME, New York, 1981:249-252.

[15]　KIM H S, RYU C H, PARK K D, et al. Development of estimation system of ice resistance with surface information of hull form[J]. Ocean Engineering, 2014(92):12-19.

[16]　VALANTO P. The resistance of ships in level ice[J]. SNAME Transactions, 2001, 109(1):53-83.

［17］ 张健. 冰载荷作用下船舶结构动态响应及损伤机理［M］. 北京：国防工业出版社，2015.

［18］ 钱静. 极地冰级对船体结构设计的影响研究［D］. 大连：大连理工大学，2015.

［19］ 宋艳平. 极区油船与冰碰撞的非线性有限元仿真研究［D］. 大连：大连海事大学，2015.

［20］ 王健伟. 基于非线性有限元方法的船舶-冰层碰撞数值研究［D］. 上海：上海交通大学，2015.

［21］ 刘东，杨征，李辉. 极地船冰载荷简化计算方法研究［J］. 舰船科学技术，2019，41（10）：27-31.

［22］ 张浩辉. 极地船舶结构疲劳分析方法研究［D］. 哈尔滨：哈尔滨工程大学，2018.

［23］ 冯国庆，船舶结构疲劳评估方法研究［D］. 哈尔滨：哈尔滨工程大学，2006.

［24］ 翟帅帅. 破冰船破冰过程的数值仿真方法研究［D］. 哈尔滨：哈尔滨工程大学，2014.

［25］ 中国船级社. 极地船舶指南［S］. 北京：人民交通出版社，2016.

［26］ 杨亮，马骏. 冰介质下的船舶与海洋平台碰撞的数值仿真分析［J］. 中国海洋平台，2008，23（2）：29-33.

［27］ 时党勇，李裕春，张胜民. 基于 ANSYS/LS-DYNA 8.1 进行显式动力分析［M］. 北京：清华大学出版社，2005.

［28］ 中国船级社. 船体结构疲劳强度指南［M］. 北京：人民交通出版社，2007.

［29］ SUYUTHIA A，LEIRA B J，RISKA K. Statistics of local ice load peaks on ship hulls［J］. Structural Safety，2013，40：1-10.

［30］ 白金泽. LS-DYNA 3D 理论基础与实例分析［M］. 北京：科学出版社，2005.

［31］ 赵海鸥. LS-DYNA 动力分析指南［M］. 北京：兵器工业出版社，2003.

［32］ 孟阿军. 冲击载荷下的加筋板壳结构损伤数值仿真［D］. 武汉：华中科技大学，2007.

［33］ 姚健. 冰荷载与冰振平台疲劳分析方法［D］. 大连：大连理工大学，2004.

［34］ 齐奎利. 冰载下极地船舶结构强度评估研究［D］. 上海：上海交通大

学, 2013.

[35]　王元清, 王晓哲, 武延民. 结构钢材低温下主要力学性能指标的试验研究[J]. 工业建筑, 2001, 31(12):63-65, 72.

[36]　王钰涵. 破冰船破冰载荷及运动预报方法研究[D]. 哈尔滨: 哈尔滨工程大学, 2013.

[37]　何菲菲. 破冰船破冰载荷与破冰能力计算方法研究[D]. 哈尔滨: 哈尔滨工程大学, 2011.

[38]　韩月. 破冰船运动与冰载荷计算方法研究[D]. 哈尔滨: 哈尔滨工程大学, 2015.

[39]　王金峰. 破冰船结构强度评估方法研究[D]. 哈尔滨: 哈尔滨工程大学, 2014.

[40]　王川. 破冰船载荷计算分析及破冰能力评估方法研究[D]. 哈尔滨: 哈尔滨工程大学, 2015.

[41]　BRIDGES R, RISKA K, ZHANG S. Fatigue assessment for ship hull structures navigating in ice regions[J]. In: Proceedings of the Icetech 2006, Banff, Canada, 2006.

[42]　Guo F W. A simplified ice load model for assessing the global dynamic response of ships[C]. Proceedings of the 22nd International Conference on Port and Ocean Engineering under Arctic Conditions, 2013: 1-11.

[43]　SU B, RISKA K, MOAN T. Numerical simulation of local ice loads in uniform and randomly varying ice conditions [J]. Cold Regions Science and Technology, 2011, 65:145-159.

[44]　LEIRA B, BRSHEIM L, ESPELAND, et al. Ice-load estimation for a ship hull based on continuous response monitoring[J]. J. Engineering for the Maritime Environment, 2009(4): 529-541.

[45]　SUYUTHIA A, LEIRAA B J, RISKAD K. Fatigue damage of ship hulls due to local ice-induced stresses[J]. Applied Ocean Research, 2013, 42: 87-104.

[46]　LEE S G, NAM J H, KIM J K, et al. Structural Safety Assessment of Ship Collision Using FSI Analysis Technique[C]. Proceedings of the Twenty-second (2012) International Offshore and Polar Engineering Conference, 2012: 753-762.

［47］ 张玉玲,潘际炎. 低温对钢材及其构件性能影响研究综述［J］. 中国铁道科学,2003(2):92-99.

［48］ STEPHENS R I. Fatigue at low temperatures［M］. ASTM Special Technical Publication 857, Louisville, Kentucky, 1983.

［49］ STEPHENS R I, CHUNG J H. Low temperature fatigue behavior of steels—a review［M］. Paper 790517, SAE Trans, 1980: 1892-1904.

第3章

极地航线运输船舶关键技术

极地航线是在气候变化与当前国际贸易格局下新出现的连接远东制造中心和欧洲西北部、北美东部的海上运输通道。根据北极贸易、油气开发以及远东—西北欧、远东—北美东部当前海运货量状况，可以分析得出未来极地航线从远东到欧美的集装箱货物为双向贸易流形式，如果技术上能够低成本保障全季航行，按分担传统运河航线 50% 计算，到 2030 年，极地航线集装箱货运规模最大值约为 1 743 万 TEU。同时，北极航线传统的大型货物运输也占据海运的很大份额，并保持稳定增长。因此，研究应用于极地航线的运输船舶有巨大的经济价值和战略意义。

3.1 极地运输船舶安全规则

极地航行的船舶面对错综复杂的航行环境，不仅在船体结构与机械装置方面需要有加强的措施，而且在船员配备、船舶操作、环境保护等方面也要额外加强。

《联合国海洋法公约》《MARPOL 公约》《SOLAS 公约》《STCW 公约》构成了船舶在极地航行时需要遵守的主要文件框架。

《联合国海洋法公约》的内容界定了各国使用极地海洋空间的权利与义务；

《SOLAS 公约》的内容规定了船舶在极地航行的安全要求；

《MARPOL 公约》在附则Ⅰ、附则Ⅱ和附则Ⅴ中强制性要求船舶在南极区域必须做到零排放，而且禁止携带和使用重油；

《STCW 公约》的内容则给极地航行船员培训提出了指导性意见与建议。

除此之外，《芬兰—瑞典冰级规则》、国际船级社协会（IACS）的《极地船级要求》、联合国国际海事组织（IMO）的《极地水域船舶航行安全规则》，则对冰区航行的船舶提出了结构、技术和航行方面的具体要求。

《芬兰—瑞典冰级规则》中冰区加强附加标志有 4 个,分为 B＊、B1、B2、B3,对于不同冰级提出了不同的技术要求,包括外板、甲板、舷侧骨架、艏艉结构,以及拖带、主机、桨舵设备等。

IACS 对极地航行的船舶组织编写了相应的统一要求,即《极地船级要求》,分成 I1、I2、I3 三个部分,I1 为极地级(Polar Class,PC)描述和应用,极地级 I1 又分成 PC1~PC7 七个等级,并对冰区高位、低位水线进行了定义;I2 是对极地级船舶的结构要求,包括船体、设计冰区载荷、外板、骨架、材料、纵向受力、焊接等内容;I3 是对极地船舶的机械要求,包括图纸、系统设计、材料、螺旋桨、主动力装置、辅助系统、海水入口和冷却系统、压载舱、通风系统等内容。各国船级社将《极地船级要求》纳入了其入级规范中。

IMO 的《北极冰覆盖水域内船舶航行指南》适用于极地航线的船舶。在进行了长达几年的紧张商讨之后,IMO 海安会(MSC)于 2014 年 5 月 20 日批准了关于极地海域航行安全的一整套全新规定,即《极地水域船舶航行安全规则》(简称《极地规则》),并于 2017 年 1 月 1 日正式生效。《极地规则》对上述与极地安全航行及防污染有关的法规、公约和指南进行整合,形成一个极地水域船舶操纵安全的国际公约。《极地规则》被应用于超过 500 总吨的所有客轮和货轮。可以预见的是,在极端恶劣的自然气候下,《极地规则》将为保护船员的生命财产安全做出巨大的贡献,由此世界航运将会发生翻天覆地的变化,而一系列的改变将会深深影响人类的历史格局。

3.1.1 《极地规则》的内容

《极地规则》在结构上十分明晰。除了前言之外,IMO 还将《极地规则》分为第一部分(Part Ⅰ)和第二部分(Part Ⅱ),第一部分大多数是规定以及建议航行安全的规范条例,第二部分内容主要是关于污染防治。第一部分可以分为Ⅰ-A 和Ⅰ-B。Ⅰ-A 部分是关于安全措施的强制性规定,Ⅰ-B 部分所载内容是关于航行安全的建议(这一部分 IMO 没有做强制要求)。第二部分细分为Ⅱ-A 和Ⅱ-B。Ⅱ-A 包含对污染防治的强制性规定,Ⅱ-B 是关于污染防治的建议。

1. 船舶的安全

IMO 对这部分规则进行了两个方面的解读,分别是船舶机械性能的解读和船舶航行时的适航解读。第一部分,包括船舶机械性能、船舶结构、救生设备与布置、分舱和稳性等详细的介绍,具体为:①船体各项结构和材料必须在极地低温条件下保持完整性,尺寸及其他重要的属性不能发生变化;②在航行时遭遇积冰时,船舶在完整的条件下应有足够的稳定性,及其正常的船舶机动能力,在2017 年 1 月 1 日或之后建造的 A 类和 B 类船舶还必须具有足够的剩余稳定性;③船舶的水密性、重要机械、所有安全设备以及所有关闭装置和门必须在极地条件下具有功能和可操作性。第二部分,涉及了通信、航次计划、船员培训的解读,具体为:①船舶各种通信设备应该具备多种通信渠道与通信能力,由于是在极地航行,通信设备还应该具备抵抗低温的措施;②航行在极地水域的船舶应当配备具有相应证书的船长和高级别船员,在相应的时间段内保证船员可以获得定期极地水域的培训,以获得其应达到的且与拟履行的职责和责任相称的能力,并考虑经修正的《STCW 公约》和《STCW 规则》的规定;③在极地航行中如果涉及了需要制定新航线的时候,应当特别注意避开动物保护区域,利用现有资料确定保护区范围,在极地行驶时应当注意不要破坏极地地区的生态环境。

2. 防污染措施

防污染措施章节是对在极地航行过程中船舶各种油料及生活物资可能会对极地生态造成的污染进行总结性的预防,可以说在防污染的条例下,《极地规则》关于防污染是最为严格的,具体为:①引用 MARPOL 附则,在航行过程中对航线的制定及其预判,规避航行过程中可能遇到的油料污染;②制定了更为具体的排放标准,对油料油污的使用量进行了说明及规定;③禁止在极地地区排放生活用水等。

3.1.2 《极地规则》的展望

随着极地航线的不断成熟,初版的《极地规则》就显得不够全面,并且现阶段的《极地规则》主要问题只是出于建议,在各国专家和船级社看来,目前的《极地规则》缺少对船舶保护、极地生态规范等强制性措施,简单来说就是《极地规则》缺少强有力的约束。在可以预见的将来,人类所面临的情况会比当前要更严峻复杂,对于现在的《极地规则》可以在两个方面进行讨论:

(1)随着新航道的完善与开放,北极地区的船舶会出现激增的态势,这就会导致脆弱的极地地区生态环境进一步陷入不平衡状态,而这会促使各国制定更为严格的极地条约,使得有些国家的自行标准与 IMO《极地规则》在某些方面有矛盾。

(2)随着极地地区成为全球的焦点,极地航线的态势会呈现出激增的现象,

而脆弱的极地设备、恶劣的气候都会使各国相关领域的专家担心极地条约是否还能在这种态势下具有强制的约束能力,是否还能为船舶在极地安全运营做出保障,这些问题使得一些人和国家对于《极地规则》是否能有约束力产生了疑问,但现阶段 IMO 的《极地规则》对于极地水域行驶的船舶来说,提供了一个可靠、成熟的运输方案。

3.1.3 中国的应对方式

展望未来,北极地区巨大的能源储备,加上极地航线对各国无论是军事还是商业地位都至关重要,可以说只有抢占了极地的话语权,才能在之后国际贸易中制定游戏规则,所以关于极地航线一直都是只有大国参与的游戏。中国作为两极地区的利益国,极地的发展关乎我国的长久利益,所以中国毫无疑问成为北极地区的重要参与者。在 2013 年 8 月 15 日至 9 月 10 日,中远海运集团下的中远航运"永盛"轮就以辽宁大连港作为航程起点,成功穿越了北极东北航道,完成了首航任务,成为中国首艘穿越北极东北航道的商船。迄今为止,"永盛"号已于 2013 年第三季度、2015 年第二季度、2016 年第二季度,经由北方航道三次成功完成亚欧航线,这个历史事件标志着我国商船领域开始正式进军北极航道。在经济方面,中国开辟北极航道可以大幅缩减我国与欧美各国的贸易距离,减少运输费用,非常有利于我国能源进口。在军事方面,随着北极航道的完善,中国在国际事务中的作用可以进一步发挥出来,在解决国际争端与特定时期突破国际能源封锁都能起到极大的作用。

3.2 极地航线运输船舶发展介绍

3.2.1 极地航线运输船舶发展现状

目前多个国家陆续着重发力极地类运输船舶,试图建立极地运输游戏规则,美国、英国、德国和俄罗斯这样的工业强国已经从国家层面上立法推动极地船舶的发展规划,基于此,新设计的多功能、技术领先的船舶纷纷亮相。

有关极地运输,目前的关注点在北极地区的东北航道上,这条航道连接多个欧洲主要港口,并且探索时间较长,配套较为成熟,我国"雪龙"号科考船更是于2012 年首航北极东北航道。但由于极地的特殊环境气候,通常在夏季和秋季这两个季节才可以通航,普通运输船舶的运输时间受限,因此为了解决此类问题,各国都在着手研发可供行驶于特殊气候地区的极地特供运输船舶。目前,俄罗斯走在了前面,计划打造多艘适用于极地的带有破冰功能的集装箱运输船舶,据各方面专家预测,我国未来对这种具有破冰功能的运输船需求会大量增加,预计到 2040 年,北极航道的极地运输船舶中大概有 70% 开往中国,未来中国在北极航道对集装箱船有很大的需求。

北极海上油气开采对极地破冰型油船与 LNG 船的需求增加,例如俄罗斯亚马尔项目订造 15 艘破冰型 LNG 船,夏季通过东北航道运输 LNG 到东亚,其他季节运输 LNG 到欧洲,从而实现北极资源的全年运输。

目前国际公开认可评价各个国家在极地运输船舶方面实力的指标有两个:极地运输船舶保有量和极地运输船舶设计建造研发能力。

以极地运输船舶保有量为指标,现阶段全球最高等级的船舶为 PC4 级,北极地区航行的船舶大多数是 PC6 和 PC7 这两种级别,绝大多数属于初级的 PC7级,并多数隶属于俄罗斯 Norilsk Nickel MMC 公司。根据船东统计,如表 3-1 所示,目前极地多用途船的最高冰级 PC7,德国拥有的极地多用途船数量最多,其次是荷兰与俄罗斯。极地油船数量最多的是希腊,其次是俄罗斯,北欧国家也有少量极地油船运行在北海与波罗的海,但是我国还没有一艘极地油船。极地油船最高冰级为 PC4,仅有 1 艘,PC7 冰级船舶数量最多。70% 以上极地油船的船龄超过 10 年,未来有较大更新换代的需求。极地 LNG 船是近期开发北极资源新船型,冰级不低于 PC7 的 LNG 船总共有 29 艘,希腊船东拥有最多份额,约为49.28%,其次是加拿大与中国。

我国极地多用途船与极地 LNG 船的数量较少,极地油船是空白。

表 3-1　各国拥有的极地运输船(含在建,来源:Clarkson2017)

船型	船东国	DWT 总和	市场份额	平均船龄	船舶数量	最低冰级	最高冰级
极地多用途船	德国	3 397 955	36.19%	11	356	PC7	PC7
	荷兰	2 512 961	26.76%	12	242	PC7	PC7
	俄罗斯	720 079	7.67%	23	76	PC7	PC7
	中国	250 134	2.66%	7	13	PC7	PC7
	土耳其	200 300	2.13%	22	33	PC7	PC7
	挪威	177 485	1.89%	15	27	PC7	PC7
	加拿大	142 701	1.52%	15	14	PC7	PC7
极地油船	希腊	7 416 062	42.60%	12	96	PC7	PC6
	俄罗斯	3 307 385	19.00%	14	59	PC7	PC4
	挪威	1 003 759	5.77%	13	8	PC7	PC6
	德国	989 941	5.69%	11	24	PC7	PC7
	瑞典	968 810	5.57%	10	22	PC7	PC6
	意大利	923 981	5.31%	7	25	PC7	PC6
	丹麦	864 000	4.96%	10	20	PC7	PC6
极地LNG船	希腊	123 313	53.44%	4	14	PC7	PC6
	加拿大	510 000	22.13%	1	6	PC6	PC6
	中国	255 000	11.07%	1	3	PC6	PC6
	俄罗斯	178 279	7.74%	1	2	PC7	PC6
	挪威	96 740	4.20%	8	1	PC7	PC7
	荷兰	32 931	1.43%	2	3	PC7	PC6

　　以极地运输船的设计建造研发能力为指标,如表 3-2 所示。虽然目前主力船型的建造方向还是 PC6 和 PC7 这两种等级的船舶,但可以明显看到越来越多的国家已经上马 PC4 了,这种信号预示着新一轮北极地区的设备竞赛拉开了序幕。在保有量上吃亏的亚洲国家在新一轮船舶建造中成为绝对主力,在极地多用途船舶这一领域中仅中国一家的建造份额就已经超过了 50%,而最重要的 DWT 这一数据比第二名到第六名总和加起来还要多,而极地油轮和极地 LNG 船领域则是传统造船大户韩国独占鳌头,甚至极地 LNG 船中,韩国的市场份额已经达到了惊人的 98%。不单单是市场份额,制造工艺上多数亚洲国家选择将目标定为高等级的 PC4。可以预见在不久的将来,极地运输船舶这一重要的运输船

舶市场,将会出现越来越多亚洲国家的身影。

表3-2 各国建造的极地运输船(含在建,来源:Clarkson2017)

船型	建造国	DWT 总和	占据份额	平均船龄	船舶数量	最低冰级	最高冰级
极地多用途船	中国	4 850 305	51.65%	9	410	PC7	PC6
	荷兰	2 105 872	22.43%	16	315	PC7	PC6
	德国	668 428	7.12%	19	77	PC7	PC4
	日本	437 350	4.66%	30	41	PC7	PC7
	波兰	353 373	3.76%	17	34	PC7	PC6
	保加利亚	161 973	1.72%	14	27	PC7	PC7
极地油船	韩国	13 896 739	76.17%	10	199	PC7	PC6
	日本	987 807	5.41%	14	11	PC7	PC6
	俄罗斯	930 590	5.10%	11	27	PC7	PC6
	中国	886 384	4.86%	9	23	PC7	PC6
	克罗地亚	874 540	4.79%	10	12	PC7	PC7
	德国	530 053	2.91%	21	19	PC7	PC4
	芬兰	90 450	0.50%	30	7	PC7	PC6
	荷兰	48 993	0.27%	23	7	PC7	PC7
极地LNG船	韩国	2 271 332	98.57%	2	26	PC7	PC4
	德国	29 768	1.29%	3	2	PC7	PC6
	荷兰	3 163	0.14%	1	1	PC7	PC7

3.2.2 极地航线运输船舶发展的机遇与挑战

极地航线运输船舶的发展离不开极地航道的发展。现阶段极地航道还处于成熟度不高,发展不充分的阶段中,所以极地航线运输船舶在整个运输船的占比并不是非常高。但利用北极航道可以大幅减少欧洲和亚洲与美洲之间的运输里程,如果取道北极航道的话,同样一艘船舶从中国出发前往荷兰阿姆斯特丹港,会比传统航道的30天减少为14天。北极航道的运输价值巨大,潜力无穷。并且北极航道区域矿产极为丰富,美国地质勘探局2008年的调查结果表明:北极的石油和天然气资源储量占全球未发现石油和天然气储量的比例分别为13%

和30%。

但北极航道得天独厚的位置及资源并没有使北极航运出现蓬勃式的发展，究其原因，船东出于成本考虑，一艘正常的极地航线运输船要比普通运输船舶在价格上至少高50%，这就使得船东宁可选择传统费时的普通航道，也不选择目前还不成熟的北极航道；再加上就算可以在极地行驶的PC6和PC7这两种船舶也只能在夏秋两季使用，这无疑使走北极航道运输的货物更贵一些。虽然北极航道的行程可以缩短时间，但这并不能降低高昂的运输成本，所以短期来看极地航线运输船舶发展缓慢，市场并不大。但随着全球气温升高，两极地区冰川融化等事件的发生，北极航道的通航条件将大大得到改善，届时全球目光将重新投到北极航道上，极地航线运输船舶将会得到一次蓬勃发展的机会。此外，北极地区的位置和北极地区的气候决定了北极沿岸国将把极地航线作为国家战略，不排除未来会引发一场装备竞赛，因此极地航线运输船舶的发展未来可期。

目前我国与极地有关的船舶在数量上偏少，主要原因在于我国是非北极圈国家，极地航道无论在战略亦还是经济方面对我国来说作用都不算显著，因此在早些年间我国对极地船舶重视度不高。但随着我国在国际事务上话语权的增加，以及全球变暖从根本上改变了极地航道尴尬的现状，我国也计划在极地交通工具这个领域发力。我国目前只有两艘军用级别的破冰运输船，而且都服务于渤海区域，可以说在极地领域我国目前根本没有适用于极地的破冰船。不仅是极地破冰船，我国其他极地类运输工具也都比较少。随着我国越来越深入地融入国际事务中去，打造完整的极地运输船舶工业迫在眉睫，面对这个日益增长的市场，需要以国家牵头带领产业上下游发展，从而在极地航线运输船舶的研发、设计、建造上突飞猛进，全面提升我国在极地运输领域的全球话语权。

3.3 极地航线运输船舶船型概况

3.3.1 冰区加强型货船

冰区加强型船舶具备在冰区航行的能力，与普通船舶相比其船体结构经过加强且主机功率较大，常见于渡船、散货船、滚装船等。其特点是一般采用双壳

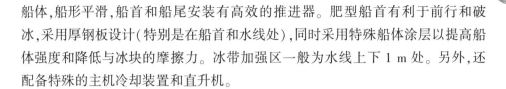

船体,船形平滑,船首和船尾安装有高效的推进器。肥型船首有利于前行和破冰,采用厚钢板设计(特别是在船首和水线处),同时采用特殊船体涂层以提高船体强度和降低与冰块的摩擦力。冰带加强区一般为水线上下 1 m 处。另外,还配备特殊的主机冷却装置和直升机。

3.3.1.1　极地油船

在极地油船的设计和建造领域,设计公司主要有阿克尔北极技术公司(AARC)和 Deltamarin 设计公司,建造厂商主要有韩国船厂、日本船厂、俄罗斯船厂和一些欧洲船厂,包括三星重工、STX 集团、现代重工、大宇造船与海洋工程、住友重工、Admiralty 船厂等。

AARC 设计了多艘冰区油船,如 1988—1989 年为 Primorsk 航运公司设计了6 艘 2 500 DWT 的冰区成品油船。2002 年设计了冰级符号为“超 1A”的双动力冰区油船“Tempera”号,该船能够以 6 kn 的航速在 0.7 m 厚的冰区航行。此外,AARC 还为 JCS Sovcomflot 公司设计了 6 艘 70 000 DWT 冰区穿梭油船,主要用于将油气从 Prirazlomnoye 北极油田运至伯朝拉河。2007 年,AARC 设计了世界首套北极油田穿梭输出系统——3 艘双动力破冰油船,三星重工负责建造首艘船“Vasily Dinkov”号,于 2007 年交付。该型船采用双动力技术,不需要破冰船的协助就能够直接将原油从 Varandey 运至摩尔曼斯克。该型船最大破冰能力达到1.7 m,航速为 3 kn 时船首或船尾的破冰厚度为 0.2 m,冰级符号为 LU6。动力和推进装置采用 3 台柴油发电机和 2 套 Azipod 推进装置,并安装有 1 台 1 000 kW的停泊发电机和 1 台 640 kW 的应急发电机。10 个货舱和 2 个污水舱均布置有独立的潜水泵和加热盘管,每个舱室的底部和甲板前端均采用纯环氧物涂层。该船货物的装载效率为 10 000 m³/h,可以装载 85 300 m³ 原油。该船的主尺度参照常规阿芙拉型油船,采用艉部倒退破冰的方式,船首采用球鼻艏,即采用双向推进模式:在敞开水域和有薄冰的海况下,以艏部向前航行,球鼻艏可使船舶高效航行;在冰情严重的海况下,采用破冰型艉部向后破冰推进。

3.3.1.2　极地集装箱船

AARC 为俄罗斯 Norilsk Nickel 公司设计的“NoriIskiy Nickel”号是世界上首艘采用双动力技术的极地集装箱船。该船于 2006 年交付,主要用于摩尔曼斯克——喀拉海 Dudinka 港口之间的货物运输,它为极地货物运输提供了一种低成本的解决方案。2006 年至今,Norilsk Nickel 公司投入 5 艘该型极地集装箱船在

西伯利亚北部全年运输矿物。它采用双壳船体,设置 3 个货舱,并配有一个装载特殊或危险货物的小舱室。"NoriIskiy Nickel"号极地集装箱船总长 169.5 m,型宽 23.1 m,型深(至主甲板)14.2 m,配有 21 个冷藏插座,可以装载 648 个标准集装箱。主机采用 3 台 6 000 kW 的瓦锡兰 12V32 型柴油机,推进系统为 1 个 13 000 kW 的 Azipod 推进装置、1 个直径为 5.6 m 的定距螺旋桨。船首具有较强的破冰能力,能够以 2.5 kn 的航速在 1.5 m 厚的冰区前行;船尾设计成鸭尾型并配有尾鳍,整个船尾结构满足 LU6 冰级符号的要求,船尾的最大破冰能力是以 2 kn 的航速在 1.7 m 厚的冰区前行。

3.3.1.3　极地 LNG 船

日本船厂是世界上冰区 LNG 船的主要建造商,如川崎造船集团分别于 2006 年和 2007 年建造过"Arctic Voyager"号、"Sun Arrows"号冰区 LNG 船。"Sun Arrows"号 LNG 船主要负责将俄罗斯库页岛的天然气运至日本北部,该船满足俄罗斯船级社 LU3 冰级符号要求,能够在环境温度为-25 ℃、冰层厚度为 0.3 m 的环境中独立航行。该船船首采用防冻涂层和低温钢,采用调距螺旋桨,桥楼为封闭区域,压载舱和海水冷却系统配有防冻设备等。

此外,三菱重工为俄罗斯 Sovcomflot 航运公司建造过"Grand Aniva"号和"Grand Elena"号冰区 LNG 船,主要用于库页岛二期项目。

阿克尔北极公司目前正在设计采用完整型船体结构(IHS)的 Moss 型冰区 LNG 船,用于亚马尔半岛到欧洲或美国墨西哥湾的 LNG 运输。该型 LNG 船总长为 340 m,舱容达 206 000 m³,安装有 2 台 18 000 kW 的 Azipod 推进装置,采用柴电推进,总功率约为 46 000 kW。航速为 5 kn 时船尾破冰能力为 1.5 m,船首破冰能力为 0.7 m。

3.3.2　极地油船设计案例

某极地油船的设计方案如下:

1.船型概况

该船的主尺度和舱容与常规阿芙拉型油船相近,具有优秀的艉部倒退破冰功能,艉部线型有特殊设计。

该船配置 2 台 15 MW 的吊舱式电力推进器,同时配备柴油发电机组;设置 6 对货舱和 1 对污油水舱,可同时装载 3 种不同品位的货油;泵舱包含 3 台大型货油泵,每台的装卸效率为 3 000 m³/h;压载泵布置在泵舱内,所有的泵均由电力驱动。

该船的燃油采用重燃油,艏部与艉部各设置一对燃油舱,SOx 和 NOx 洗涤装置安装在机舱棚内,压载水处理装置布置在机舱内。为适应北极寒冷的气候,在主甲板上设置一个封闭的管弄空间,以便于布置和保护甲板管系。艏部采用鲸背型甲板,以保护甲板上的设备(锚机、系泊绞车等);人员配置定为 25 人。

2. 船级与总布置

该船的船级符号为:ABS,Ж A1 Oil Carrier, CSR, Safe Ship‐CM, AMS, ACCU, NIBS, POT, CPS, ESP, UWILD, Ice Class PC5, or DNV with Equivalent Notations。

该船的总布置图见图 3‐1。

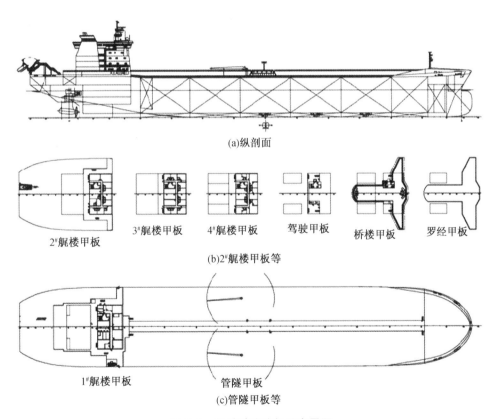

(a)纵剖面

2#艉楼甲板　3#艉楼甲板　4#艉楼甲板　驾驶甲板　桥楼甲板　罗经甲板

(b)2#艉楼甲板等

1#艉楼甲板　管隧甲板

(c)管隧甲板等

图 3‐1 极地破冰油船总布置图

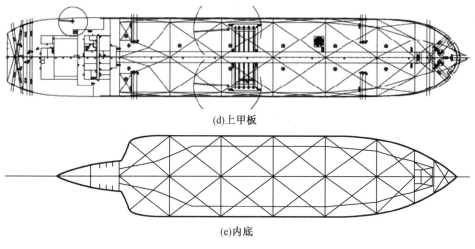

(d)上甲板

(e)内底

图 3-1(续)

3. 主尺度与主要参数

该船主尺度及主要参数见表 3-3。

表 3-3　极地破冰油船主尺度及主要参数

参数	数值	参数	数值
总长/m	255.0	结构吃水/m	16.0
垂线间长/m	226.0	载重量(15.0 m 吃水)/t	约 107 900
型宽/m	44.0	最大载重量(16.0 m 吃水)/t	117 000
型深/m	22.1	货油舱容积(包含污油舱)/m³	123 700
方形系数	0.872	续航力(敞水)/d	约 35
设计吃水/m	15.0	破冰能力	1.5 m 冰加 30 cm 雪

4. 总体分舱布置

(1)该船为原油船,须符合 MARPOL 公约的有关要求。根据 MARPOL ANNEX 1 的要求,通过计算可得:舷侧双壳距离为 2.4 m,双层底高度为 2.4 m。由于船宽较大,故设置中纵舱壁以提高稳性。

(2)设置 6 对货舱,艉部第 6 货舱的后部根据 MARPOL 公约的要求配置一对污油水舱。货舱区设置 L 形压载舱,从舷侧双壳一直延伸到双层底。货舱的前面设置重燃油舱,艏尖舱设置为压载舱。

(3)不设置艏楼。污油水舱之后是泵舱。机舱位于艉部,包括柴油发电机

组、锅炉和其他所有设备,洗涤装置布置在机舱棚内。其后相邻的电力推进器舱
布置所有必需的电力设备(变压器、变频器等)。

(4)艉部末端设置艉尖舱(做压载舱),不设置艉楼,但主甲板往上设有 6 层
甲板室。驾驶室位于升高甲板之上,设计成艏艉双向都可操纵船舶。

5. 机舱和泵舱布置

该船机舱和泵舱包含的主要设备有:4 台主发电机组和 1 台港口发电机组;1
台应急发电机组;2 台燃油锅炉;3 台货油泵。

6. 遵循的主要设计规范

(1)共同结构规范(Common Structure Rules,CSR)(油船);

(2)IMO 2014 年通过的强制性的《极地水域船舶航行国际准则》;

(3)IACS 2006 年颁布的《极地船级要求》。

7. 破冰能力、速度和航速预估

委托汉堡水池对该船进行破冰能力的模拟计算,结果显示:在满载(吃水
15.0 m),且 2 台电力推进器的推进功率均达到 15 MW 的状态下,该船能以约
2.5 kn 的航速破 1.5 m 厚的冰加 30 cm 厚的雪;在压载(吃水 8.0 m)状态下,该
船能以 3.5 kn 的航速破 1.5 m 厚的冰加 30 cm 厚的雪。破冰能力模拟计算结果
见图 3-2。该船在敞水中的航速功率(吃水 15.0 m)估算结果见图 3-3。

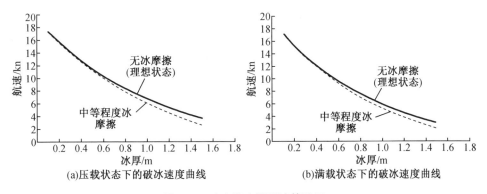

图 3-2　破冰能力模拟计算结果

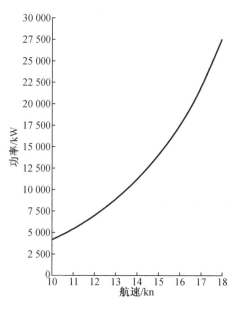

图 3-3　敞水中的航速-功率估算结果

8.环境温度与钢材等级选择

东北航道处于低温严寒带,在考证该地区最新的一些破冰型运输船的环境温度数据之后,最终设定该船的环境温度为-40 ℃。

根据 IACS 极地船级规定,授予的极地冰级附加标志及结构构件的材料等级应满足相关要求,即:极地船舶的露天和暴露于海水中的结构构件的材料等级应不小于"极地船舶结构构件的材料等级"和"露天板材的钢材等级"两表中的规定,以及连接于露天和暴露于海水中的船体外板上的构件由"连接于露天板材的舷内骨架构件的钢级"一表给出。

因此,该船与外界相邻的外板和甲板需使用相应的钢材等级 E,以防止发生低温冷脆性破坏。

9.船体冰区加强

按照 IACS 的要求,该船必须满足《极地船级要求》(Polar Class)。在考虑该船在北极地区航行的时间段与破冰能力之后,认为适合选用 PC5 等级,船体结构按照该冰级的相关规定进行冰区加强。

该船是以艉部倒退破冰的方式航行的,其艉部的功能类似于破冰船的艏部,因此该船的冰区划分参照 IACS 中的冰区划分并进行艏艉交换,得到了船级社认可。图 3-4 为冰区划分图,具体划分为:艏部区(B)、艏部过渡区中部(BIi)、艏部过渡区下部(BIl)、艏部过渡区底部(BIb)、船中区(Mi)、船中区下部(Ml)、船中区底部(Mb)、艉部区(Si)、艉部区下部(Sl)和艉部区底部(Sb)。

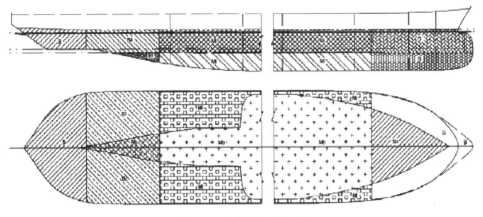

图 3-4　船体冰区划分图

　　该船中部冰带区域不变,艉部破冰区域分为艉部和艉部过渡区域,按照《极地船级要求》中的艏部及艏部过渡区域进行计算,该船的球鼻艏部分按照《极地船级要求》中的艉部进行计算加强。

　　该船为艉破冰型船舶,因此对艉部结构的要求较高。根据《极地船级要求》,自货舱后端壁(包括泵舱外板)向后进行艉部破冰区域的加强。艉部直接接触冰载荷部分,艉部外板用横骨架式,艉部倾斜平直部分局部采用纵骨架式。

　　10. 吊舱式电力推进器的应用

　　该船采用电力推进系统,安装有 2 台吊舱式电力推进器及吊舱控制系统,可使船舶向前或向后航行,并可使船舶原地 360° 回转,便于船员操纵船尾进行破冰。目前,吊舱式推进器的供应厂商主要有罗尔斯-罗伊斯、西门子、ABB 和瓦特西拉等 4 家。

　　在综合分析各厂商的产品之后,决定采用 ABB 公司的 Azipod VI 吊舱式电力推进系统。该系列产品专为冰区船舶设计,主要应用于冰级为 1AS 和更高级别的船舶,已被世界各大船级社认可,市场占有率较高。

　　Azipod VI 电力推进系统具有卓越的操控性,装有变频调速装置,可准确控制船舶螺旋桨的运行速度,不仅具有一流的水动力和运行效率,还具有很好的节油性,与传统的轴系推进系统相比最多可节约 20% 的燃油,能大大降低燃油成本并显著减少温室气体排放。此外,该推进系统还具有噪声低、体积小的优点,便于设计人员更有效地利用舱内空间。

　　该船的设计初衷是夏秋季沿东北航道航行,其余时间段作为穿梭油船使用

169

或在常规航线上运营。相比灵便型、巴拿马型或苏伊士型船舶,阿芙拉型船舶具有经济性佳的特点,且便于进入北美大多数港口,因此是该船最佳的船型选择。

目前阿芙拉型油船的造价为 4 200 万~ 4 800 万美元,而该船安装有 2 台电力推进器,船体钢板级别和厚度均要高于普通阿芙拉型船舶,因此预估该船造价增加 800 万~1 000 万美元。

虽然该船的初始投资稍增,但电力推进系统拥有高航速、低油耗的优势,敞水航行时能降低能耗 15%~25%,且温室气体排放量显著减少,长期运营经济效益更佳:

(1)该船最大功率为 36 MW,但最大功率仅在船舶满载且破冰厚度达 1.5 m时才会达到,而破冰时间相对有限(仅夏秋季沿东北航道航行);在正常航行(航速 15 kn)时,主机功率仅约 14 MW(图 3-3),与普通阿芙拉型油船的主机功率(14~18 MW)相当。

(2)沿东北航道航行(如从欧洲港口摩尔曼斯克到上海)单程比途经马六甲海峡和苏伊士运河的航线缩短约 5 500 n mile(以航速 15 kn 计,缩短航行时间约 15 d),虽然破冰会耗费较多燃油,但破冰时间有限,综合下来看该船的燃油总消耗量比沿常规航线航行的阿芙拉型油船更低。

(3)沿常规航线航行时,由于海盗猖獗,风险很大,需支付高昂的保险费用,而沿东北航道航行可节省这些费用。

(4)该船自带很强的破冰功能,在极地水域内畅通无阻,无须破冰船的开道和护航,可节省一笔高昂的破冰费用。

极地破冰油船对我国经济的发展和在北极地区战略地位的提升有重大影响。该型船舶可作为我国北极地区的战略储备,将大大有利于我国在北极地区的商业运输和战略布局。

| 3.4 极地航线运输船舶关键技术 |

北极地区天气恶劣,温度低于 0 ℃,黑暗和雾气会带来能见度低的问题,航行该航线的船舶,必须严格符合相关技术条件,才能安全通过北极海域。

在实际航行中,船体强度和完整性以及船上所有系统的可靠性非常重要;同时,也要考虑途经地区是否有可供维修和物资补给的港口。对于船舶而言,除了

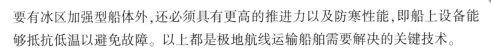

要有冰区加强型船体外,还必须具有更高的推进力以及防寒性能,即船上设备能够抵抗低温以避免故障。以上都是极地航线运输船舶需要解决的关键技术。

3.4.1　极地气候对船舶航行状态的影响

3.4.1.1　导航定位

极圈位于南北纬 80°以上,属于高纬度地区。对于磁罗经而言,纬度越高,磁罗经受到地球磁极的影响越大,磁罗经的指北精准性也就越差。一般来说,若磁罗经自差大于 2°则被认为不适合使用。在两极区域航行时,磁罗经的自差可能会达到 30°~40°,完全无法使用。在这种情况下,过去的驾驶员只能通过最原始的测天定位和海图来导航,但精确性也难以保障。

除此之外,由于极地航行时遇到冰区较多,一些区域冰层较厚且有冰山林立,一些区域海面浮冰较多。有冰山林立的区域,若雷达频率发射波段调试不正确,则极有可能产生假回波,给驾驶员对方位判断与避碰造成难以想象的困难;对于海面有较多浮冰的区域,由于测深仪安装在龙骨下船舯处,会受到浮冰的干扰和船底结冰的影响,使声相关测深仪无法工作。此外,极地常年受到强劲的东风吹拂,受到的风、流压影响较大,难以保持在原航线上,最终受风、流影响,船舶发生漂移,使导航精确度降低。

尽管北极航线已经逐渐受到重视,但其使用率仍然比传统航线要低,在这种情况下,与极区相关的航海资料便缺失严重。尤其是北极地区,除了科考船几乎没有船舶到达此地,且受地质结构的影响,北极海域水深复杂,水深资料也很缺失。此外,由于磁罗经在北极地区几乎无法工作,陀螺罗经在极地可能会受冰冻影响,此地磁差、自差资料也无法测得,对船舶导航定位将会产生很大影响。

3.4.1.2　集装箱堆码和系固

班轮运输是世界上海上运输最主要的方式,因此分析集装箱船在极地航行时可能遭受的影响具有代表性。集装箱一般为 20 英尺(1 英尺 = 30.48 厘米)与 40 英尺两种规格,且集装箱可以堆码于船舶甲板上。与其他船型不同的是,集装箱船在堆码时应该考虑是否遮挡驾驶台视线、堆码高度、堆码后船体受风面积与船体形状的改变。在极地,受到强劲风力的干扰,若集装箱堆码高而且长,则当吹拂与集装箱船正横的风时,受风面积大,风压倾侧力矩大,此时会对船舶稳性造成巨大影响。若船舶因避让冰山或其他船舶而向一侧打满舵,且转向与风的去向相反时,则船舶瞬时横倾角可达 15°以上,极其容易造成倾覆。由于极地水域海水密度大于其他水域海水密度,若集装箱堆码后两舷吃水不均,当航行至两极时,尤其是从热带水域航行至极地时(热带水域海水密度小),船舶上浮,初稳性高度减小,最小倾覆力臂减小,此时若风压倾侧力矩增大,船舶极容易倒扣水中。

极地航行由于其特殊气候,应当注意货物系固,避免由于过强的风导致集装箱移位,造成事故的发生。极地航线沿途港口较少,因此在装货前应当充分制定船舶配载计划,结合水深变化、海水密度变化、气候条件、集装箱积载法则等。

3.4.1.3 船舶操纵性能

冰区航行时,由于水面有块状冰存在,对于破冰能力较差的船舶,极有可能受困于冰层中。此外,若驾驶员强行用球鼻艏顶推冰层,可能造成艏部船体结构因受到反作用力而损坏。更加严重的是,驾驶员虽然能够在晴好天气下目视到浮冰、小型冰山,但水下冰山体积是水上显露冰山体积的 8~10 倍,船舶驾驶员若不能意识到这一点,一旦撞上后果不堪设想。此外,由于极地冰山数量较多,可供船舶旋回、避让的空间比较小,在某种程度上,冰区航行的复杂程度甚至可以与岛礁区航行类比。这就需要船舶驾驶员加强瞭望,改自动舵为手操舵,注意冰山与冰山之间的空间,尽量采用安全航速,使旋回距离减小,提前行动,避免顾此失彼。

船舶前进动力主要来源于螺旋桨。螺旋桨一侧排出流与另一侧的流压使船舶产生一个转船力矩,船舶因此能够转向。但冰区航行时,水中浮冰比较多,螺旋桨在高速旋转时与旋转方向相反的一侧有排出流,产生推力,而另一侧受螺旋桨桨叶旋转带动产生吸入流。在这种情况下,一旦吸入流中有质地较硬的浮冰,首先会对螺旋桨产生伤害,这就好像高速旋转的电风扇突然有异物进入风扇扇叶的旋转半径以内一样。其次,当吸入流中有碎冰进入,阻碍了螺旋桨高速旋转,则转速降低,推力减小,舵效下降。当遇到紧急情况需要立刻停车或满舵避让时,冲程增大、旋回距离增大。这对操纵性有非常大的影响。

此外,由于海冰的存在,当螺旋桨将海冰卷入时,会产生空泡效应。空泡效应会导致螺旋桨上升流密度降低(因为一部分水变成了空气),密度降低则会导致上升流一侧与下沉流一侧的压力不均,主要表现为上升流一侧压力降低,而上升流主要是排出流,若排出流压力降低,根据伯努利原理,两侧产生一个压力差,

方向指向螺旋桨内部,这一压力差同时也是阻碍螺旋桨转动的一个力,因此会降低转速,螺旋桨推力减弱,舵效下降。

因此,若船舶未安装冰级螺旋桨,驾驶员应该根据当时的冰况预报图和目视情况,避开高密集冰区航行,否则螺旋桨推力和舵效难以受到保障,一旦发生危险则难以避让。

3.4.2　极地航线船舶结构设计注意事项

极地航线船舶在进行船体结构设计时需要考虑以下几点:撞击冰山带来的影响,破冰时船体受到的反作用力的影响,寒冷天气对船体材料的影响,大风天气对船体结构的影响等。

首先,极地航线船舶应符合《国际极地水域船舶操作规则》和《钢制海船入级规范》,在建造材料上,应当采用能够抵御极地大风、大浪和极寒天气影响的材料,一般以钢材为主,要减少表面的修饰材料。此外,为防止甲板上浪,可以在船舶两侧关键区域建造护舷板或护舷栏杆,一定程度上可以减缓由海浪对船体结构造成的冲击力。对于船壳板比较薄的地方,尤其是在船壳板内部便是重要舱室的地方,可以在原有的横向加强筋基础上再铺设一层列板以降低外部海浪直接拍打导致的冲击力。全船也可以采用双船壳结构,注意在船壳空隙间再铺设一层列板,这样能够防止船体本身受大风浪的冲击影响,并且具有隔温的作用,防止船舶内部受到低温的影响。

船舶设计水线以下的区域应当填充保暖材料,并加以水循环系统。这是由于船底极有可能结冰,影响测深仪的工作,引进水循环系统可以避免船底结冰。同时,由于压载水也有可能被冻住,该水循环系统也可以与压载水舱相接,既保证了船底由于循环水水温与船外水温的温差,避免船底结冰,同时也能够避免压载水结冰。

我国"雪龙 2"号极地科考船在船体结构方面采用双列板型,同时在艏部集装箱区域加高了护舷板的高度,护舷板顶端到水面的距离保持在 3 m 左右,是一般商船的 3 倍,能够很好地避免由海浪拍打带来的冲击与甲板上浪问题。

而对于极地航线的集装箱船,由于封闭空间的面积有限,在主甲板上有大开口,容易发生弯曲和扭转破坏。因此,有必要研究在静水弯矩、自重和波浪诱导弯矩共同作用下,集装箱船在垂向弯曲和扭转力矩作用下的结构行为。

以典型的 3100 TEU 集装箱船结构设计为例研究该船的极限强度,包括纯弯

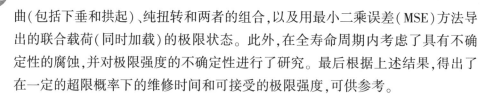

曲(包括下垂和拱起)、纯扭转和两者的组合,以及用最小二乘误差(MSE)方法导出的联合载荷(同时加载)的极限状态。此外,在全寿命周期内考虑了具有不确定性的腐蚀,并对极限强度的不确定性进行了研究。最后根据上述结果,得出了在一定的超限概率下的维修时间和可接受的极限强度,可供参考。

3.4.2.1 极限强度

极限强度是结构的极限承载能力,即结构的实际承载条件不能超过极限承载能力,否则会导致结构失效,造成人员生命、财产损失。通常采用非线性有限元分析(NFEA)方法求解极限强度,特别是船舶、飞机等复杂结构的极限强度。对于船舶结构,由于考虑了外部荷载的作用,其极限强度一般可分为纯强度和组合强度。对于集装箱船,除了纯弯曲(包括下垂和拱起)的极限强度外,纯扭转的极限强度也是一个主要问题,因为甲板上的大开口限制了封闭面积。当然,弯曲和扭转的组合也应该研究。Paik、Thayamballi、Pedersen 和 Park(2001)[31]通过安例研究了集装箱船的极限强度。基于顺序加载法,集装箱船舶结构的极限状态函数可以推导为

$$\left(\frac{M_B}{M_{UB}}\right)^k + \left(\frac{M_T}{M_{UT}}\right)^k = 1 \tag{3-1}$$

其中,M_B 和 M_T 分别为施加的弯曲力矩和扭转力矩;M_{UB} 和 M_{UT} 分别为纯弯曲极限矩和扭转极限矩;k 是描述弯曲和扭转之间的相互作用。k 越大,说明它们之间的独立性越强,即在弯曲和扭转完全独立的情况下,k 趋近于无穷。为确定系数 k,采用 MSE,误差为:

$$Error = \sum_{i=1}^{n}\left[\left(\frac{M_B}{M_{UB}}\right)^k + \left(\frac{M_T}{M_{UT}}\right)^k - 1\right]^2 \tag{3-2}$$

式中(M_{Bi},M_{Ti})分别为 NFEA 确定的弯矩和扭转力矩的第 i 个($i=1\sim n$)样本,n 为 NFEA 计算出的样本总数。在腐蚀的某些阶段,NFEA 可以获得纯弯曲和扭转强度,因此只需要确定一个参数 k。参数 k 应满足式(3-3),可以用牛顿迭代法求解。

$$\frac{\mathrm{d}Error}{\mathrm{d}k} = 0 \quad (\text{s. t.} \quad \frac{\mathrm{d}^2 Error}{\mathrm{d}k^2} \geq 0) \tag{3-3}$$

一方面,在施加组合荷载时采用同时施加,而不是顺序施加的,且假设式(3-1)仍然成立。另一方面,边界条件在 NFEA 中很重要,Paik、Thayamballi、Pedersen 和 Park(2001)[31]讨论了几种边界条件集,包括所有自由的、完全固定的和部分固定的。结果表明,在部分固定和完全固定条件下,材料的极限强度

(扭转和弯曲)差异很小,而刚度差异较大。还应注意,在完全固定的边界条件下采用纯剪切单元,翘曲应力完全消除。为了方便弯曲力矩和扭转力矩的发挥,模型的一端完全固定,加载端连接到一个参考点上,然后将参考点释放。根据薄壁力学,两端均存在双弯矩,翘曲应力未完全消除,所采用的边界条件介于部分固定边界条件和完全固定边界条件之间,可以接受。对于非线性问题,收敛是一个主要的障碍。此处初始挠度是通过对板施加一定的压力来实现的。此外,失效模式可以作为区分合理结果的有效工具。采用 Tanaka、Yanagihara、Yasuoka、Harada、Okazawa、Fujikubo 和 Yao[32] 的结论,即加筋板的失效可分为两种类型:

(a)对于能够提供足够刚度的相对较强的加筋板,局部倒塌取板;

(b)对于可视为板件附着物的相对较弱的加筋板,发生了全体性的破坏。

3.4.2.2 均匀腐蚀

只考虑均匀腐蚀。采用 Guedes Soares 和 Garbatov[33-35] 的腐蚀模型,t 时刻腐蚀深度的均值和标准差大致为($t>\tau_c$):

$$Mean(d(t)) = d_\infty \left[1 - \exp\left(-\frac{t-\tau_c}{\tau_t} \right) \right]$$

$$StDev(d(t)) = a\log(t-\tau_c-b) - c \tag{3-4}$$

式中 $d(t)$ 为 t 时刻的腐蚀深度;d_∞ 为长期腐蚀深度;τ_c 为涂层有效寿命;τ_t 为过渡期;a、b 和 c 是由统计决定的系数。根据上述结果,可以采用威布尔分布或对数正态分布来确定概率密度函数(PDF)假设,此处采用对数正态分布。对数正态分布的 PDF、均值和方差可以表示为式(3-5),其中 μ 和 σ 分别为位置参数和尺度参数。

$$f(x;\mu,\sigma) = \frac{1}{\sqrt{2\pi}\sigma x} \exp\left[-\frac{(\ln x - \mu)^2}{2\sigma^2} \right] \text{ for } x>0$$

$$Mean = \exp\left(\mu + \frac{1}{2}\sigma^2 \right)$$

$$Var = \left[\exp(\sigma^2) - 1 \right] \exp(2\mu + \sigma^2) \tag{3-5}$$

由于缺乏集装箱船舶结构的相关腐蚀统计数据,集装箱船舶采用散货船底板的统计数据。对于其他位置,腐蚀是由标度因素决定的。

$$C_S = \frac{t_{\text{rules-other}}}{t_{\text{rules-bottom}}} \tag{3-6}$$

若 $t_{\text{rules-other}}$、$t_{\text{rules-bottom}}$ 表示需要考虑的腐蚀深度,基于上述假设,所有结构在船舶生命周期的任何时间都可以被指定为腐蚀,包括所有纵向结构,即板和加强

筋;此外,采用单一变量可以大大降低不确定性问题的复杂性。底板的腐蚀情况
如图 3-5(a)所示,底板腐蚀深度的概率密度函数(PDF)如图 3-5(b)所示。对
应的腐蚀模型系数如表 3-4 所示。可以发现,腐蚀深度的不确定度很大,标准差
甚至可以达到均值的 3 倍。

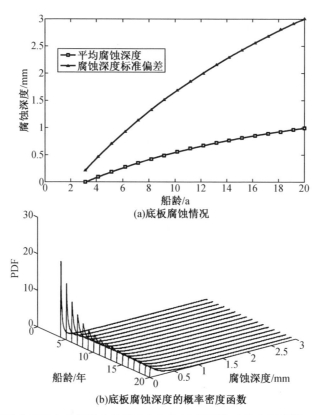

(a)底板腐蚀情况

(b)底板腐蚀深度的概率密度函数

**图 3-5　船舶生命周期中底板的腐蚀情况与不同生命周期阶段底板腐蚀深度的概率密度
函数**

表 3-4　底板腐蚀模型系数表

d_∞/mm	τ_t/a	τ_c/a	a	b	c
1.42	3.17	14.14	7.16	−11.60	7.41

以一艘典型的 3 100 TEU 集装箱船为算例,该船舶主尺度为:

垂线间长　　　　　　　224.0 m

型宽　　　　　　　　　32.2 m

型深	18.9 m
吃水	12.0 m
方形系数	0.67

建立 NFEA 结构模型,网格大小限制在 200 mm 以内,以捕获可能的崩溃模式。得到垂向中拱弯矩作用下的极限强度,垂向中拱弯矩与转角的关系如图3-6 所示。图 3-7 为垂向中拱弯矩作用下的倒塌模式,我们可以看到底部和内部底板陷入局部塌陷,这意味着加筋肋板足够强大,可以作为加劲板的固定边界。中拱条件下的极限弯矩为 9.15×10^9 N·m。同样,可以得到纯中垂和扭转条件下的倒塌模式,极限弯矩分别为 9.39×10^9 N·m 和 6.08×10^9 N·m。

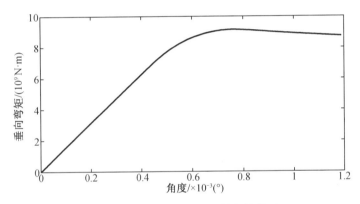

图 3-6　垂向中拱弯矩与转角的关系

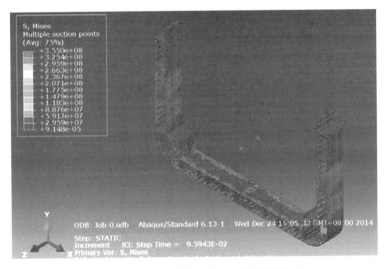

图 3-7　垂向中拱弯矩作用下的倒塌模式

此外,船舶结构在垂向弯矩和扭转弯矩同时作用下的极限承载力必须捕获足够的相对均匀分散的样本才能构建。由式(3-1)所示的极限状态模型,在初始状态为无腐蚀的情况下,由图3-8(a)和(b)所示:根据上述腐蚀模型,可以进行一系列的NFEA分析,得到复合弯扭矩下的极限状态。在图3-9(a)~(c)中,极限弯曲(包括中拱和中垂)和扭转力矩分别与腐蚀深度呈近似线性关系(注:腐蚀深度采用底板数据,因为在所有腐蚀数据中,由前面提到的比例关系,只有一个独立的腐蚀深度)。在整个船的生命周期中(本例中为20年),纯弯曲和扭转的崩溃模式保持不变,这可以用一致的拓扑结构和边界条件来解释。当极限强度和腐蚀深度以 N·m 为单位时,极限强度与腐蚀之间的关系可以表述为:

$$
\begin{bmatrix} M_{\mathrm{UB,hogging}} \\ M_{\mathrm{UB,sogging}} \\ M_{\mathrm{UT}} \end{bmatrix} = \begin{bmatrix} 9.217 & -0.423\,2 & -0.127\,8 & 0.017\,17 \\ 9.378 & -0.488\,2 & 0.068\,67 & -0.005\,8 \\ 6.031 & -0.367 & -0.027\,64 & 0.007\,97 \end{bmatrix} \begin{bmatrix} 1 \\ d \\ d^2 \\ d^3 \end{bmatrix} \tag{3-7}
$$

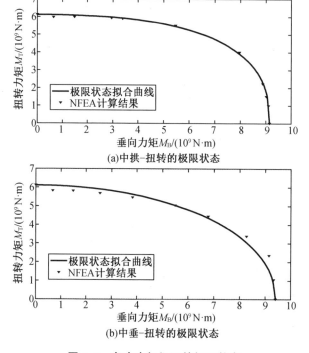

(a)中拱-扭转的极限状态

(b)中垂-扭转的极限状态

图3-8 复合弯扭矩下的极限状态

另一方面,在不同的腐蚀阶段确定极限状态,图3-10(a)和(b)中的系数 k 分别为2.64和2.17。我们可以假设 k 在腐蚀发展过程中保持不变,即只有纯弯扭力矩随着腐蚀的变化而变化,从而决定了极限状态。还应注意到,弯扭情况下 k 值相对较大,说明弯扭相互作用较弱。在接下来的分析中,采用拟合的极限弯矩与腐蚀关系和常系数作为替代模型,从而避免了大量的 NFEA 计算。

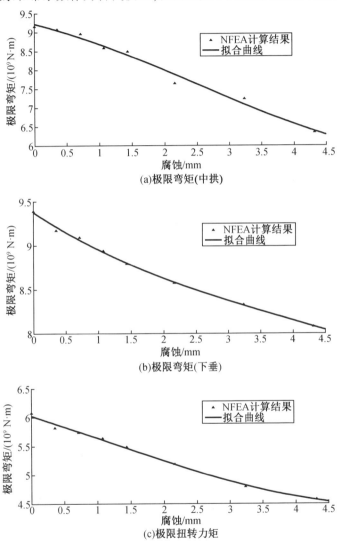

(a)极限弯矩(中拱)

(b)极限弯矩(下垂)

(c)极限扭转力矩

图 3-9　极限弯短与腐蚀深度的关系

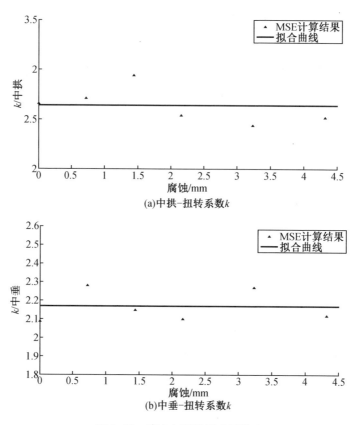

图 3-10 弯曲与扭转组合系数 *k*

　　根据所采用的腐蚀模型、对数正态分布假设和替代模型,图 3-11 (a)～(c)分别为不同生命周期阶段的极限弯矩(中拱和中垂)和极限扭矩的概率分布。不同的超越概率对应的极限强度分别如图 3-12 (a)～(c)所示。显然,极限强度随时间呈近似线性下降,更重要的是,当相应的超越概率减小时,极限强度急剧下降,导致极限强度随船龄曲线的斜率增大。图 3-12 对船舶养护有很大的参考价值,图 3-12 中设计者可以画一条水平线表示可接受的极限强度(图 3-12 (a)船体在 95% 的极限强度),建议养护时间(或截止日期)由优选超越概率的交集确定。根据这些信息,可以设计维护计划,并计算和优化相应的成本。

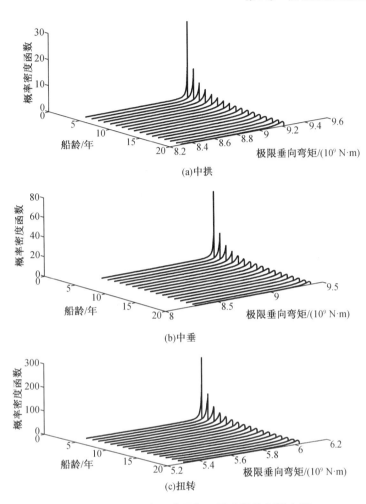

(a)中拱

(b)中垂

(c)扭转

图 3-11　PDF 在生命周期不同阶段的扭转力矩

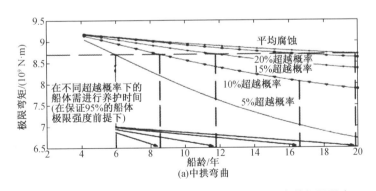

(a)中拱弯曲

图 3-12　不同超越概率下船体在生命周期中所具有的极限强度

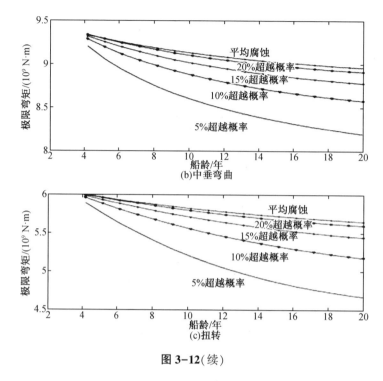

图 3-12(续)

通过研究典型的 3 100 TEU 集装箱船在纯弯曲(包括中拱和中垂)、纯扭转和弯扭组合弯矩下的极限强度,以及具有概率特征的腐蚀对结构全寿命周期极限强度行为的影响,可以得出以下结论:

(1)根据均匀腐蚀的假设和腐蚀深度的截断(对应略低于 5%超越概率),在整个生命周期中纯弯曲和纯扭转在保持腐蚀不变的崩溃模式下,船体外底和内底板块属于板的局部破坏,这意味着加强筋强大到足以被视为结构边界。

(2)中拱弯曲、中垂弯曲和扭转下的极限强度随腐蚀深度呈线性下降。

(3)极限状态方程(3-1)在所采用的同时加载条件下,具有良好的曲线拟合能力;无论是中拱弯曲-扭转还是中垂弯曲-扭转,方程中的系数 k 在腐蚀过程中几乎保持不变。此外,弯曲扭转时 k 值越大,说明弯曲和扭转之间的相互作用越弱。

(4)基于替代模型得到的概率分布表明,纯弯曲和纯扭转的极限强度随船龄的增大而近似线性减小,以超越概率的递减速度迅速递减。因此,弯扭相互作用的极限状态曲线也会迅速收缩,且收缩的概率越来越小。此外,这对于维护计划的设计也很有用。

3.4.2.3 船体砰击压力计算

为了计算船体砰击时的应力分布,必须准确地确定局部压力分布。计算流体力学(CFD)是一种很有前途的方法,但是如果采用三维计算,则需要大量的计算工作。采用二维 CFD 方法估算压力分布,并采用启发式方法进行修正,以考虑船舶在波浪中前进时的三维冲击效应。通过对船体进行结构分析,以验证压力分布计算方法,并从实际角度讨论所计算的应力分布。

1. 船体砰击压力计算过程

图 3-13 给出了船体局部应力分布计算流程。首先,根据 Fukasawa 等[18-19]提出的技术,在候选短期海况中首先选择设计短期海况。然后根据目标响应生成设计不规则波,利用非线性切片法计算设计不规则波中的船舶非线性运动和波浪荷载。其次,采用二维约束内插剖面联合统一程序(CIP-CUP)计算船体受砰击时的压力分布。用启发式方法对计算得到的压力分布进行修正,利用通用的有限元结构分析程序 MSC. NASTRAN 对压力引起的船体结构应力分布进行估算。

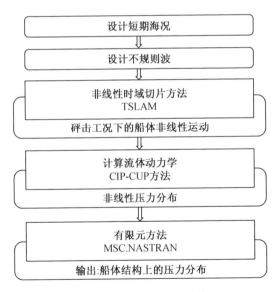

图 3-13 砰击局部应力分布计算流程图

2. 短期海况与不规则波

在船舶结构极限强度设计中,从计算量的角度考虑,应选择最恶劣的海况。确定最严重短期海况的一种方法,是在长期预测中利用短期海况对 10^{-8} 超限值

183

的相对贡献,这可以通过船舶响应的传递函数来计算。对 10^{-8} 超限值贡献最大的海况可视为最严重的短期海况[18-19]。通过这种方法获得某一特定船舶响应的最严重短期海况后,可将该海况视为极端响应的设计短期海况。这里需要注意的是,由于冲击响应的非线性特性,无法得到冲击响应的传递函数。为了确定碰撞的设计短期海况,应采用船舶其他响应的传递函数,如船舶运动、相对速度、垂直加速度、垂直弯矩、扭矩等,而不是采用碰撞的传递函数,此处尝试采用纵摇运动作为目标响应。

一旦确定了设计短期海况,就必须在该海况下生成设计波,因为对砰击响应进行分析必然应用时域分析。船舶与波浪的相对形态是造成底涌和后续砰击的最重要因素。在这种情况下,规则波并不适合用于砰击响应的设计波,因为海浪绝不是规则的,在规则波中发生砰击与实际情况完全不同。此外,船舶运动在规则波中得到充分发展,而在不规则波中则不那么充分。因此采用设计不规则波作为船舶砰击响应的设计波。与常规时域仿真相比,该方法可大大减少计算量,在船体结构设计阶段具有一定的实用价值。

3. 船舶砰击非线性运动计算

目前已有大量的计算程序用于计算船舶在大波浪中的非线性响应。由于砰击对船舶运动影响不大,因此也可以利用三维势流理论或其扩展来计算船舶在砰击条件下的运动。可以使用任何一种计算程序来计算船舶的运动和由于砰击而产生的变形,如挠性梁;但是,最好考虑到下列各项:即从船舶在砰击条件下的响应来看,船体结构非线性主要表现为大的艏外飘、底部突出、底部砰击、艏外飘砰击、激振等。计算船舶在斜波中的响应也是可取的,特别是对于集装箱船。计算程序 TSLAM 以时域非线性切片理论为基础,并结合了上述内容。因此,在横摇运动不显著的情况下,TSLAM 也可以用来估计斜波中的砰击响应。

4. 压力分布计算

采用二维 CFD 方法计算船舶在砰击状态下的局部压力分布。在船舶结构设计阶段,需要在较短的时间内计算压力和应力分布。CFD 既可以应用于二维问题,也可以应用于三维问题,应用船舶横截面二维模型的目标是减少计算时间。由于砰击是一种强非线性现象,数值模拟采用了 CIP-CUP 方法,该方法可以很容易地处理强非线性行为。

为了估算作用在船体上的压力分布,提出一种基于 CIP-CUP 方案的二维模拟区域(数值水箱)。图 3-14 为数值水箱示意图。根据需要增加阻尼区且不考虑反射波的影响。开发各站号处二维船体截面数值水箱。

5. CFD 计算有效性的确认

采用集装箱船船首二维截面模型进行水滴试验,图 3-15 为验证所用模型的形状。测量点为图 3-15(a)中的黑点,图 3-15(b)为试验及 CFD 计算所用的下落速度随时间的变化。试验采用离静水 22.5°的倾斜模型进行。

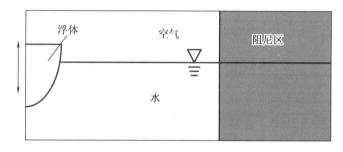

图 3-14 数值水箱示意图

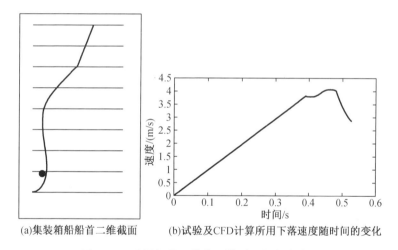

(a)集装箱船船首二维截面   (b)试验及CFD计算所用下落速度随时间的变化

图 3-15 采用船首二维截面模型进行水滴试验

图 3-16 为 CFD 计算与试验压力时程对比图。可以看出,当测点到达水面时,压力迅速增大。达到峰值后,压力下降,变得稳定。这在 CFD 计算结果和试验结果中都可以看出。计算结果与试验结果在定性和定量上基本一致。因此,所用 CFD 方法的有效性得到了验证。

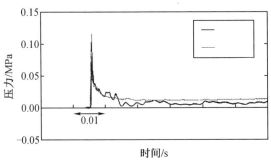

图 3-16　CFD 计算及试验压力时程图

6. 船舶前进速度和波浪的计算

在二维 CFD 计算压力分布时,只考虑了船舶与波浪之间的相对垂直运动,忽略了船舶前进速度对波浪的影响。考虑到砰击现象中的三维效应,有必要将船舶前进速度对波浪的影响考虑在内。将计算出的正车速度效应应用于二维 CFD 以修正压力分布。

7. 船体砰击压力计算实例

选取一条 PCC 船(汽车运输船),计算其在满载工况下的砰击压力。该船主尺度为 $L=190$ m,$B=32$ m,$D=34$ m,$d=8.7$ m。表 3-5 给出了仿真的计算条件。

表 3-5　仿真计算条件表

服务航速	弗劳德数	
	0.2468	
设计短期海况	典型波高	平均波浪周期
	11.5 m	10.5 s
设计不规则波	纵摇运动最大	

图 3-17 给出了 PCC 船的船首有限元模型,该图也给出了数值水池计算时选取的剖面。表 3-6 给出了有限元模型的具体参数。计算中采用的约束条件如图 3-18 所示。

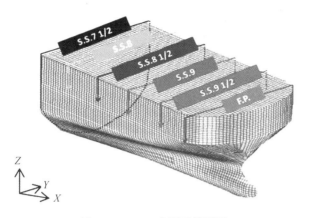

图 3-17　PCC 有限元模型图

表 3-6　PCC 模型明细表

有限元数量	82 162
节点数	44 323
模型范围	s. s71F. P

xyz方向的平移是固定的

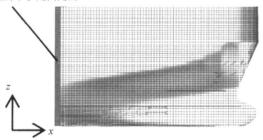

图 3-18　约束条件

（1）用 TSLAM 计算船舶运动

利用程序 TSLAM 计算船舶在选取的不规则波中的运动。船底与自由表面相对吃水和相对速度的计算结果如图 3-19 所示,横轴为计算输出的时间。

极地航线船舶与海洋装备关键技术

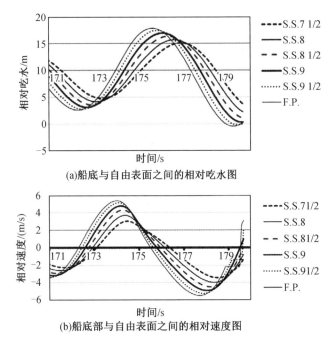

(a)船底与自由表面之间的相对吃水图

(b)船底部与自由表面之间的相对速度图

图 3-19　船底与自由表面之间的相对吃水和相对速度

（2）用 CIP-CUP 法计算压力分布

为了检验局部压力最大时的时间,计算了在每个横剖面中外飘部分的压力时程。距龙骨的高度为 $h(\mathrm{m})$,压力时程增量以 1 m 表示,图 3-20 和图 3-22 显示了有大外飘的 S.S.9、S.S.9 1/2 和船首处的压力时间历程。

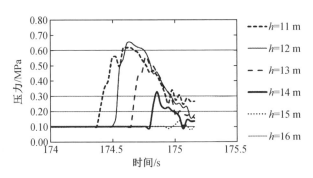

图 3-20　S.S.9 处的压力时程图

高压发生在外飘比其他横剖面大的 S.S.9 1/2 剖面,最大压力出现在174.55 s,已在图 3-21 中标出。因此,可以确定当外飘发生砰击时,外飘附近的压力分布较高,如图 3-23 所示,显示压力值单位为 MPa。

188

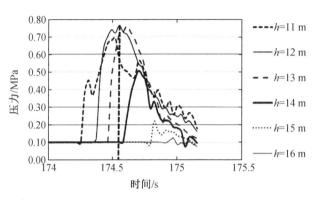

图 3-21　S. S. 9 1/2 压力时程图

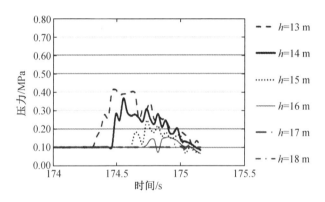

图 3-22　F. P. 压力时程图

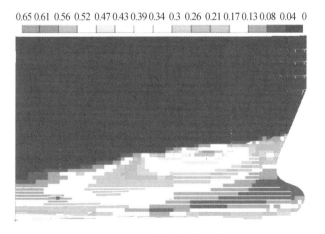

图 3-23　外板压力分布图

（3）使用前进速度效应修正压力分布

在二维 CFD 计算的压力分布中加入动压力进行修正，修正后的压力分布如图 3-24 所示。虽然与图 3-23 所示的二维 CFD 计算的压力分布相比只出现了微小的差异，但总体上压力在增加。由于波浪速度相对于船舶速度较小，所以只有船舶速度的影响在整体上近似相等，在整个模型上才成为可能。

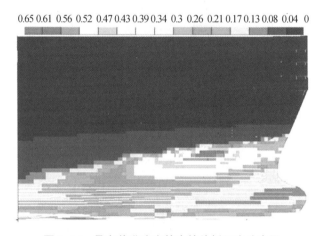

图 3-24　具有前进速度效应的外板压力分布图

（4）根据波浪冲击压力设计准则计算压力分布

利用一种启发式方法对二维 CFD 的压力分布进行修正。修正时，采用西方造船协会技术报告《船体损伤研究》中提出的波浪冲击压力设计导则作为经验公式。

波浪冲击压力系数 p 由设计准则定义，该准则适用于相对较瘦的船体，如 PCC 船和集装箱船，如式（3-8）所示：

$$p=\frac{\rho}{2}C_{e}Kv_{n}^{2}\cos^{2}\beta \qquad (3-8)$$

式中，ρ 是海水密度；C_{e} 和 K 是等效静水压力系数和压力系数的影响，两者都是由经验公式来定义的；β 是相对碰撞角，由式（3-9）计算得出。

$$\beta=90-\varphi-\varphi_{0}-\varphi_{h} \qquad (3-9)$$

式中，φ 是外板倾角，φ_{h} 是横摇角，φ_{0} 是波角。速度的 X 分量是船舶的前进速度，速度的 Z 分量是前面所示 TSLAM 的结果。根据结构模型和波浪冲击压力计算外板倾角。

图 3-25 为设计导则计算与二维 CFD 计算的压力分布对比图。对横剖面

S.S.9 1/2 进行比较,横轴为 Z 坐标,表示结构到模型底部的距离。与 CFD 计算的压力值相比,设计导则的值略小,这是因为设计导则没有时间历程的概念。因此对 CFD 计算的压力峰值进行匹配比较。

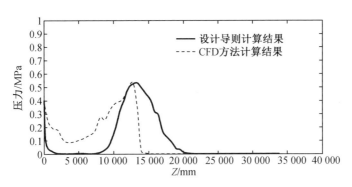

图 3-25　S.S.9.1/2 剖面的压力分布图

设计导则结果的值在 $Z = 20\ 000$ mm 以上的地方不存在,因为外板不是倾斜的,是垂直的。CFD 计算结果从 Z 坐标很小的地方到达到峰值有一定的区间,在 $Z = 12\ 000$ mm 附近的峰值之后突然下降,这是因为它的值是在某一时刻是水面上的大气压。而设计导则结果在 $Z = 5\ 000$ mm 左右 Z 坐标较小的地方没有任何值,这是因为外部的倾斜角很小。但在达到峰值后,其值会逐渐降低,而不会迅速降低。因此,利用设计导则可以得到不同的压力分布规律。

由于设计导则值偏小,进行结构分析时,使其与二维 CFD 计算得到的应力最大值相吻合。图 3-26 为采用设计导则计算得到的外板压力分布,可以看出高压集中在大外飘部位,而压力只出现在外飘部位,原因如图 3-25 所示。

(5)对应力分布的考虑

将上一节计算得到的压力分布应用于船体,利用 MSC. Nastran 软件进行结构分析。目标船侧视图如图 3-27 所示,其中水平线表示甲板位置,即上层为 5 号甲板,下层为 4 号甲板。为便于参考,大的艏外飘的位置用(1)圈起来,横舱壁的位置用(2)表示。根据计算出的应力分布,讨论结构分析中估算砰击压力的方法。

①采用二维 CFD 计算应力分布,并进行正速度修正

采用二维 CFD 计算得到的外板应力分布如图 3-28 所示。4 号甲板的应力分布如图 3-29(a)所示,5 号甲板的应力分布如图 3-29(b)所示。

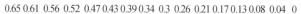

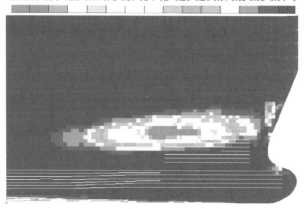

图 3-26　采用设计导则计算得到的外板压力分布图

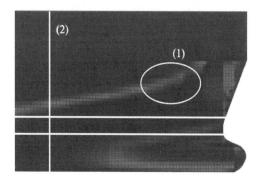

图 3-27　PCC 船侧视图

图 3-28　二维 CFD 计算得到外板应力分布图

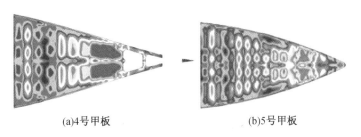

(a)4号甲板　　　　　　　　　　(b)5号甲板

图 3-29　甲板应力分布图

图 3-30 为二维 CFD 计算得到的具有正车速度效应的外板应力分布,即在二维 CFD 中加入正车速度效应产生的动压力。

350 325 300 275 250 225 200 175 150 125 100 75 50 25 0

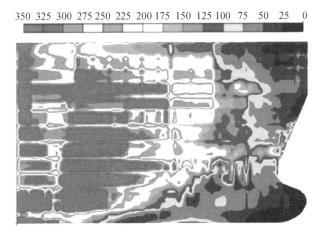

图 3-30　二维 CFD 计算得到具有正车速度效应的外板应力分布图

②根据波浪冲击压力设计导则计算应力分布

对利用波浪冲击压力设计导则修正的压力分布进行应力分析。由于设计导则估算的压力值与 CFD 计算的压力值相比较小,为了便于描述,对设计导则计算的压力值进行了修改,使计算压力峰值与 CFD 压力计算的峰值重合,如图 3-31 所示。采用修正后的压力分布计算得到的各甲板应力分布如图 3-32(a)所示,为便于对比,采用 CFD 计算得到的各甲板应力分布如图 3-32(b)所示。

③由船舶碰撞局部应力分布的计算方法得出的结论

a.该方法应用设计短期海况、设计不规则波、非线性切片法、二维计算流体动力学和有限元法相结合在较短的计算时间内进行应力计算与分析,从而估算出结构在砰击作用下的局部应力分布。在船舶结构设计阶段,采用该计算方法是可行的。

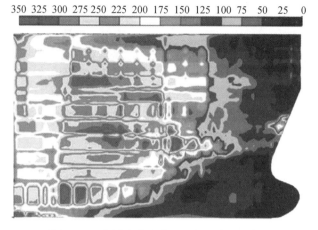

图 3-31　外板应力分布(设计导则压力)图

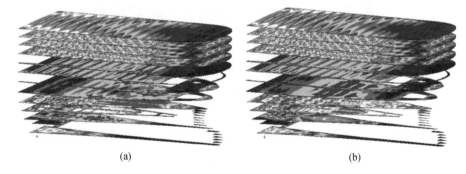

(a)　　　　　　　　　　　　　　(b)

图 3-32　各甲板应力分布(设计导则压力)图与各甲板应力分布(CFD 压力)图

b.高应力是由砰击冲击压力引起的,其位置最大值取决于压力分布模式。对常用的波浪冲击压力可应用 CFD 进行计算。

c.二维 CFD 计算方法是预测船舶横截面上砰击压力分布的一种方便、准确的工具;但在前进速度效应、船舶与波浪的相对速度等方面需要做一些修改,以提高精度。

3.4.3　船上仪器设备维护

极地航线对船上仪器设备的影响主要是由低温带来的,具体表现为由于温度过低使得船上仪器和设备无法工作,或者工作状态难以符合公约规定的标准。如 AIS 在启动前若是有历书则属于热启动,根据公约标准能够在 1 min 之内正常工作,但在两极地区,受到极端温度的影响,就算机内设有历书,但开机时间也会变得相当漫长和卡顿,需要 5~7 min,在这种情况下,该 AIS 不符合公约要求。

因此,船上设备的制造与研发应该以极地航行状态去设定,使其能够承受温度较低的环境。

3.4.3.1 导航和定位设备维护

用作极地航行导航定位的磁罗经应当在抗干扰方面有待加强,否则随着纬度的增加,磁罗经的自差将逐渐增大,两极地区的磁罗经自差可达到 30°~40°。

关于定位设备,由于两极地区卫星信号较弱,可采用三维定位技术,也就是在船首两侧、船中两侧、船尾两侧各放置一个信号接收器,这 6 个信号接收器应该与驾驶台的 GPS 相连接,以通过卫星船位给出最精确的位置信息。若难以接收到卫星信号,则 GPS 船位会丢失,此时根据公约规定应当人工每 10 min 输入一次船位,但由于海图资料缺失、磁罗经无法工作等,该标准无法实现。

在仪器维护方面,首先对于裸露在外的设备,比如雷达收发天线、天气甲板上的陀螺罗经,要注意是否结冰,一旦结冰则应该及时采取化冰措施,否则长时间冰冻状态可能对这些设备造成损害。当发现这类仪器确实无法使用时应当及时报告公司,并尝试用其他手段来弥补该设备的损坏。对于驾驶台内部仪器,也要注意是否由于长期处在极寒状态下,设备已经无法正常工作或难以满足公约规定下的基本功能。

3.4.3.2 液舱防冻主要方法

液舱防冻是指通过各种扰动、循环、绝热和加热等措施,使暴露在低气温环境下的舱柜、设备和管路等设备内部的液体不发生冻结。

液舱防冻的主要方法:

(1)通过蒸汽、热的液体或加热电缆来进行加热。

(2)使用压缩空气吹通、扰动,使液体循环而不发生冻结。

(3)通过合理布置舱室和设备,有效防止压载水舱、淡水舱和其他液舱舱面冻结。

(4)采用不同的防冻措施,如持续循环、气泡扰动或加热对流等;当服务温度低于-45 ℃时采用加热对流的防冻措施,如垂直布置的加热盘管等。

(5)每个压载水舱都安装温度传感器,并在舱内低温时报警。若压载水舱完全位于轻载水线或低位冰区水线以下(取小者)时,可不设防冻措施(除非另有规

定）。

3.4.3.3 液舱防冻保护方案

极地船舶的压载舱或淡水舱部分或全部位于轻载水线或低位冰区水线以上，并接邻船壳或者露天甲板时，应具有适当的留空容积(一般为10%)，以防止压载水和淡水冻冰膨胀；全部位于轻载水线或低位冰区水线以下(取小者)的压载水舱一般无须加热，但服务于该水舱的管系(包括透气管)应防止冰冻堵塞。

1.压载舱、淡水舱管系防冻方案(一)

最有效和常用的方案是采用蒸汽加热盘管，它一般安装在水线以上近船壳板的位置。为了确定加热盘管的布置数量而进行热交换计算时，可以将压载水温度设定为2℃左右。蒸汽管路和凝水管路应设有足够的泄放口，以防止不用时发生冰冻堵塞管路。

2.压载舱、淡水舱管系防冻方案(二)

压缩空气吹泡系统是一种通过不停扰动，促使压载水局部内循环以达到防冻的措施，优点是管路少且通径小、施工方便、质量轻。但其具有以下缺点：舱内气温偏低会导致局部区域仍有冰冻现象发生，舱内布置的管路可能会遭到坠落冰块的撞击损伤，舱内涂层和构件也可能会因此受损；此外，寒冷的压缩空气还可能导致压载水过冷并形成冰晶，多冰晶的压载水变得粥状黏稠难以泵送。因此，压缩空气吹泡系统并不适合在极端严寒的气候条件下使用。

3.4.3.4 露天甲板区域管系防冻的主要方法

1.露天甲板管系的防冻方法

①通过蒸汽、热的液体或加热电缆进行加热；

②使用永久的或可拆卸的保护罩。

2.露天甲板管系的除冰方法

①通过热水或蒸汽冲洗冰；

②采用手动机械方法除冰；

③利用热空气或化学药剂除冰等。

3.露天排水舷口、泄水沟等的防冻方法

①排水舷口应设置防冻保护；

②若排水舷口上装设挡板，则应为盖板提供足够的加热量以保持畅通；

③泄水孔、排水沟应设置防冻保护。

4.进出风口的防冻要求

①机舱进风口需考虑除冰,使用数量需满足主机等设备的使用要求;

②空调进风口需预防结冰;

③应急发电机室的进风口需考虑除冰措施;

④货舱的进出风口需预防结冰,但进风口数量只需要满足装载危险品货物时换气要求的数量即可,其他的货舱通风口不需要考虑防冰。

3.4.3.5 海水箱、海底门防冻方法

1.海水箱防冻方法

①海水进口应尽可能布置在船中处并尽量靠后;

②海水箱应有足够大的容积;

③海水箱应足够高,以使浮冰处在进水管口的上方;

④全容量排出的冷却水连接到海底门;

⑤海底门开口应不小于4倍的进水管径横截面积。

2.海底门的防冻方法

①海底门应布置在船的低位处,并远离冰带水线;使用挡板、围堰、滤器和其他措施将水和冰隔离开;

②海底门的容积应根据船上海水冷却所有可能同时工作的发动机的总功率来确定;

③海底门的布置应考虑船的线型和船的尺度;

④海底门顶部尽可能高地布置,引至海水舱的管路进口尽可能低地布置;应有手动除冰措施,例如打开滤器或从水线以上进入海底门除冰块;海水舱应至少可以从两个独立的海底门引水;海底门至海水舱引水管路的流通面积,应根据不同的冰级考虑4~6倍所有可能同时使用的海水泵吸入管截面积的总和;海底门舷侧格栅、开孔或开槽等引水开口的流通面积,应不小于引水管路的流通面积;

⑤海底门和海水舱应设有带截止阀的透气管,透气管截面积与冷却水吸入管相当;透气管头应避免积冰而堵塞;

⑥海底门和冷却水吸入口应考虑除冰措施,可以采用蒸汽除冰、热水除冰、压缩空气吹、布置加热盘管等。

对于极地航行的船舶,必须综合分析船舶的类型、航线,充分考虑各种可能

的结冰状态,采取合适的措施预防液舱及管系结冰,保证船舶各系统正常运行和船舶的营运安全。

3.4.4 船舶操纵性

3.4.4.1 螺旋桨

极地航行时船舶螺旋桨可能会发生空泡效应和卷入海冰的情况,在这种情况下,不仅会使舵效降低,推力下降,也会对螺旋桨桨叶产生伤害,当螺旋桨桨叶的转动经常被浮冰阻碍,可能会烧坏推进器。基于此,冰区航行的螺旋桨和推进器可以在以下几个方面做出改善:

(1)冰级螺旋桨

大型船舶的螺旋桨一般都是采用镍铝青铜材料制造而成。因为普通的钢铁太重,并且在水中容易生锈,不耐空泡腐蚀;而镍铝青铜的密度较低,但是强度更大,不容易锈蚀,持久力和耐空泡腐蚀能力也更强。在第二次世界大战之前,螺旋桨多采用黄铜材料制造,英国为了建造高速鱼雷艇而研发出了镍铝青铜材料,这种材料在第二次世界大战结束以后迅速成为大型军舰的标配,无论是航母还是潜艇,又或者是破冰船都是采用这种材料的螺旋桨。

(2)螺旋桨破冰法

极地船有两种不同的破冰方式,当冰层厚度不超过 1.5 m 时,将发动机马力开至最大,利用速度产生的动能和坚硬的船头不停地撞碎冰层,这种破冰方式可持续性好,每小时可以开辟 5~10 n mile 的航道,因此也被称为连续式破冰法。

一旦冰层厚度超过 1.5 m,连续式破冰就很难奏效,因为直接撞击这么厚的冰层不仅难以击碎,还可能会让船头受损凹陷甚至破裂漏水,所以必须采用更为有效的冲撞式破冰。这种破冰方式是通过内部水舱调节,将船头吃水变浅,然后加大马力把船头冲上冰面,再将水注入船头水舱加大压力,直到把冰面压碎。当冰面破碎后,螺旋桨反转让船后退,再继续冲上前面的冰面,如此反复循环,将厚实的冰层不断破开。这种破冰方式操作复杂,速度较慢,一般每小时最多只能开辟 2 n mile 左右的冰面,特别适用于南北极等冰层较厚的地区。

3.4.4.2 球鼻艏

对于极地船舶,破冰性应当是放在第一位的,否则由于远离城市,一旦受困于冰层,很难靠自己脱险。基于此,可以采用艏艉双破冰球鼻艏。当船舶前行时,船首的球鼻艏起到破冰开路的作用,船尾的球鼻艏也可起到"碎浪"的作用,避免船尾部的碎冰直接卷入螺旋桨造成影响。此外,双球鼻艏的设计也可以满足当船舶倒车时的破冰需求,首尾兼顾。

我国自主研发的极地科考船"雪龙 2"号采用的便是双球鼻艏设计,这使得"雪龙 2"号的操纵性能大大加强。在 2018 年 5 月第 35 次北极科考活动中,"雪龙"号不幸受困于冰层中,而"雪龙 2"号凭借极强的破冰能力成功拯救"雪龙"号于冰层中,并在接下来的科考活动中起到了"开路"的作用,为两艘科考船成功到达北极做出了贡献。现在,一些船厂也将此工艺运用到极地集装箱船上,未来也会有船首、船尾双球鼻艏船出现在北极航线上。

3.4.4.3 船型

极地航行的船舶对稳性的要求也很高,在这种情况下,船体形状应该尽可能成流线型,也就是方形系数 C_B 较小,在这种情况下,船舶速度适中,操纵性佳,旋回距离适中。但也不可建造成长宽比过大的船舶,因为这样的船型速度会很快,惯性大,一旦撞上冰山则其所受反作用力也很大,对船体结构反而会造成影响。

极地船舶形状也不应该过宽,即"肥大型"。"肥大型"船舶操纵性能极差,当转向避碰时需要的旋回距离要大得多,在冰区航行期间显然是不现实的。

参 考 文 献

[1] 王志明. 航海学[M]. 上海:浦江教育出版社,2017.

[2] 胡美芬,王义源. 远洋运输业务[M].4 版.北京:人民交通出版社,2006:48-49.

[3] 王志明,陈利雄,白响恩. 航海导论[M]. 上海:浦江教育出版社,2017:99-100.

[4] 郭禹,张吉平,戴冉. 航海学[M]. 大连:大连海事大学出版社,2014:87-88.

[5] 陈宇里. 航海仪器[M]. 上海:浦江教育出版社,2012:55-56.

[6] 邱文昌. 船舶货运[M]. 上海：上海交通大学出版社, 2015：78-79.

[7] 刘红, 邱文昌. 船舶原理[M]. 上海：浦江教育出版社, 2016：99-100.

[8] 王忠. 船舶结构与设备[M]. 大连：大连海事大学出版社, 2015：112-113.

[9] 王长爱, 陈登俊. 航海气象与海洋学[M]. 北京：人民交通出版社, 2000：99-100,133-134.

[10] 柴旭涛. 船舶操纵与避碰（船舶操纵）[M]. 大连：大连海事大学出版社, 2014：48-49.

[11] 吴刚, 张东江. 极地船舶技术最新动向[J]. 中国船检,2015(3):97-101.

[12] TAHARA N, MOMOKI T, FUKASAWA T. On the estimation method of slamming pressure for ship structural analysis in combination of CFD with heuristic method[C]. Proceedings of the Twenty-fifth (2015) International Ocean and Polar Engineering Conference Kona, Big Island, Hawaii, USA, June 21-26, 2015：751-758.

[13] FUKASAWA T, KAWABE H, MOAN T. On extreme ship response in severe short-term sea state[J]. MARSTRUCT, 2007：33-40.

[14] FUKASAWA T, MIYAZAK S. Estimation of maximum stress of a container ship by means of design irregular wave and direct loading analysis method [J]. PRADS, 2007：716-723.

[15] 秦琦. 冰区船靓丽风景线[J]. 中国船检,2010(9):32-37.

[16] 李夏炎. 冰区航行船舶阻力性能研究[D]. 哈尔滨：哈尔滨工程大学, 2016.

[17] 涂勋程. 极地物探船冰阻力预报及参数敏感性研究[D]. 镇江：江苏科技大学, 2019.

[18] 戴长雷, 李治军, 于成刚, 等. 寒区水科学概论[M]. 哈尔滨：黑龙江教育出版社, 2014.

[19] 岳宏. 极地规则发展及极地船技术现状[J]. 船舶物资与市场, 2017(02)：49-52.

[20] 张健, 韩文栋. 极地破冰船技术现状及我国发展对策[J]. 中国水运(下半月), 2016, 16(5)：47-50.

[21] 高剑. 极地模块运输船结构设计与研究[D]. 大连：大连理工大

学, 2016.

［22］　康瑞. 平整冰中破冰船操纵性能初步预报［D］. 哈尔滨: 哈尔滨工程大学, 2016.

［23］　何菲菲. 破冰船破冰载荷与破冰能力计算方法研究［D］. 哈尔滨: 哈尔滨工程大学, 2011.

［24］　郑中义. 北极航运的现状与面临的挑战［J］. 中国远洋海运, 2013(10): 46-49.

［25］　BIRD K J, CHARPENTIER R R, GAUTIER D L, et al. Circum-Arctic resource appraisal: Estimates of undiscovered oil and gas north of the Arctic Circle［J］. Fact Sheet, 2009.

［26］　DAVID J. Polar ship technology［J］. Polar Record, 1988, 24(3): 1-254.

［27］　DING S, ZHOU L, WANG Z, et al. Prediction method of ice resistance and propulsion power for polar ships［J］. Journal of Shanghai Jiaotong University (Science), 2020, 25(6): 739-745.

［28］　PAIK J K, THAYAMBALLI A K, PEDERSEN P T, et al. Ultimate strength of ship hulls under torsion［J］. Ocean Engineering, 2001, 28(8): 1097-1133.

［29］　TANAKA S, YANAGIHARA D, YASUOKA A, et al. Evaluation of ultimate strength of stiffened panels under longitudinal thrust［J］. Marine Structures, 2014, 36(4): 21-50.

［30］　SOARES C G, GARBATOV Y. Reliability of maintained ship hulls subjected to corrosion and fatigue under combined loading［J］. Journal of Constructional Steel Research, 1999, 52(1): 93-115.

［31］　SOARES C G, GARBATOV Y. Reliability of maintained, corrosion protected plates subjected to non-linear corrosion and compressive loads［J］. Marine Structures, 1999, 12(6): 425-445.

［32］　SOARES C G, GARBATOV Y. Reliability based fatigue design of maintained welded joints in the side shell of tankers［J］. European Structural Integrity Society, 1999, 23(23): 13-28.

第4章

极地钻井平台关键技术

北极地区蕴藏着极为丰富的油气资源,随着全球油气需求量的递增,海洋石油开发正迈向深远海以及环境更加恶劣的北极海域。

北极地区主要是指北极圈(北纬 66°34′)以北的区域,包括北冰洋和 8 个环北极国家(加拿大、丹麦、芬兰、冰岛、挪威、瑞典、俄罗斯和美国)的北方领土。近年来,世界不同组织机构对该地区的油气资源进行了如火如荼的调查评估,尽管评估都显示北极油气资源的储量相当可观,但是要对北极油气资源进行规模开发,则会遇到众多技术上的困难。

美国地质调查局 2009 年发布评估报告称,北极地区未探明油气资源量 564×10^9 t 油当量,占全世界未探明、可获取油气资源的 22%,其中未探明石油储量 184×10^9 t,天然气储量 47×10^{14} m³,约占世界未探明常规石油和天然气资源量的 13% 和 30%。

北极地区目前已发现各类油气田近 10 个,如位于北极圈以北 250 n mile 的阿拉斯加北部斜坡的普拉德霍湾油田(可采储量 13×10^9 t),位于俄罗斯北部的 Shtokman 凝析气田(可采储量 3.8×10^{14} m³),显示出良好的勘探开发前景,许多国家和石油公司都对北极的油气资源产生了极大兴趣,纷纷开始投资建造适合极地钻井作业的钻井平台。

北极地区温度低且伴有大风,最严重的是海浪高并且海面上浮冰多。Exxon Mobil 公司总结得出,在极地地区钻井存在路途遥远、生态环境脆弱、温度超低、冰山、极夜、浮冰、暴风雨猛烈、永久冻土层、地震和深水等挑战。极地恶劣的自然环境对平台的抗寒能力、抗风浪能力、载荷能力、保障人员安全等都提出了很高的要求,目前适合极地恶劣环境钻井作业的钻井平台数量非常有限。

目前加拿大、美国、俄罗斯、挪威等国都已经开展了北极的海上油气勘探开发工作。近几年来受到低油价的影响以及基于环保因素的考虑,多数国家基本暂停了北极的海上油气勘探开发活动,但是俄罗斯仍在积极布局北极海上油气资源的勘探开发工作。另外,很多油气公司及海工装备的研发设计单位也在积极开展北极勘探开发装备的研发设计工作,这些企业都看好未来的北极海上油气资源开发前景,希望通过早期的研发设计积累,为未来积极参与北极勘探开发工作做好准备。

目前可以参与北极海上油气资源开发的海洋工程平台形式主要有固定式、柱稳半潜式、圆筒半潜式、船形、自升式等。我们着重对自升式平台与半潜式平台进行分析,以提出我国参与极地开发及未来关于极地钻采装备等发展的一些建议和思路。

4.1 极地钻井平台发展现状

作为国家海洋强国战略的重要部分,海洋工程装备是高端制造业的重要组成,并被纳入国家战略性新兴产业。海工装备是高风险、高科技、高投入的项目,极地冰区半潜式钻井平台作为海洋工程装备皇冠上的明珠,一直是国际上海洋工程界关注的焦点。

北极地区是目前地球上最具潜力的油气资源开发地区。美国地质勘探局的数据显示,北极地区蕴藏的油气资源约占全球未开发油气资源的五分之一。目前,该地区可开采的石油储量预计为900亿桶,其中俄罗斯最多,占北极地区石油储量的52%,美国占20%,挪威占12%,格陵兰岛占11%,加拿大占5%。当前,世界各大石油公司和技术服务公司都在努力研发新一代极地钻井装备,但受制于技术和资金等因素,适合极地恶劣环境条件的深水钻井装备非常有限。

随着目前北极油气储量的探明以及欧美,韩国、新加坡、俄罗斯和日本等传统海洋工程强国战略目标向北极地区转移,相关装备的研发主要集中于具备冰区作业能力的半潜式钻井平台。

冰区钻井平台与普通平台在作业环境、工作方式和设计建造要求等方面有着明显的不同,世界冰区特别是北极区域的钻井,建造和生产条件具有极大的挑战性:距离远、气候恶劣、大量冰块、天空黑暗和保护脆弱的生态系统等。

极地钻井平台的船体结构上要有在冰区安全作业的能力,结构须有专门的冰区加强,防止浮冰撞击船体产生严重的结构变形与失效,对于船体结构材料也要求能适应极地地区的温度远低于其他海区的作业海水温度。极地地区的极端低温和浮冰对平台设备和工作人员是最大的考验。平台必须针对恶劣的气候设立专门的保温设备和系统以确保工作人员和钻井设备正常工作,相比传统的钻井平台,设计要求更高、更严格。

钻井船也是极地油气开发的主要装备之一,它属于高附加值船舶,单船造价在 5~6 亿美元。该船型已成为韩国造船业发展的主要动力。随着石油开采技术的发展,深水和极端寒冷海域的石油开采已成为可能,大型石油公司也越来越倾向于使用具有先进钻探能力和更高灵活性的钻井船进行作业。

Aker Solutions 开发了能够在海冰上进行操作的新概念北极钻井船。新概念北极钻井船试图引入弓装炮塔系泊系统,Azi-pod 推进器有助于确保钻井船根据冰漂移动方向变化情况进行系泊定位,新设计的破冰级船体能够保证冰块在船下,从而避免冰块撞击。钻井船和钻井配套设施为全封闭式,以避免船员和设备受到寒冷天气的影响。

Fincantieri 公司与俄罗斯 Krylov 国家研究中心联手研发适合北极恶劣环境作业并能保证船员安全的钻井船。这种钻井船能在冰层 1.5 m 厚的海域、-40 ℃的极寒环境下维持 4 个月的作业。

荷兰皇家壳牌公司的"极地先锋"号钻井平台现已在美国阿拉斯加州楚克其海域开始钻井作业。

日本海洋掘削株式会社(JDC)计划开发一座能够在北极水域全年运营的半潜式钻井平台。与韩国和新加坡不同,日本更支持使用半潜式钻井平台而非钻井船在北极地区结冰情况下进行钻井工作。

2008 年 5 月,三星重工从苏格兰 Stena 钻探公司接获一份价值 9.42 亿美元的钻井船订单,是世界首艘可稳定用于北极浮冰海域的钻井船,耐极端低温达-40 ℃,于 2011 年底交付用于北海水域。

瑞典 Stena 公司与韩国三星重工集团签订了建造一艘 Stena DrillMAX ICE IV 型钻井船的合同,"Stena DRILLMAX ICE Ⅳ"号钻井船(图 4-1),船长 228 m,宽 42 m,高 19 m,排水量 97 000 t,是世界上第一艘动力定位的双钻塔冰区钻井船。该钻井船配备动力定位系统,额定作业水深 3 048 m,配备双井架和双作业钻机,额定钻深 10 668 m,可以在-40 ℃温度,16 m 浪高和 41 m/s 风速的环境下作业,冰级符号为+1A1,船体冰级为 PC5,安装 6 个 5 500 kW 的 ICE-10 冰级全回转推进器,造价 11.5 亿美元。

大宇造船与海洋工程公司目前正在开发能够在北极作业的钻井船。该船采用球鼻艏设计,适合在无冰水域和薄冰区域航行;船尾采用加强结构,以适于厚冰区域操作。该船安装有 2 个 Azi-pod 装置和 4 个可收缩方位推进器,以提高船舶操作和动力定位能力。该船的作业环境为 0.5~1.5 m 厚冰区,在薄冰区域的

穿透度为 90% 以上,在厚冰区域的穿透度为 50%。

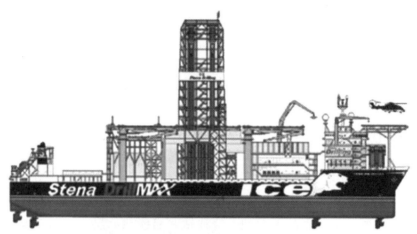

图 4-1 "Stena DrillMAX ICE Ⅳ"号极地钻井船

GustoMSC 公司在 20 世纪 70 年代开发了可在冰区作业的"Pelican"级冰区钻井船。近期开发的"PRD12000"冰区型钻井船适合在北极航行和作业,满足 ICE-05 船级符号要求。新加坡吉宝船厂为 Frontier 钻井公司和壳牌公司总装的 2 艘"Bully"级钻井船采用了"PRD12000"冰区型设计方案,首艘船"Bully 1"号于 2010 年交付。

俄罗斯克雷洛夫国家科学中心研发的北极钻井船可在北极风暴中航行,破冰能力可达 1.5 m,并可在北极地区独自作业长达 3 个月时间。

GustoMSC NanuQ 系列钻井船,可抗 4 m 厚浮冰,冰级 PC4,最大作业水深 5 000 ft,可提供 DP3 动力定位和系泊定位两种选择,作业区域覆盖全部北极地区,可实现全年候作业。

挪威 Inocean 公司为 Statoil 所做的 Cat-I 钻井船概念设计,配备耐寒装置。

船长 232 m,宽 40 m,型深 19 m,工作排水量为 89 800 t,有效载重量为 22 400 t,危险区域和噪声远离生活区,不仅适合极地使用,而且在任何开敞水域的钻井效率都得到优化提升。船体进行了冰区加强,采用动力定位时可抵抗 16 m 的冰脊,锚泊定位时可抵抗水下 8 m 的浮冰。同时,具有一定的破冰航行能力,可在 3~4 kn 航速下穿越 1.2 m 厚的冰层。工作水深为 100~1 500 m,可进行钻井、完井、水下维护、电缆测井以及试井等工作。北极地区的钻井深度为 5 000 m,自持力 120 天。开敞水域的钻井深度可达 8 500 m。

我国在极地冰区钻井平台和钻井船的研发、设计、建造方面正逐渐地突破国外设计和建造企业的垄断,为了早日打破国外垄断,必须推出我国自己的拳头产品。

4.2　极地自升式钻井平台关键技术

4.2.1　极地自升式钻井平台类型介绍

目前,北极海况条件较好的海域和夏季无冰期的海域或冰情较轻的情况下,可采用自升式钻井平台钻井,主流的极地自升式钻井平台如下。

1. "奋进"号自升式钻井平台

"奋进"号是 Marathon LeTourneau 公司建造的一座 116-C 自升式钻井平台,1982 年制造,2004 年经过升级改装,可在 300 ft 水深中作业,用-10 ℃级别的钢建造而成,可在包括楚科奇海和波佛特海在内的北极圈内广阔环境领域内安全工作。

2. GustoMSC SEA ICE 系列自升式钻井平台

GustoMSC 设计的 SEA ICE 系列自升式钻井平台,采用全封闭式设计,作业水深 30~50 m,可抗 2 m 厚的浮冰,冰级相当于 PC4。SEA ICE 采用四个圆形腿作为支撑腿,配备液压举升系统。

3. "Arkticheskaya"号、"Amazon"号自升式钻井平台

"Arkticheskaya"号、"Amazon"号自升式钻井平台由 Gazflot 拥有和运营。"Arkticheskaya"号桩腿长度 400 ft,最大工作水深 330 ft,最大钻井深度 21 500 ft,

主尺度为 220 ft×217 ft×31 ft，由 CDB Corall 设计，Zvezdochka 船厂在 2012 年建造。"Amazon"号最大工作水深 165 ft，最大钻井深度 10 000 ft，由 Stord Verft A/S at the Aker Stordverft Norway shipyard 在 1982 年建造，入籍挪威船级社（DNV）。

4. Nordic、Shelf Exp.、勘探六号

三座自升式钻井平台的适应温度为−20 ℃，最大作业水深 90 m，最大钻井深度 7 500 m（勘探六号为 9 000 m），最大工作风速分别为 70 kn、88 kn、90 kn，作业可变载荷为 2 700 t、2 955 t、3 400 t，顶驱钩载为 450 t、450 t、680 t。

5. 吉宝岸外与海事研发项目

新加坡吉宝岸外与海事公司在设计及工程领域子公司 Keppel O&M Technology Centre 及美国康菲国际石油有限公司联合开展了极地用自升式钻井平台的开发项目，该极地用自升式钻井平台将服务在北冰洋近海油田上。平台在一定时间内将通过 Dual Cantilever，进行钻井工作；在没有外部援助的情况下，平台进行 14 天的钻井工作，且该钻井平台的船体可以抵消来自流冰的冲击。

4.2.2　极地自升式钻井平台关键技术

4.2.2.1　冰区自升式钻井平台的动力响应分析

冰区自升式钻井平台尚未形成基于冰动力响应分析的结构设计，为了合理地开展自升式平台结构的抗冰概念设计与安全评价研究，冰载荷下自升式钻井平台的动力响应分析是十分必要的。

1. 自升式钻井平台的动力特性分析

数值模拟计算与对导管架平台的现场监测相结合的方法，对某典型的自升式钻井平台和导管架式平台（两者均是四桩腿形式）进行结构动力特性分析。数值模拟计算建模选用的单元及单元的作用见表 4-1。在建立有限元模型过程中，对真实的结构进行简化处理，简化须保证主体结构几何形状的真实性、结构的振动频率和振型的真实性。

表 4-1　平台模型单元选取

单元	作用
Mass21	质量点单元，模拟上部质量
Shell63	模拟甲板或上部质量

表 4-1（续）

单元	作用
Pipe16	模拟导管架和桩
Pipe59	模拟导管架和附连水质量
Beam189	模拟工字梁

采用有限元分析软件 ANSYS 进行数值模拟计算,自升式钻井平台和导管架式平台的一阶模态变形如图 4-2 所示,前 3 阶固有频率见表 4-2。

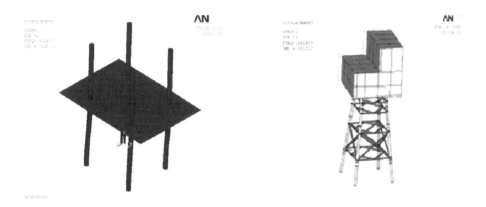

图 4-2　自升式钻井平台和导管架平台的一阶模态变形

表 4-2　平台的前 3 阶固有频率　　　　　　　　　　　　　　单位:Hz

模态阶数	导管架平台	自升式平台
1	0.86(0.87)	0.432
2	0.95	0.436
3	1.04	0.454

由于自升式钻井平台在冰区的实际应用不多,国内外对该结构在冰振方面的监测研究几乎没有。冰区多采用导管架平台,因此可基于对导管架平台的现场实测,得到结构响应谱线,图 4-3 为实测的导管架平台冰振响应及响应谱线。结构一阶固有频率实测值见表 4-2 括号内的数值,计算值与实测值相差很小。

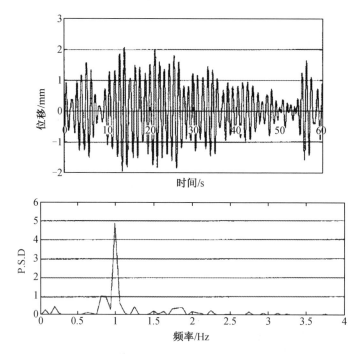

图 4-3　导管架平台的实测冰振位移与响应谱线

从数值模拟的结果可以发现,两种结构的基频分别为 0.432 Hz、0.86 Hz,前 3 阶模态振型均分别是 X 方向振动、Y 方向振动、Z 方向扭转。两者在振动特性上具有一定的相似性,属于较柔的抗冰结构。因此,可以从导管架平台的实测数据定性分析出自升式平台在冰荷载作用下的动力特性。

基于导管架平台的冰振实测分析,发现平台在冰荷载作用下结构的能量主要集中在一阶频率上,而在高阶上能量分布所占的比重很小。因此,在柔性抗冰平台动力响应分析中,提取前几阶频率即可保证足够的计算精度。

通过对渤海抗冰结构的动力特性分析,可以发现抗冰导管架结构固有频率大致在 1~2 Hz 范围内;自升式钻井平台在操作状态的结构固有频率在 0.5 Hz 左右。而现场海冰监测发现,冰力能量谱频率多数集中在 0.5~2.0 Hz 之间,如图 4-4 所示。可以看出,柔性结构固有周期与冰力周期十分接近,不可避免地存在冰激共振现象,动力效应明显。

2. 自升式钻井平台冰荷载分析

为了明确冰与带齿条桩腿的自升式钻井平台相互作用的破坏形式,以及该类结构的冰载荷模型,首先,开展自升式平台冰荷载模型实验研究,对比相同直径的带齿条和光滑圆柱结构上的冰力,明确带齿条桩腿的自升式平台冰荷载作用形式;其次,利用已掌握的抗冰平台的多年现场监测数据,确定适合自升式钻井平台的冰载荷模型。

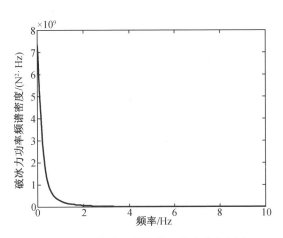

图 4-4 冰与直立结构作用的冰力能量谱

(1)自升式平台冰荷载模型实验

①模型实验系统

自升式钻井平台的桩腿在水线位置不是简单的圆柱或斜面形状,而是两侧带有齿条的圆柱,齿条的作用是配合齿轮来提升平台的甲板。图 4-5 是自升式平台桩腿的三维示意图,很显然,冰板作用在这类结构上发生的破坏模式会比挤压或弯曲复杂得多。通过利用大连理工大学的冰荷载模型实验系统(图 4-6),模拟与分析交变冰力与带齿条桩腿之间的动力相互作用,实验系统中各部分说明见表 4-3。模型实验系统的详细介绍参阅相关文献。模型实验系统中的模型结构(标号 6)是一个经过缩比的平台结构,压头(标号 7)安装于模型结构的顶部,模拟不同的桩腿形式和尺寸,如圆柱腿结构、锥体结构以及带齿条的桩腿结构等。在以真实的自升式平台为原型结构进行实验时,由于模型实验系统的限制,模型结构上用于模拟自升式平台桩腿的压头确定为真实结构的 1/16(图 4-5),即模型实验的几何相似比 $\lambda = 16$。

图 4-5　带齿条桩腿的三维形状

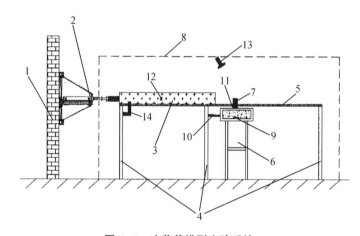

图 4-6　冰荷载模型实验系统

表 4-3　冰荷载模型实验系统各部分功能

编号	名称	功能
1	剪力墙	安装固定作动器
2	液压作动器	以恒定速度推动冰板
3	冰槽	在冰槽内冻结冰板
4	托架	支撑冰槽
5	导轨	约束冰板的运动方向
6	模型结构	模拟海洋平台的刚度和集中质量
7	压头	不同形状和尺寸的压头代表不同的结构
8	冷库	低温环境

表 4-3(续)

编号	名称	功能
9	加速度计	测量模型结构的振动加速度
10	位移计	测量模型结构的绝对位移
11	应变计	直接测量作用在压头上的总冰力
12	温度探头	测量冰温
13	摄像机	记录冰与结构作用过程
14	冰速计	控制冰速

②实验工况

由于自升式平台带齿条压头的外形比一般的直立结构和锥体结构都复杂，所以冰板运动方向与齿条之间的夹角应该会影响带齿条压头上的冰力。模型实验的 4 种工况(图 4-7)包括：(a)无齿条光滑圆柱；(b)齿条方向平行于来冰方向；(c)齿条方向与来冰方向成 45°；(d)齿条方向垂直于来冰方向。同时，模型实验选取了三个不同冰速(0.5 mm/s,20 mm/s 和 40 mm/s)来研究带齿条桩腿的冰力。

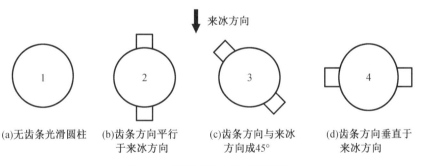

图 4-7 模型实验中的 4 种工况

③实验结果

图 4-8 为带齿条压头和圆柱压头与海冰作用的模型实验照片,其中带齿条压头属于工况(b)的实验,即齿条方向平行于来冰方向。

图 4-9 是相同冰板作用下,四种工况的极值静冰力结果比较,可以发现光滑圆柱的静冰力最大,齿条结构随不同的作用角度极值静冰力略有降低。齿条的存在并没有使极值静冰力大小发生显著的改变,这是由于齿条的宽度与桩腿直径相比甚小,没有从根本上改变冰的破碎模式。

图 4-8　带齿条压头和圆柱压头与冰相互作用

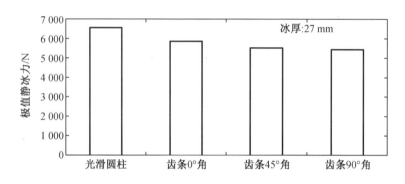

图 4-9　四种工况下极值静冰力的比较

图 4-10 为工况(c)的典型动冰力和结构振动加速度时程曲线(由于篇幅有限,这里仅取代表性实验结果说明),对应的冰速 $V_{ice} = 20$ mm/s,冰厚 $h = 32$ mm (真实情况下的冰速为 32 cm/s;冰厚约为 50 cm)。实验结果表明,带齿条的桩腿结构同样会发生强烈的冰激振动,原因在于齿条的尺寸远小于压头直径,因而齿条的存在无法改变冰板的挤压破坏模式。

(2)自升式平台的冰载荷模型

应用于浅海的自升式钻井平台桩腿直径一般为 2~3 m,而渤海辽东湾的抗冰油气平台桩腿的直径在 1.5 m 左右,两者在结构形式上都属于柔性的窄体抗冰结构。通过带齿条桩腿的冰载荷模型实验研究,可以定性得出结论:由于齿条的尺寸远小于自升式平台桩腿直径,齿条的存在根本无法改变海冰的挤压破碎模式。该类结构桩腿上的极值静冰力大致等于相同直径圆柱腿上的极值静冰力;挤压破碎同样会使带齿条桩腿产生交变冰力及显著的冰激振动。

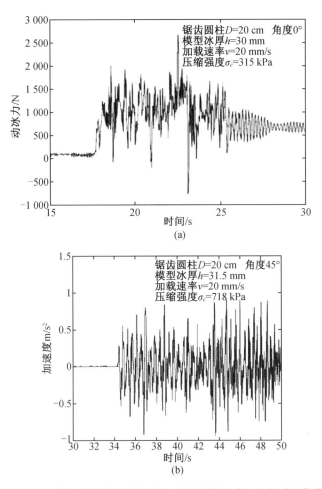

图 4-10 带齿条桩腿的典型动冰力和结构振动加速度时程曲线

冰与柔性抗冰结构作用,由于相互作用速度不同,会产生三种不同的冰破碎形式,导致不同的结构振动形式。在冰速很慢且冰面比较平整时,冰会发生准静态(间歇)挤压破碎,结构发生准静态振动(在动力分析中不予考虑);当冰与结构作用速度缓慢增加,快于间歇性挤压破碎时冰速,冰的破碎过程会与结构振动产生耦合,此时发生频率锁定的自激冰力,结构发生简谐形式的稳态自激振动;当冰快速运动与结构发生作用时,冰板会发生脆性挤压破碎,结构响应变为随机激励下的受迫随机振动。

①稳态冰力模型

当冰速不是很快时(对类似渤海导管架平台的结构,这一冰速通常为几厘米每秒到十几厘米每秒),平台有可能在冰的作用下发生强烈的稳态振动。通过对

冰激稳态振动发生时,结构交变位移和交变冰力的同步时程曲线分析,发现冰力是一个周期性过程,它的变化频率被"锁定"在结构的振动频率上。对冰激稳态振动的实测响应进行频谱分析也证明了这一结论,振动能量集中在结构的一阶固有频率上。为了初步计算冰致自激振动的幅值大小和周期,根据实测的自激振动冰力时程,给出三角波时域函数,表征产生自激振动的冰力随时间的变化特征,如图 4-11 所示。

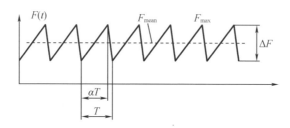

图 4-11 稳态冰力模型

图 4-11 中:F_{max} 是冰力最大值,可保守取为极值静冰力;$\Delta F = qF_{max}$,$q = 0.1 \sim 0.5$;F_{mean} 为冰力平均值,可通过 $F_{max} - \Delta F/2$ 计算;T 为冰力周期,计算中可近似取为结构固有周期;α 是加载阶段系数,通常选取 $0.6 \sim 0.9$。

②随机冰力模型

当冰速很快时,冰板在桩腿上发生连续不规则的脆性挤压破碎,由于接触面上冰的碎块大小不一,且压力分布不均,由此形成的合力为不规则的随机变化,同时引起结构的随机振动。图 4-12 是基于实测的随机挤压冰力和结构随机振动的时程曲线。

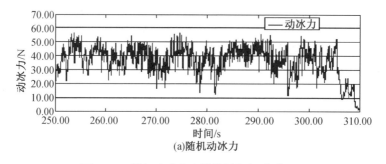

(a)随机动冰力

图 4-12 随机动冰力和结构随机振动时程

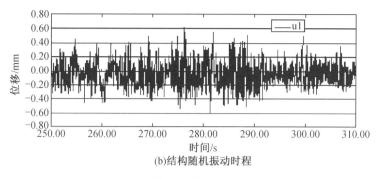

(b)结构随机振动时程

图 4-12(续)

根据测得的大量样本的随机冰荷载数据,经过统计分析建立了随机冰力谱:

$$S_{F_jF_j}(f) = \frac{\sigma_{F_j}^2}{f}\widetilde{S}_{F_jF_j}(f) \tag{4-1}$$

式中:自功率谱 $\widetilde{S}_{F_jF_j} = \dfrac{1.34v^{-0.6}f}{1+5v^{-0.9}f^2}$;$\sigma_F$ 表示随机动冰力的标准差,用 $\sigma_F = \dfrac{I_F}{1+mI_F}F_P$ 近似计算,其中 I_F 称为"动冰力作用强度",一般取 $I_F = 0.2 \sim 0.6$,均值为 0.4;F_P 为极值静冰力;v 是冰速。

3. 实例分析

根据以上对自升式钻井平台的冰载荷分析和某自升式平台在典型冰况下进行冰振动力响应分析,选取两种典型冰况:①冰厚为 20 cm 时,结构发生稳态振动;②冰厚为 15 cm,冰速为 28 cm/s 时,平台发生随机振动。

(1)模型建立

自升式平台主要由桩腿、甲板平台、升降系统等组成,平台结构与环境参数如下:

①固定载荷:2 911.5 t。可变载荷:以 1 000 t 计,合计 3 911.5 t。

②作业水深 10 m。

③4 根圆柱形桩腿,桩腿带齿轮齿条装置。

④平台尺度及其他相关参数:桩腿长度 73 m,桩腿直径 2.5 m,工作水深 30 m,升船高度 10 m(静止水面至甲板底层),桩腿纵向中心距 30 m,桩腿横向中心距 26 m。

建立的平台结构有限元模型如图 4-13 所示。

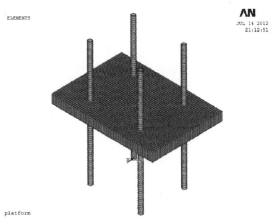

图 4-13　自升式平台有限元模型

（2）稳态冰力下平台的振动响应

根据模态分析得到平台的固有频率,并计算得固有周期为2.31 s。稳态冰力模型采用实测的自激振动冰力时程,提出的三角波时域函数,取50个冰振自激周期,施加到平台桩腿的冰力作用点处,瞬态分析得到平台甲板振动位移、加速度的时程曲线,如图4-14和图4-15所示。

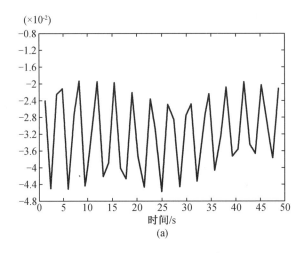

（a）

图 4-14　稳态冰力下甲板振动位移

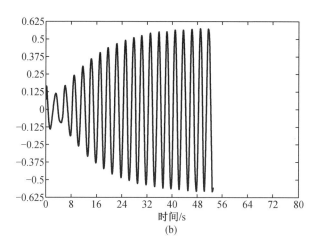

图 4-15　稳态冰力下甲板振动加速度

(3)随机冰力下平台的振动响应

随机冰力是基于现场实测的柔性直立抗冰平台冰载荷时程曲线,由于实测的导管架平台桩腿直径为 1.2 m,而实例中自升式平台桩腿直径为 2.5 m,在载荷输入中将实测的冰力幅值放大 2.08 倍。瞬态分析得到平台甲板振动位移、加速度的时程曲线,如图 4-16 和图 4-17 所示。

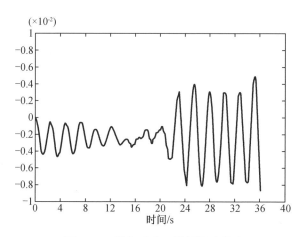

图 4-16　随机冰力下甲板振动位移

(4)结果分析

对自升式钻井平台在典型的冰况下进行振动响应分析,可以得到以下结论:

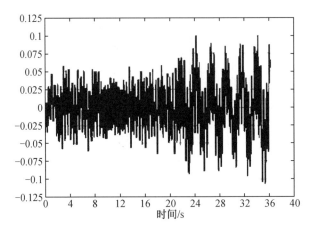

图 4-17　随机冰力下甲板振动加速度

①自升式平台结构的固有频率远小于导管架平台,冰激结构振动加速度响应不是很明显,而典型冰况下导管架平台冰振加速度效应显著。

②平台在稳态冰力下,甲板的振动位移在 10 mm 左右(远大于随机冰力情况),略大于相同冰况下导管架平台的振动位移,此时应该关注结构的热点应力变化。

③提高抗冰平台的柔性,可以明显地降低平台冰振加速度响应,缓解冰振对作业人员和上部设施的影响;但同时会增大结构的热点疲劳应力。

4.2.2.2　拖航过程中平台对风浪流环境条件的适应分析

平台利用拖轮进行远洋或者是油田拖航时,主要受到水和空气这两种流体的作用而产生阻力。在正常情况下,水对平台产生的阻力是主要的,而在大风浪等恶劣天气时,大风对于平台所产生的阻力就会迅速增大,有时甚至是灾难性的。所以在航线设计时要充分考虑这些因素,全面分析航次中可能遇到的各种天气和海况,制订必要的应急措施,以保证航行的安全。由于平台受风面积复杂,包括平台主体、井架、悬臂梁、钻台、桩腿、吊机、生活楼和直升机甲板等,利用 NAPA 软件建立平台受风模型,根据式(4-2)计算风阻力的大小、式(4-3)计算水流阻力,利用 SESAM 软件通过线性衍射分析法计算平台拖航时受到的波浪漂移力。风阻力模型如图 4-18 所示,水动力模型如图 4-19 所示。

$$F_1 = 0.5\rho_1 C_S Ch A_1 V_1^2 \tag{4-2}$$

$$F_2 = 0.5\rho_2 C_D Ch A_2 V_2^2 \tag{4-3}$$

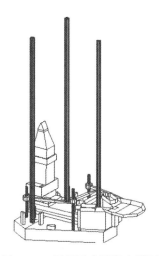

图 4-18　目标平台风阻力模型

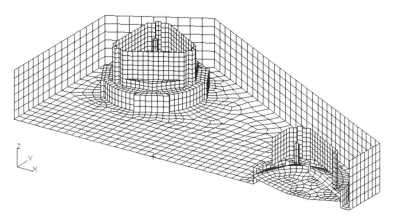

图 4-19　目标平台水动力模型(半个)

将平台环境条件适应性分析的研究成果,应用在平台拖航阻力、系泊力等计算中,给拖轮选型、拖带/系泊缆绳选择、制订平台应急方案提供理论依据。

4.2.2.3　平台对工程地质条件的适应性分析

极地环境地质问题涉及很广,包括海洋地质环境与全球变化的关系,人类海底开发活动与海洋地质环境的相互影响等。自升式钻井平台由于其受风面积大,重心高,操作较其他类型平台复杂,再加上目前平台载荷逐渐增大,新油田的海况和海底情况比较复杂,在拖航插拔桩钻井等作业环节中出现平台倾斜、桩腿刺穿和拔桩困难等风险的可能性增大。

通过结合工程地质勘察结果,对自升式钻井平台桩腿与海底土壤的相互作

用进行研究,利用式(4-4)计算地基土的极限承载力,式(4-5)和式(4-6)分别预报不排水的黏性土和排水粒状土桩腿入泥深度。自升式钻井平台"勘探者5"号码头插桩过程中应用上述公式进行计算预测,测量得到实际桩靴入泥深度与预测深度接近,验证了研究成果的可靠性,对提高平台的插桩安全性、指导平台插拔桩作业具有重要作用。

$$Q = q_n \times A + \gamma_2 \times V \qquad (4-4)$$

$$q_n = Su \times Nc \leqslant q_{max} = 9Su \qquad (4-5)$$

$$q_n = 0.3RBNr + P_0 \times (Nq-1) \leqslant q_{max} \qquad (4-6)$$

4.2.2.4 平台结构设计及优化研究

在对自升式钻井平台进行结构设计和优化时,既可利用船级社规范的经验公式校核并确定平台主体构件尺寸进行结构设计,又可通过有限元法校核平台结构强度、指导平台主体结构和构件尺寸的结构设计及优化方法。在应用有限元方法时,可根据具体工况施加特定的载荷和边界条件,研究自升式平台在不同工况下主体结构强度,确保设计出的平台结构满足强度要求,从理论上保证平台主体的安全性。除了平台主体结构以外,还可利用有限元分析方法,根据不同环境条件和作业参数计算环境载荷,设计并校核桩腿及桩靴结构强度,并根据船级社和 SNAME 规范分析平台单根桩腿的刚度和抗倾稳性,形成了自升式平台的基本设计能力。图4-20为某平台结构强度分析有限元模型,利用有限元分析方法,计算得到的平台在风暴自存工况下的主船体强度,如表4-4所示。

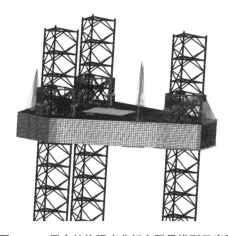

图4-20 平台结构强度分析有限元模型示意图

表 4-4　风暴自存工况下的主船体强度校核表

编号	构件位置	屈服应力	剪应力	屈服应力校核 UC	剪应力校核 UC
1	主甲板（9450ABL.）	200	124	0.70	0.66
2	中间甲板（5640ABL.）	65.6	63.2	0.23	0.33
3	机械甲板（1830ABL.）	112	75.6	0.39	0.40
4	外底板（BASE LINE）	202	111	0.71	0.59
5	外板	174	143	0.61	0.76
6	纵舱壁（9144 off CL）	163	131	0.57	0.69
7	纵舱壁（9144 off 外板）	85.8	139	0.30	0.74
8	纵舱壁（3048 off 外板）	91.4	107	0.32	0.57
9	纵桁	109	94.9	0.38	0.50
10	双层底桁材	159	117	0.56	0.62
11	水密舱壁（FR10&20）	129	190	0.45	1.01
12	水密舱壁（FR2-9）	72.2	88.5	0.25	0.47
13	水密舱壁（FR11-19）	68.3	77.5	0.24	0.41
14	水密舱壁（FR21-29）	159	182	0.56	0.96
15	水密舱壁（FR30）	194	189	0.68	1.00
16	槽型舱壁	33.6	25.1	0.12	0.13

4.3　极地半潜式钻井平台

4.3.1　极地半潜式钻井平台类型介绍

4.3.1.1　柱稳半潜式钻井平台（Column Stabilized）

1. Moss Maritime CS50/60 型

Moss Maritime CS50/60 型的典型代表是俄罗斯天然气工业股份公司（Gazprome）的"北极星"和"北极光"两座柱稳半潜式钻井平台（图 4-21），两座平台由韩国大宇造船与海洋工程公司于 2010 年建造交付,于 2015 年 12 月到达烟台中集来福士海洋工程有限公司,完成了技术维修改装和 5 年特检取证工作,可以在巴伦支海和喀拉海作业。

(a)"北极星"柱稳半潜式钻井平台　　　　　(b)"北极光"柱稳半潜式钻井平台

图 4-21　柱稳半潜式钻井平台

2. GM4-D 系列半潜式钻井平台

烟台中集来福士海洋工程有限公司联合挪威设计公司 Global Maritime AS 自主研发设计并总装建造交付的"North Dragon""Beacon Pacific"和"Beacon Atlantic"三座 GM4-D 系列柱稳半潜式钻井平台(图 4-22),可以抵抗 0.3 m 厚的冰,拥有 ICE-T、Winterization 和 Clean Design 等符号,可以在巴伦支海作业,具备极地冰区作业的能力。

图 4-22　"North Dragon"和"Beacon Pacific"柱稳半潜式钻井平台

3. "极地先锋"号钻井平台

瑞士越洋钻探公司 Transocean 建造了"极地先锋"号半潜式钻井平台(图 4-23),目前正在挪威巴伦支海 Skrugard 油田服务。该平台的钻机组块和管汇采用低温碳钢建造,所有操作都是全封闭并配有加热系统,便于在寒冷的北极地区开展油气钻探活动。

图 4-23　"极地先锋"号半潜式钻井平台

4.3.1.2　圆筒形半潜式钻井平台

1. Sevan Marine 公司的圆筒形半潜式钻井平台

挪威 Sevan Marine 公司以制造圆筒形半潜式钻井储油平台的优势为基础,设计制造了适用于北极海上的抗冰圆筒形半潜式钻井平台,如图 4-24 所示。

图 4-24　Sevan Marine 公司的圆筒形半潜式钻井平台

Sevan Marine 公司的圆筒形半潜式钻井平台:配备圆筒形破冰船体,可抗 2 m 厚浮冰,作业水深 60～1 500 m;上部模块、管道及电缆完全封闭,并拥有可拆换的系泊及立管系统。

圆筒形设计具有更好的稳定性,较高的甲板载荷能力和更多的存储空间,可以适用于全球绝大多数海域和海况,逐渐为全球海工市场所接受,圆筒形的产品在未来高端平台市场上将极具竞争力。

2. "Kulluk"号钻井平台

2012年7月初,壳牌公司的"Kulluk"号钻井平台(图4-25)驶向阿拉斯加北极地区,计划在波佛特海的一个海域(距离阿拉斯加州海岸大约32 km)钻2口探井,在楚科奇海的一个海域(距离阿拉斯加州海岸大约112 km)钻3口探井。其主要目的是对这两个区域做进一步的勘探和研究,而不是开采石油。2013年1月1号,该钻井船在拖航中遭遇风暴,船体和设备受到损坏,不得不返回船坞整修。同年2月12日,壳牌公司宣布暂停北极石油勘探钻井活动。

图4-25 壳牌公司的"Kulluk"号钻井平台

3. Huisman公司的可升降圆筒形半潜式钻井平台

近北极区的主要特点是冬季结冰很厚,夏季风大浪高。针对这种特殊气候,荷兰Huisman公司设计了两种适合近北极地区的半潜式钻井平台,即"JBF Arctic"和"Arctic S"钻井平台(图4-26)。其中"JBF Arctic"作业水深50~1 500 m,采用20点锚泊定位,其独特的结构能够承受冬季厚冰(冰厚度可达2.0~3.0 m)和夏季风浪冲击,便于在近北极地区全年全天候作业。该钻井平台可在两种吃水深度下作业:在无冰水域,可像普通半潜式钻井平台一样进行作业或拖航;在覆冰水域,通过压载舱(部分进水)增加吃水深度,平台可以实现快速升降,以保护隔水管免受冰的破坏,有效保护隔水管等设施的安全和稳定。"Arctic S"可抵抗冰厚为1.0~1.5 m,配备16点锚泊,作业水深为35~1 000 m,除了具备"JBF Arctic"的两种作业模式外,在12~29.2 m水深情况下作为重力式平台进行作业。

图 4-26　"JBF Arctic"和"Arctic S"圆筒形封闭式钻井平台

4.3.2　极地半潜式钻井平台关键技术

2015 年 11 月 26 日,烟台中集来福士海洋工程有限公司(以下简称"中集来福士")为挪威 North Sea Rigs Holdings 公司建造的"维京龙"深水半潜式钻井平台完工命名。平台型长 106.75 m,型宽 73.7 m,型深 42 m,最大操作水深 500 m,最大钻井深度 8 000 m,入级挪威船级社(DNV),设计遵守北海相关北海标准和法规的法律要求,满足冰区拖航要求,可在北极圈附近海域作业,能够抵御北海百年一遇的风暴。

这是我国建造的首座适合极地海域(包括挪威北海、北极海域)的极寒、恶劣海况下作业的半潜式钻井平台,实现冰区载荷下结构设计及优化、钻井包集成优化设计及建造模式转型升级。我国首次拥有极地海域半潜式钻井平台 80% 的自主知识产权,实现了半潜式钻井平台完整总包建造模式,完成交钥匙工程,一定程度上标志着我国实现半潜式平台自主设计,并开始打入国际高端海工市场。

1. 创新与优化设计

"维京龙"深水半潜式钻井平台主要作业目标海域:挪威大陆架海域(包括挪威北海、挪威海及巴伦支海),亦可适用于其余的全球海域。

(1)满足如下规范

①挪威石油安全管理局法规(PSA Regulation);

②挪威海事组织移动平台法规(NMA MOU Regulation);

③挪威石油天然气标准(Norsok Standard);

④挪威海上移动平台入级建造规范(DNV Standard);

⑤国际海事组织移动钻井平台规则(IMO MODU Code 2009);

⑥设计能够满足极寒条件下(ICE-T 和 WINTERIZED BASIC)作业对人员防寒保护、逃生,对人员和设备工作环境的要求,设备布置合理;

⑦第一次满足了挪威国油对于气隙的设计要求。

(2)创新与优化设计

①封闭的钻台;救生艇平台、系泊绞车位置围壁保护,主要外部设备防冻和除冰设计;增加防冰、除冰设计,在典型区域增加防撞设计;

②"维京龙"在 11—3 月份期间可比 CoslH256 型平台多出 14.1 天的有效工作天数,以日费率为 31.4 万美金计算,可以节约 443.0 万美元;

③准确预报设计初期噪声;

④由于对钻井相关布置的优化,在设计工况上有开创性突破,国内自主设计首次实现了 WINTERIZATION,ICE 入级符号;

⑤在无试验数据支持下,提出新的平台稳性计算校核方法;

⑥完成极地-25 ℃冰区环境下结构设计,积累了低温、冰区条件下结构设计经验;

⑦国内第一次完成 DNV 级半潜式钻井平台结构设计的整个流程。

(3)Winterization 的符合性-冬化的基本概念

冬化设计是根据 DNV 规范的冬化设计基础条件(WINTERIZED BASIC)及入级符号 ICE-T 进行展开的:

①遵循 DNV 规范 2011 版中 Pt.5 Ch.1 Sec.6 Winterization 的要求;

②遵循 DNV 规范 2013 版中 A-201 中 Winterization 的要求。

对于 I 类设备(航海系统、掌舵系统、推进系统、锚泊系统和救生及逃生通道等),要求有足够的防冻措施,保证其任何时间都不能够出现结冰现象。其主要防冰措施为:

①通过在防冻区域布置电伴热装置;

②在设备周围安装遮挡墙。

对 Ⅱ 类设备要求在特定的结冰条件下,平台有足够除冰能力在 4~6 h 内清除积冰。

主要除冰措施为:热水除冰、蒸汽除冰和破冰锤等。

主要附属系统和设备的冬化设计要求:

①液压系统:选用低冰点的液压油;

②淡水冷却系统:根据设计温度加入防冻液;

③总用海水(除冰)系统:连接蒸汽加热器,以向主甲板供应 60 ℃ 左右的海水;

④热水加热系统:需要向规定的设备供应热水;

⑤蒸汽锅炉:2 台蒸汽锅炉应能够满足平台上所有设备的需求;

⑥室外介质为易冻流体的管路需要加绝缘和电伴热;

⑦一些有特殊要求的通风帽配有电伴热;

⑧露天的逃生通道和直升机甲板上表面需要加电伴热,用来防积雪和防结冰;

⑨对于露天的一些仪器和天线等,需要加盖进行保护,以防积雪和结冰,影响使用;

⑩救生艇、MOB boat、救生筏、锚机室和钻井架部分区域都提供了防风墙,用于减少恶劣寒冷天气的暴露。

2. 建造技术与模式创新

(1)托盘化设计的推进与实施

进一步提高图纸精细化程度、图纸质量、图纸完整性,降低综合成本,建立完善的工程分解体系(图 4-27),初步尝试进行托盘化的生产设计的现代造船模式。托盘划分方式如图 4-28 所示。

(2)建立以中间产品为导向的生产作业体系

①建立以中间产品为导向的不同制造级的,分道生产的,适应于多船型、多船种的柔性生产流水线;

②按不同区域/类型/阶段划分中间产品;

③推行定置管理,定产品、定人员、定设备、定岗位、定指标、定标准(即作业标准、质量标准、日程计划标准等)、定成本(即固定资源消耗等),实行内部封闭管理的运行机制;

极地航线船舶与海洋装备关键技术

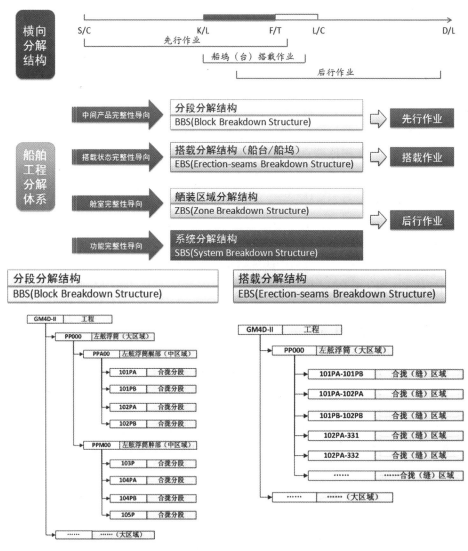

图 4-27　工程分解体系

④建立起各个能独立进行中间产品专业化生产的车间。中间产品完整性如图 4-29 所示。

（3）托盘化生产设计模式带来的经济效益

①材料到货完整性由之前的 60% 到现在的 95% 以上；

②铁舾件到货率由 70% 左右提高到 90% 左右，使得分段管路安装完整性由60% 提高 90%；

③电气 MCT、焊接支腿满足了生产施工；

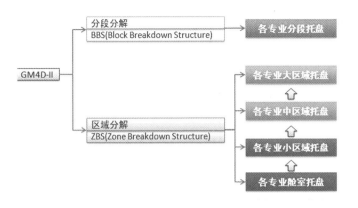

图 4-28　托盘划分方式

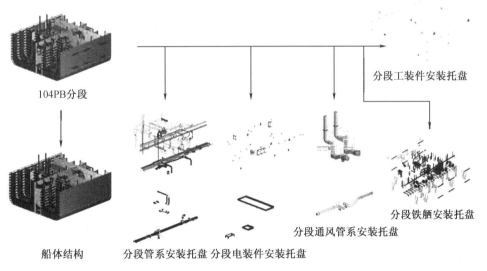

图 4-29　中间产品完整性

④分段建造周期大大缩短,为项目按时、按预算交付提供有力保障;

⑤单元设计与建造技术:为了提高单元舾装效率,缩短了船台(坞)的周期;

⑥通过对 Cableway 精细建模,实现了电气设备间的准确连接,为实现电缆预裁提供数据支持;

⑦按照区域/类型/阶段划分舾装托盘,实现生产资料的一级工艺流向;

⑧分段建造阶段占总工时 40%,托盘化设计输出段可以节省 15% 分段建造工时,综合费用节省约 854 万元。

3. 优化设计

(1) 布置类优化

①水泥单元布置在平台艏部,靠近生活区;水泥单元房间布置在平台左舷艉部,如图 4-30 所示,优点如下:

a. 水泥单元噪声非常大,远离生活区,减少对生活区的影响;

b. 舱室大小由 11 m×10 m 扩大到 11.5 m×11.2 m,整个水泥系统所有设备,包括控制室都可布放在此区域,而 H270 项目由于空间有限,控制室和 LAS STORAGE TANK 布放在泥浆模块,不利于操作。

通过以上优化布置,水泥单元从设计理念及空间利用上焕然一新,整个舱室宽敞整洁。

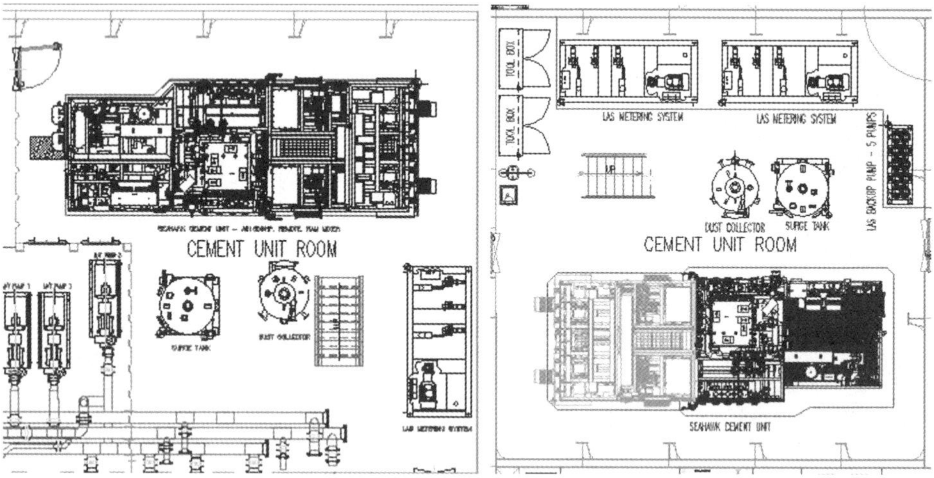

(a)H270项目　　(b)H1297项目

图 4-30　H270 项目和 H1297 项目水泥单元下甲板布置图

②H270 项目三个高压泥浆泵布置在一个房间,各专业布置困难;H1297 高压泥浆泵房间增加到两个房间,布置图对比如图 4-31 和图 4-32 所示。优点如下:

a. 空间变大,维修操作空间变大;

b. 泥浆管汇布置更加合理;

c. 泥浆混合传输泵位置更新,马达易于吊装维修。

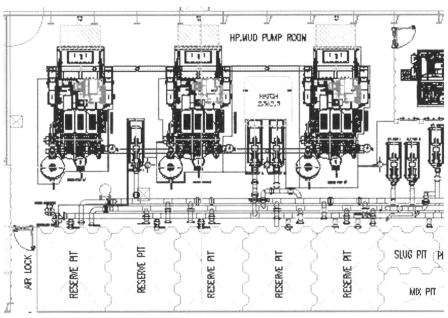

图 4-31　H270 项目高压泥浆泵室布置图

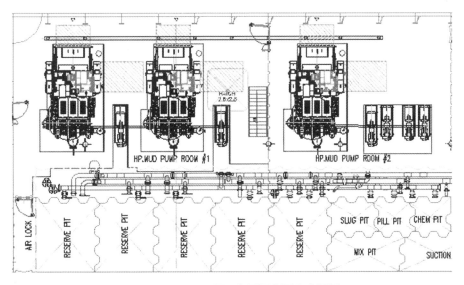

图 4-32　H1297 项目高压泥浆泵室布置图

③BOP 控制室布置优化

a. H1297 项目 BOP 控制室增大,同时将 BOP 系统用 HPU 布置到此房间,减少并优化管路布置;

233

b.H1297 项目相对于 H270 项目将用于 BOP 系统的 GLYCOL 和 PLONOR 舱由 BOP 工作间移动到此房间,优化管路布置,方便船员操作;

c.H270 项目将 FCU 和 BOP 测试装置分上下层布置,需要搭建平台,并不方便操作,H1297 项目优化布置,将 FCU 及 BOP 测试装置都布置在甲板上,取消操作平台,减小质量并方便操作。

H270 项目与 H1297 项目布置图对比如图 4-33 所示。

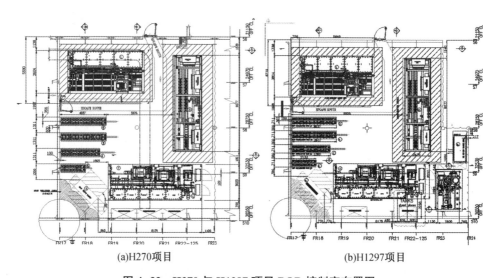

(a)H270项目　　　　　　　　　　　(b)H1297项目

图 4-33　H270 与 H1297 项目 BOP 控制室布置图

④泵舱设备布置优化

a.H270 项目 2 号、3 号泵舱间房间尺寸小,设备多,布置困难,很难保证满足维修空间的要求;

b.H1297 项目在保证压载舱容积满足要求的情况下,将部分压载舱变为 2 号、3 号泵舱,泵舱空间增大一倍,重新优化设备及管路布置,方便人员操作维修,更好地满足了 NORSOK 对于工作环境及物料输送的要求。

布置图对比如图 4-34 和图 4-35 所示。

⑤推进器室设备布置优化

a.H270 项目 1 号和 6 号推进器室房间尺寸小,设备多,布置困难,很难保证满足维修空间的要求。

b.H1297 项目在保证压载舱容积满足要求的情况下,将 1 号和 6 号推进器室往艏部压载舱延伸,增大推进器室空间,重新优化设备及管路布置,方便人员操作维修,更好地满足了 NORSOK 对于工作环境及物料输送的要求。

布置图对比如图 4-36 和图 4-37 所示。

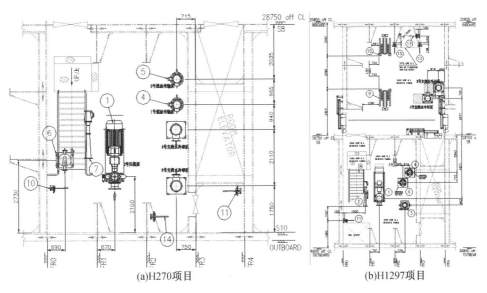

(a)H270项目　　　　　　　　　　　　(b)H1297项目

图 4-34　H270 项目与 H1297 项目 2 号泵舱布置图

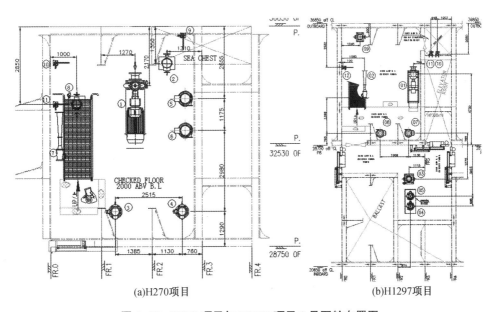

(a)H270项目　　　　　　　　　　　　(b)H1297项目

图 4-35　H270 项目与 H1297 项目 3 号泵舱布置图

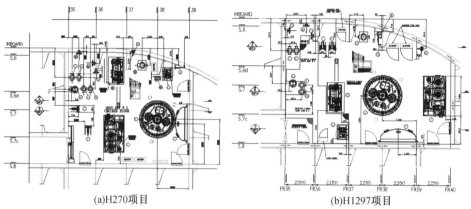

(a)H270项目   (b)H1297项目

图4-36　H270项目与H1297项目1号推进器室布置图

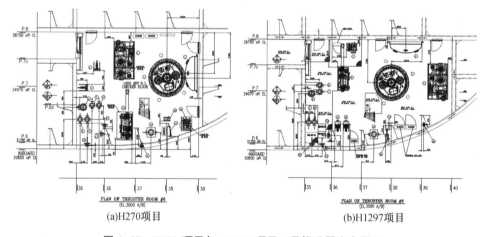

(a)H270项目   (b)H1297项目

图4-37　H270项目与H1297项目6号推进器室布置图

⑥下甲板艏部左舷梯道布置优化

a. H270项目下甲板艏部左舷生活区内,从下甲板到间甲板的梯道占用了一部分生活区区域;

b. H1297项目综合考虑各种因素,把梯道移至旁边机械区域,见图4-38。

c. 此梯道布置的优化,利用了机械区空余的位置,给生活区留出了很大的布置空间。

⑦10T绞车缆绳开孔优化

a. 原设计方案:H270项目的10 T绞车的缆绳穿过间甲板开孔时,缆绳和间甲板发声滑动摩擦,损伤缆绳。

236

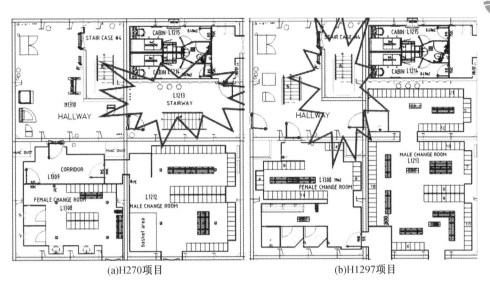

(a)H270项目   (b)H1297项目

图 4-38 H270 项目与 H1297 下甲板艋部左舷梯道

b. 优化方案：H270 项目及后续项目在间甲板开孔处增加一个滚动装置,将滑动摩擦转变为滚动摩擦,大大降低摩擦系数,减轻了对缆绳的损伤,如图 4-39 所示。

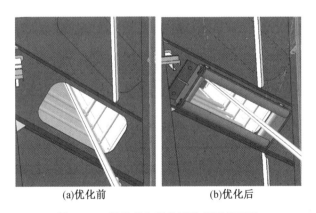

(a)优化前   (b)优化后

图 4-39 优化前与优化后的间甲板开孔

⑧机舱供风布置优化

将机舱 2 供风连接的防火风闸由室外改为室内,如图 4-40 所示,既可以防止艋部救生艇下放和回收过程中产生晃荡与碰撞,也可以满足船级社对防火闸水密要求。

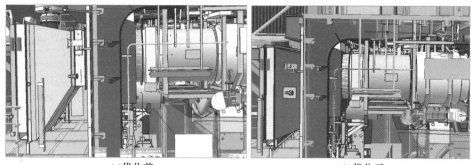

(a)优化前　　　　　　　　　　(b)优化后

图4-40　优化前与优化后图示

⑨机控室排风布置优化

将机控室排风风冒移至舷外,尽量保证主甲板上的空间,如图4-41所示。

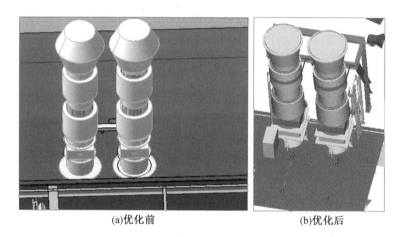

(a)优化前　　　　　　　　　　(b)优化后

图4-41　优化前与优化后图示

⑩厨房供风FCU布置优化

A甲板厨房供风HVAC房间旁边为办公室。考虑到FCU噪声达到80多分贝,不能满足办公室的噪声布置优化要求,将HVAC房间改为储藏室,然后在储藏室上方增加一个房间做HVAC房间,如图4-42所示。

⑪主甲板布置优化

H1297项目主甲板生活区布置基于以下几项做了一系列的优化,如图4-43所示。

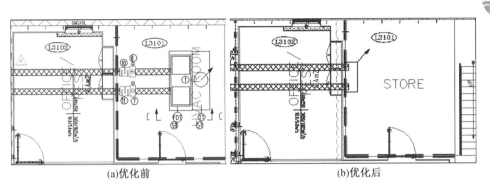

(a)优化前　　　　　　　　　　　　(b)优化后

图 4-42　优化前与优化后图示

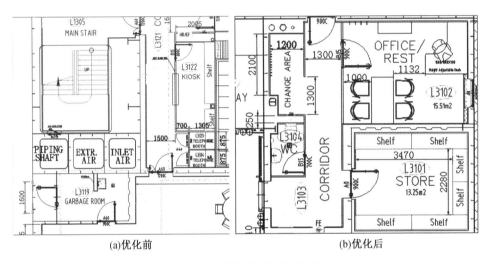

(a)优化前　　　　　　　　　　　　(b)优化后

图 4-43　优化前与优化后图示

a. 售货亭由 A 甲板迁入主甲板,靠近餐厅及休息大厅,便于船上人员使用;

b. 垃圾间增加了拖把池及使用环氧地面、地漏,使用功能提升;

c. HVAC 房间从主甲板移走,减少了噪声对厨师办公室的影响;

d. 储存间及更衣处所加大,方便使用。

⑫电话亭布置优化

H1297 项目电话亭采用布置优化:独立封闭房间,确保使用者的私密,如图 4-44 所示。

⑬第三方设备布置优化

H270 之前的项目第三方设备一直都是有船东进行设计,船厂对于第三方设备了解得很少,但在 H270 项目中船厂根据设备外形尺寸对设备空间进行了预留。

(a)优化前 (b)优化后

图 4-44 修改前与修改后图示

⑭泥浆舱注入管功能优化

取消泥浆舱注入管 RS,把单个系统进行合并注入,减少了一层阀门操作平台,阀门操作更加简单,缩减了高压附件,降低了成本,如图 4-45 所示。

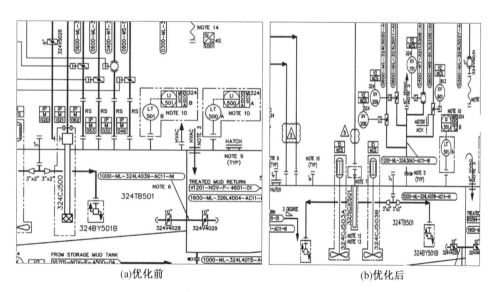

(a)优化前 (b)优化后

图 4-45 原设计方案与优化方案

⑮减重方案优化

对立柱的型材、电梯井的板厚、甲板盒的盒壁和次要舱壁板厚做减重处理,共减重 80 t。

⑯钻井大绞车选型优化

H270 项目钻井大绞车马达的冷却方式采用风冷,H1297 项目钻井大绞车。

马达的冷却方式采用淡水冷却。淡水冷却效果要远远好于风冷,淡水对设备的腐蚀性相对于海水小,船东或者租赁方越来越多的喜欢使用淡水冷却。

⑰电缆选型优化

H270 项目电缆型号达到了 270 多种,种类多,采购周期长,不利于管控。H1297 项目将电缆型号减少到 210 种,方便材料管控。

⑱电气实现电缆预裁

H270 项目虽实现设计电缆路径,生成电缆长度,但是没有达到预裁的标准,生产拉放电缆花费了大量人力和物力。H1297 项目基于托盘化管理进行设计,设备 100%建模,电缆 100%建模,通过中间余量控制和设备端的余量控制标准,形成了电缆预裁的标准,节省大量的材料费用和工时费用,并提高了生产效率。

4.4 极地钻井船

4.4.1 极地钻井船类型介绍

1. 全球极地钻井船概况

(1)已建极地钻井船和建造厂商

目前世界上已经建造的极地钻井船和建造厂商见表 4-5。

表 4-5 已建极地钻井船和建造厂商

国家或地区	船厂	艘数
韩国	Samsung	21
	Hyundai	3
	Daewoo	4
日本	Mitsubishi	2
	Hitachi Zosen	1
	Mitsui	4
芬兰	Rauma Repola Oy	3

表 4-5(续)

国家或地区	船厂	艘数
荷兰	IHC Schiedam	1
	IHC Gusto	1
	Boele's Shipyard	1
西班牙	Astano	3
苏格兰	Scott Lithgow	2
爱尔兰	Harland & Wolff	2
新加坡	Levingston	1
	Keppel	1
美国	Avondale	1
	Sunship/Atlantic Marine	1
德国	Lloyd Werft	1
中国台湾	Keelung	1
中国香港	Hong Kong United Dockyards	1
印度	Hindustan Shipyard	1

（2）在建/计划极地钻井船和建造厂商

目前世界上在建和计划建造的极地钻井船和建造船厂见表4-6。

表 4-6　在建/计划钻井船及建造厂商

国家	船厂	艘数
韩国	Samsung	13
	Daewoo	9
	Hyundai	2
	STX	2
新加坡	Keppel	2
中国	Cosco	1

（3）全球钻井船作业位置分布

目前世界上钻井船作业位置分布如图4-46所示。

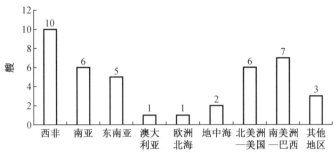

图 4-46　全球钻井船作业位置分布图

（4）全球钻井船入级船级社状况

全球钻井船入级船级社状况如图 4-47 所示,其中:ABS:39 艘;DNV:27 艘;BV:3 艘;Lloyds:1 艘。

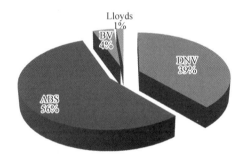

图 4-47　全球钻井船入级船级社状况

（5）定位系统

全球钻井船定位系统统计情况如表 4-7,选择动力定位系统已是钻井船定位系统的趋势。

表 4-7　全球钻井船定位系统统计表

定位形式	系泊系统	动力定位系统
艘数	8	79
工作水深	<4 000 ft	>4 000 ft
年代	20 世纪 90 年代之前占一半	20 世纪 90 年代之后

2. 极地钻井船主要型式

钻井船适用于 200~3 000 m 的所有水深海域,适应性强,移动灵活,广泛应

243

用于世界各地的钻井工程中。极地能源资源开发迫切需要钻井船装备。

（1）钻井船主要设计型式

①GustoMSC P10000；

②GustoMSC PRD 12000；

③S10000E；

④S12000E；

⑤Huisman Globetrotter Class；

⑥Enhanced Enterprise。

（2）典型船型

①VOYAGEER CLASS DRILLSHIP，如图4-48所示。

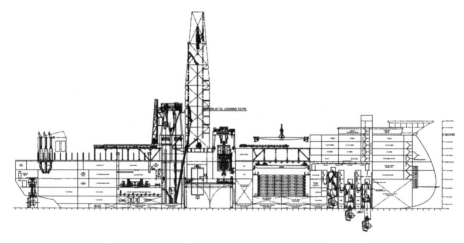

图4-48 VOYAGEER CLASS DRILLSHIP 侧视图

②PRD 12000，如图4-49所示。

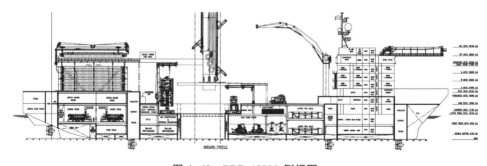

图4-49 PRD 12000 侧视图

两型钻井船主尺度及参数对比见表4-8。

表 4-8 两型钻井船主尺度及参数对比表

对比项	PRD 12000	VOYAGEER CLASS DRILLSHIP
最大水深/ft	12 000	10 000
最大钻深/ft	35 000	40 000
总长/m	187.5	208.0
垂线间长/m	166.5	199.5
型宽/m	32.0	32.2
型深/m	15.06	22.4
设计吃水/m	10.0	11.0
排水量/t	45 500	50 400
载重量/t	24 000	59 000
人员/人	150	180
动力定位	DP2	DP3
最大航速/kn	12	14.5
自持力/d	90	钻井模式 60 d;航行模式 12 000 n mile
作业海域	有冰海区	无冰海区
储备泥浆/m³	1 180	1 038
日用泥浆/m³	1 430	1 038
燃油/m³	4 400	4 114
淡水/m³	2 390	1 447
钻井水/m³	1 050	2 053
盐水/m³	527	2 055
基油/m³	527	1 097
袋装/t	400	500
散装 (重晶石/膨润土/水泥)/m³	675	1 260
主机/kW	6×3 950	6×5 530
应急发电机/kW	1×1 200	1×1 500

(3)钻井船总布置图

某型钻井船总布置图如图 4-50 所示。

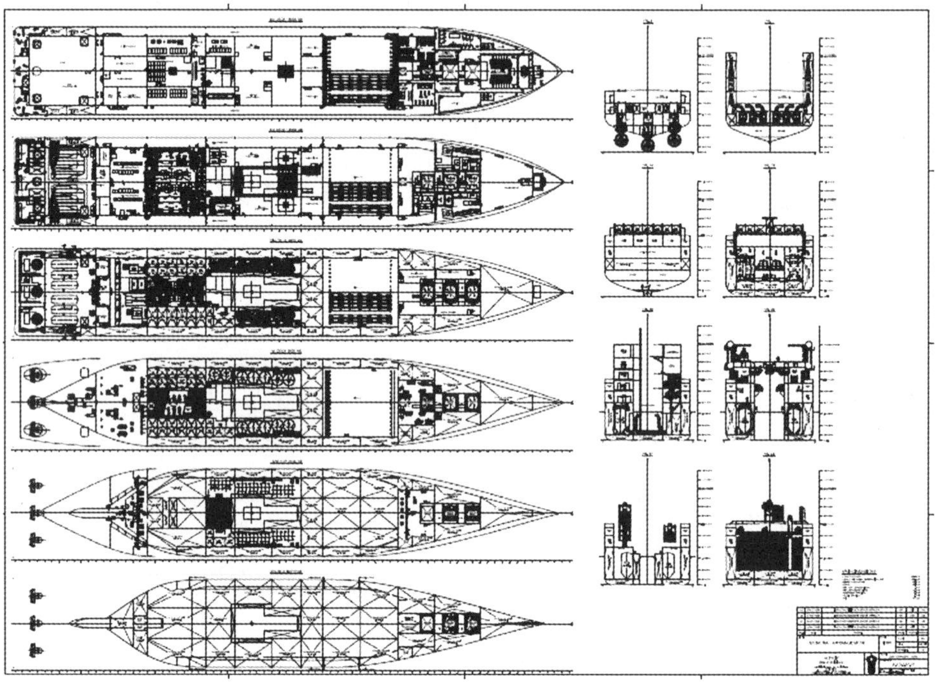

图 4-50 某型钻井船总布置图

(4)深水钻井船的发展趋势

①深水化

目前,在建的钻井船适应水深都超过了 3 000 m,钻井深度在 10 000 m 以上。

②大型化

深水钻井装备呈现大型化趋势,包括甲板可变载荷、平台主尺度、载重量、物资存储能力等各项指标都向大型化发展,以增大作业的安全可靠性、全天候的工作能力和长的自持能力。

③设计更优化

设计更优化体现在钻井船装备的钻井,设备更先进;可变载荷与总排水量、总排水量与自重的比值更大;安全性、抗风暴能力和自持能力增强;甲板可变载荷和空间加大等。

④配套更先进

在石油钻机方面,交流变频电驱钻机正在取代现有的可控硅直流电驱动电机;新一代顶部驱动装置(TDS)在交流变频驱动、静液驱动等方面又有新的发展;在钻井泵方面,不断有大功率的钻井泵问世;在井控方面,高压旋转防喷器将得到推广使用。

⑤极地应用

随着极地丰富的油气资源被发现,北极地区以及相关的国家都关注着该地区,但是由于极地钻井船等油气开发装备技术难度高,经济价值高,风险大,所以也是海洋工程界迫切关注与发展的装备。2008年5月,三星重工从苏格兰Stena钻探公司接获一份价值9.42亿美元的钻井船订单,是世界上首艘可稳定用于北极浮冰海域的钻井船,耐极端低温达−40℃,于2011年底交付用于北海水域。

随着海洋石油开发的新局面和海洋工程装备需求的发展,未来海洋油气将向深海发展,恶劣海况的出现概率在增加,钻井船船型的需求量与技术将有较大的发展。

3.各类钻井船船型图示

各类钻井船船型如图4-51至图4-60所示。

图4-51 Pride Africa 与 Belford Dolphin

图 4-52　Pride Angola 与 Saipem 10000

图 4-53　GSF CR Luigs 与 Deepwater Discovery

图 4-54　Deepwater Frontier 与 Deepwater Millennium

图 4-55　Deepwater Pathfinder 与 Discoverer Enterprise

图 4-56　Joides Resolution

图 4-57　Neptune Explorer

图 4-58 CDS 1500

图 4-59 XDS 3600DEEPWATER DRILLSHIP

图 4-60 HuisDrill 12000 Drill ship

4.四类钻井船性能比较

四类钻井船如图 4-61 所示,各项性能见表 4-9。

(a)Bully　　　　(b)Spirit　　　　(c)Pathfinder　　　　(d)Entreprise

图 4-61　四类钻井船

表 4-9　四类钻井船性能比较表

	Bully	Pathfinder	Enterprise	Clear Leader
钻井排水量/t	45 000	106 000	109 000	122 000
拖航排水量/t	40 000	66 300	68 174	73 000
安装马力/hp	48 000	47 000	52 118	58 766
推力/MW	26	24	31	31
工作水深/ft	12 000	7 500	10 000	12 000
钻井深度/ft	40 000	30 000	35 000	40 000
泥浆泵/hp	4×2 200	4×2 200	4×2 200	5×2 200
起重机/lbs	3 800 000	2 000 000	4 000 000	4 000 000
顶驱/st	1 200	750	750	1 250
主绞车功率/hp	6 600	6 000	5 000	6 600
辅助绞车功率/hp	3 300	—	5 000	6 600
泥浆系统容量/bbls	18 506	12 364	15 400	20 000
隔水导管张紧器/kips	3 000	1 230	2 400	3 200
迁移的有效速度/kn	12	12	12	—
连管周期/min	8	15	15	—
排管周期/min	4	10	8	—

5.设计技术要点

(1)与常规船舶比较钻井船的特点

①月池、钻井甲板、井架等特殊结构的设计与分析。月池、钻井甲板结构是钻井船与其他用途船舶的重要区别,其承受的井架载荷、立管载荷都很大,须在设计分析中特殊考虑。

②钻井船总体运动响应分析。钻井操作对船体的总体运动要求非常严格,规范规定钻井立管在竖直方向上的偏角不可超过4°。钻井船的总体运动性能好坏直接决定钻井操作能否顺利进行。

③锚泊系统设计与分析。目前,新型高强度聚酯材料在海洋工程锚泊系统设计当中已开始采用。该类型锚泊系统具有质量小、成本低、工作可靠等优点。

④动力定位系统研究。在动力定位系统设计中需要考虑载荷计算、动力定位控制系统数学模型及控制器核心算法、多个推进器之间推力的最优分配算法等问题,并进行整体定位能力分析以及失效模式评估。由于深海风、浪、流等条件异常恶劣,动力定位系统的设计与分析具有较高难度。

⑤立管系统设计与分析。立管系统是钻井船特有的作业系统,由于其结构细长、柔性大,并且承受较大的内外压力和复杂的流载荷,其设计与分析难度较大。

⑥钻井船总体性能模型试验技术。钻井船模型试验涉及风、浪、流等复杂边界条件的设定,模型总体运动等响应信号的精确捕捉与分析,动力定位系统的模拟与控制等问题。

(2)钻井船选型需要考虑的几个方面

钻井船选型时需要考虑以下几个方面:主要功能、作业海域、最大工作水深、最大钻深、钻井系统、可变载荷、动力定位等级、运动性能、自持力、居住要求。

(3)影响总体布置的主要方面

①动力定位等级(DP2/DP3);

②动力系统布置;

③推力器布置(数量、位置、尺寸、型式)。

6.新型钻井船布置

在较小的主尺度下实现以钻井系统为主的所有功能系统正常运作,因此整船的布置非常紧凑,如图4-62所示。

图 4-62　某钻井船布置情况

4.4.2　极地钻井船关键技术

4.4.2.1　设计关键技术

1. 钻井船的运动性能

长期在海上工作的钻井船,必须考虑船体部分的型线设计(图 4-63),以满足海域恶劣环境下的运动性能,保障钻井船的工作稳定性。

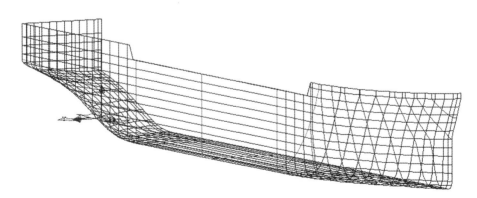

图 4-63　型线创建与光顺

图 4-63（续）

2. 钻井船的水池试验与计算分析

型线设计完成后,须对钻井船在正浮、艏倾、艉倾情况下的静水力特性进行计算。对设计的钻井船的初稳性、完整稳性及破损稳性等进行计算,并根据 ABS-Mobile Offshore Drilling Units 规范进行校核。

选定船型在水池中进行风浪流作用下的试验,要进行 CFD 数值仿真分析。

3. 关键设备布置

钻井船上安装有多功能 MPT 井架,尺寸为 8.0 m×6.4 m,布置在钻井船中部偏后。其后方为钻井平台,前方为工作平台,分别装有主辅井口。在船尾水平摆放隔水管,在船前部货舱和甲板上横向摆放套管、钻杆及钻具。

(1)首先考虑"心脏"区域,包括月池的大小及位置

月池布置对钻井系统的安装有很大的影响,月池附近的主要设备包括:水面防喷器、水下防喷器、水下隔离总成、采油树等、泥浆处理模块、泥浆泵房、泥浆舱、重晶石罐等。

月池布置将影响整船的总纵强度和合理分舱。

(2)甲板上布置

在钻井和工作甲板上布置有司钻房、铁钻工、排管器等,此外在钻井甲板上还布置了猫头、各种型号绞车、固井管汇、截流和控制管汇、立管管汇等;工作平台上布置 LER 房、各种水下控制电缆管线和各种职能的办公室等。

4.4.2.2　船体结构设计

钻井船的结构设计基于 MODU 规范和《双壳油船结构共同规范》进行;结构的强度校核采用直接计算方法,使用有限元软件进行数值仿真分析。钻井船的

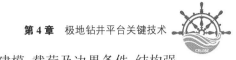

船体结构设计内容包括:钻井船结构设计、有限元建模、载荷及边界条件、结构强度评估、结构疲劳与腐蚀疲劳寿命预报。

1. 直升机甲板

钻井船属于海洋工程项目,因此任何区域都须满足海工规范,无论在设计还是在建造方面都会增加许多工作量。另外在一些特殊区域,如飞机甲板则需要满足 API(美国石油组织)规范及 CAP437 规范。

2. 低温钢材与冰区加强

钻井船如工作在冰区,其结构的设计温度为-20 ℃,对于钢结构材质有着抗低温及抗冰区破损的要求,水线以下外板均采用 DH32 钢材,并在双层底至水线以下区域进行整船性的冰区加强,每半肋位就设一根肋骨,如图 4-64 所示。

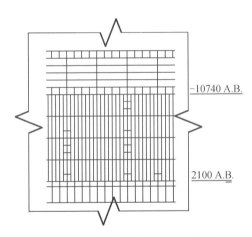

-10740 A.B.

2100 A.B.

图 4-64　某钻井船舷侧结构设计

3. 船体建造工艺要求

(1)钻井船由于作业环境恶劣,设备系统复杂,从而对建造精度要求更高,如工作平台、动力定位轨道、钻塔井架等设备区域更是达到了机加工的误差要求。

(2)钻井船的"心脏"区域钻井系统与钻井甲板、工作甲板及立柱连接处的精度要求必须在设计初期考虑周全,公差是毫米级的,后期调整相当困难,新加坡吉宝船厂曾经花了一个多月时间来调整公差。对动力定位系统的推进器也有非常高的要求,必须在分段划分时充分考虑到安装工艺。

(3)无余量分段制造和合拢。无余量造船技术,贯穿了从钢材下料到分段制造再到大合拢的全过程,需要掌握期间所有加工过程的变形规律,是精度造船最核心的技术。

4.泥浆罐的安装工艺

(1)在分段建造过程中,将与钻井设备等有关的船体结构作为精度控制的主要指标:泥浆罐定位尺寸,钻井塔架工作平台的四角水平度,长、宽、高三向尺寸和以推进器导轨端部位置为测量点的平整度、垂直度和中心线对正度等。

(2)经过焊前、焊后两次检测,使船体结构的精度控制在公差范围之内,为泥浆灌、钻井塔架以及推进器在安装精度上提供了可靠的施工条件。

5.分段预舾装

设计部门按区域,分阶段进行生产设计。在设计时须考虑以下内容:

(1)考虑工厂的场地、加工、运输和起重能力等条件;

(2)船体分段制造过程中的位置变化;

(3)船体分段有否封舱等情况;

(4)根据舾装件安装工艺编制舾装托盘表;

(5)物资部门根据托盘表确定舾装件的纳期;

(6)集配部门根据托盘管理表和托盘表在指定的时间将托盘表内的舾装件送到指定的地点与生产部门进行交接;

(7)生产部门按图纸要求完成分段预舾装并将修改意见反馈给设计部门对舾装件托盘进行修改、调整、充实。

6.大型总段

上层建筑总段,整吊选用1 000 t浮吊,采用侧吊方式。

7.船体大合拢

(1)船坞合拢,如图4-65所示。

图4-65 船体在船坞进行合拢

（2）船台合拢,如图 4-66 所示。

图 4-66　船体在船台进行合拢

4.4.2.3　深海钻机设计

1. 离线井架钻机

进行钻杆、套管等离线操作,以提高作业功效,其实质是在常规钻机基础上增加并行操作功能,即将钻机部分操作转嫁到辅助装置完成,且可与钻机正常作业活动并行操作。

2. 电驱双井架钻机

一般是双顶塔式结构,配备两套提升系统和旋转系统,顶驱钻井,两套 4 提升系统配置一般不同,分为主钻井中心和辅钻井中心,通过两套排管机及立根盒实现钻杆及套管接拆和传递。另外,绞车多采用主动补偿绞车,替代游车或大钩深沉补偿。

3. 液压双井架钻机

采用导向框架(井架)取代庞大井架,井架不承受顶驱载荷,仅起导向作用,由 2 个或多个液压缸提供举升动力,通过动滑轮组增大顶驱行程和速度,顶驱的行程和速度均为液压缸柱塞行程和速度的 2 倍。

4. 多功能井架钻机

井架采用垂直的箱形结构,内设钻井绞车,其具备主动和被动补偿系统。

4.4.2.4　数字化与虚拟设计

1. 钻井船的三维设计

某钻井船的主尺度和钻井能力如下:

船体主尺度：

总长度：161 m(528 ft)

宽度：31 m(102 ft)

深度：10 m(33 ft)

钻井能力：

水下防喷器：高达 7 000 ft

水面防喷器：最高达 8 500 ft

钻井深度：3 000 ft

吊钩质量：1 500 lbs(680 t)

该钻井船的电子数字船及其各装备如图 4-67 至图 4-84 所示。

图 4-67　某钻井船的电子数字船

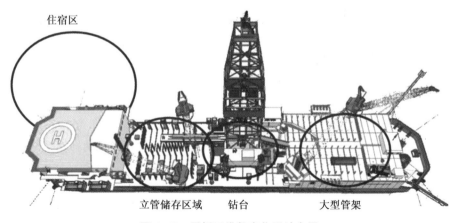

图 4-68　甲板三维数字化设计布置

图 4-69　钻台

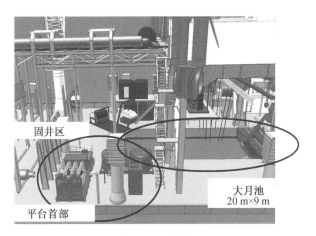

图 4-70　月池

图 4-71　月池

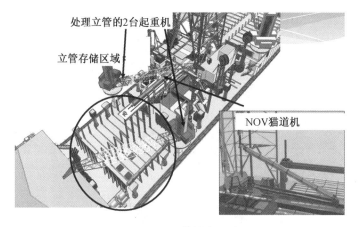

图 4-72　立管储存区域

图 4-73　管架甲板

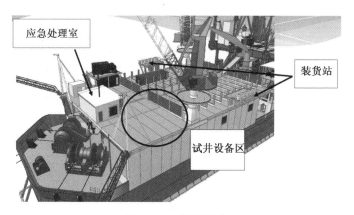

图 4-74　船尾区域

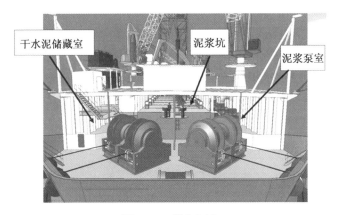

图 4-75　管架下方

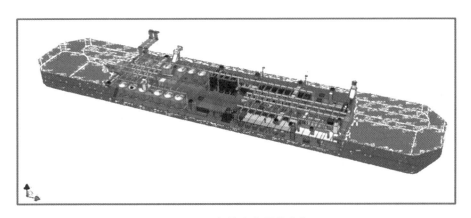

图 4-76　船体内布置数字化

图 4-77　立管系统

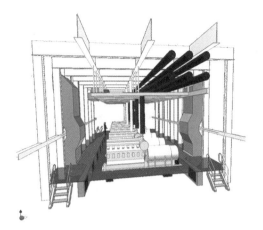

图 4-78　发电机设备

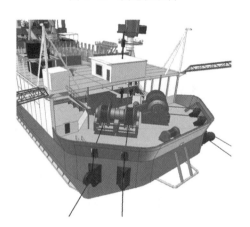

图 4-79　系泊绞车

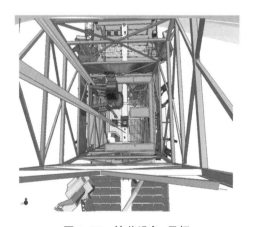

图 4-80　钻井设备:吊杆

图 4-81 钻井设备:绞车

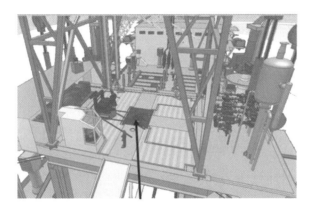

图 4-82 转盘与动力滑

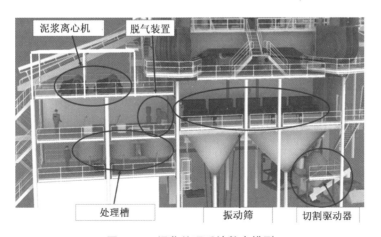

图 4-83 泥浆处理系统数字模型

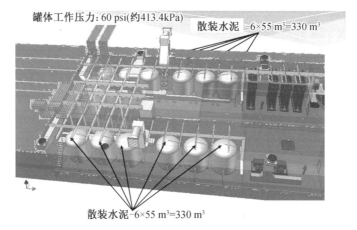

罐体工作压力: 60 psi(约413.4kPa)

散装水泥 =6×55 m³=330 m³

散装水泥=6×55 m³=330 m³

图 4-84　散装泥浆数字模型

4.4.2.5　重大设备安装调试

1. 升沉补偿装置的设计

（1）浮动的钻井船在波浪作用下，除前后左右发生摇摆外，还将产生升沉运动。钻井船随波浪周期性的上下升沉运动将引起井架及大钩上悬吊着的整个钻杆柱周期性上下运动。钻杆柱上下运动将使大钩上的拉力增加或减少，并直接影响井底钻压的变化。

（2）钻压周期性的变化不利于钻进，而且当钻压降低到一定程度，将使钻头脱离井底，无法继续钻进。因此，为了保证在钻井船上正常钻进，提高钻井生产率，就必须合理地解决钻井船升沉运动的补偿问题。

（3）钻井船升沉补偿装置的几种典型结构

①游动滑车与大钩间装设的升沉补偿装置；

②天车上装设的升沉补偿装置；

③死绳上装设的升沉补偿装置。

2. 可伸缩式推进器安装工艺

（1）推进器底座安装和校平

待推进器轨道安装调整合格后再进行推进器底座的安装，底座的安装位置需参照已安装到位的轨道进行定位。底座安装的重点在于控制底座上表面的平整度。

（2）推进器安装

对于可伸缩式推进器，通道可直接通到主甲板上敞开位置，因此推进器可以在船舶下水后进行安装。

3. 重型吊机的安装工艺

作为深水钻井船的标配,一艘钻井船至少配有 2 台起重机,一台 BOP(防喷器)吊车,1 台立管吊车(高架移动起重机),1 台管子吊车(折臂吊或高架移动起重机)。

(1)起重机安装,包括底座的制作安装、转体的安装、吊臂的安装和穿钢丝和电缆管路的连接。

(2)重型吊机的安装,包括立管吊车的安装、吊车轨道支架的安装、轨道及附属构件的安装和吊车主体安装。

(3)BOP 吊车安装的难点包括:

①上下轨道的安装,必须保持两根轨道水平且相互平行,轨道高差和前后间距控制在要求范围内。

②吊车安装空间有限,安装前需做好充分准备,吊装时防止磕碰基础结构或其他设备,特别是吊梁一部分位于钻井平台下方和轨道横梁之间,空间狭小而且吊车滚轮和吊梁难以对接。

绿色环保产品是企业可持续发展的原动力,钻井船关键技术研究评估方面已有很多理论和方法,但对于如何进行环保型、数字化、自主研制的技术却没有现成的资料可以借鉴。将极地钻井船中的问题进行整合处理,其中许多关键技术需要我们自行攻关解决。

回顾我国海工装备制造的历史和现状,不得不承认关于极地海洋装备技术,我国与欧美之间存在着差距,其中研发与设计更成为瓶颈。没有技术能力就意味着被动、挨打,掌握不了项目设计、产品建造、设备选型等关键环节的主动权,也难以在国际海工装备市场获得话语权,导致始终处于海工装备产业链低端的态势。

因此,我们需要努力开展海洋装备特别是深海、极地钻井平台技术的研究,在短时间内,设计出具有自主知识产权的深远海与极地钻井平台技术方案及新一代的船型。

│参 考 文 献│

[1] 宋晓杰. 基于 Kriging 模型抗冰海洋平台管节点疲劳可靠性研究[D]. 大连:大连理工大学,2008.

[2] 刘健, 陈国明, 黄东升.海洋平台结构系统的冰激疲劳可靠性分析[J]. 机

械强度, 2005,27(6):835-839.

[3] 方华灿,吴小薇,贾星兰. 渤海海冰作用下采油平台的模糊疲劳寿命估算[J]. 冰川冻土, 2003,(S2):317-321.

[4] 陈团海,陈国明.海洋平台冰激疲劳时域精细评估[J].石油工业技术监督, 2008,24(12):17-21.

[5] 陈刚,周瑞佳,曾骥. 自升式钻井平台设计及建造关键技术研究[C]//第十七届中国科协年会:中国海洋工程装备技术论坛论文集,2015:1-6.

[6] 张大勇,岳前进,许宁,等. 冰激自升式钻井平台的动力响应分析[J]. 船舶力学,2015,8,19(8):966-974.

[7] YUE Q J, BI X J. Ice-induced jacket structure vibrations in Bohai Sea[J]. Journal of Cold Regions Engineering, 2000, 14(2):81-92.

[8] GUO F W, YUE Q J, BI X J, et al. Model test of ice-structure interaction [C]//Proceedings of the ASME 2009 28th International Conference on Ocean, Offshore and Arctic Engineering, OMAE 2009-79780.

[9] KÄRNÄ T, IZUMIYAMA K, et al. An upper bound model for self-excited vibrations[C]. Proceedings of 19th International Conference on Port and Ocean Engineering under Arctic Conditions (POAC), 2007:177-189.

[10] KÄRNÄ T, YAN Q, KUHNLEIN W. A New spectral method for modeling dynamic ice actions[C]//Proceedings of the 23rd International Conferences on Offshore Mechanics and Arctic Engineering, Vancouver, Canada, 20-25 June 2004. OMAE2004-51360. ASEM 2004:8-16.

[11] ZHANG D Y,YUE Q J, CHE X F, et al. Dynamic characteristics analysis of ice-resistant jacket platforms in Bohai Sea[J]. The Ocean Engineering, 2010, 28(1):18-24.

[12] ZHANG D Y, CHE X F, YUE Q J, et al. Structural ice-resistant performance analysis of offshore bucket foundation platforms with a single pillar[J]. Journal of Ship Mechanics, 2011,15(8):915-920.

[13] 岳吉祥,綦耀光,肖文生,等. 深水半潜式钻井平台钻机选型[J]. 石油勘探与开发, 2009, 36(6):776-783.

第5章

极地航线海洋装备关键技术

5.1 极地航线海洋装备材料的性能实验

5.1.1 极地船用钢 FH32 钢低温韧性试验

极地航线海洋装备,如破冰船和北极近海平台,在极低温度下暴露于冰碰撞。为此,钢铁企业开发性能优异的低温钢,使船用钢具有良好的低温韧性。根据 DNV(2012)的记录,E 级和 F 级钢在北极温度下的韧性最好。为对 F 级钢的结构耐撞性进行验证,在大型冷室中,在室温(RT)、-20 ℃、-40 ℃、-60 ℃、-80 ℃等不同温度水平下进行静态优化试验并进行冲击弯曲试验,同时采用动态摄像机和运动跟踪系统分析落体冲击冲击器的速度和试件的弯曲位移,并应用数值模拟方法验证实验的准确性。

1.静态测试

浦项制铁是韩国著名的钢铁生产企业,其开发了 F 级钢。由其提供 FH32 基板。采用线切割技术在基板横向方向取若干厚度为 3 mm 的矩形板。试样由矩形板加工而成,图 5-1(a)、图 5-1(b)所示为根据 ASTM(2004)确定的试件尺寸,图 5-1(c)为加工后的试件照片。

拉伸试验在室温(RT)、-20 ℃、-40 ℃、-60 ℃、-80 ℃五种不同温度下进行。MTS 万能试验机(UTM)与液氮(LN2)型冷却室配套使用,可将温度降低至-200 ℃。图 5-2 显示了使用冷室在-40 ℃下进行的片材试样拉伸试验的照片。

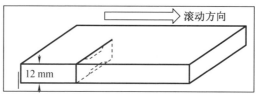

(a)从基板上取矩形板

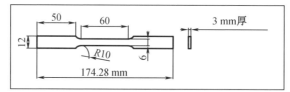

(b)试验样本设计

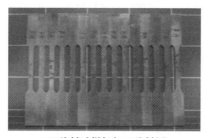

(c)1片材试样机加工片材图

图 5-1　根据 ASTM(2004)确定的试件尺寸图

图 5-2　冷室试件拉伸试验图

　　实验重复进行,直到成功获得两组工程应力-应变数据。然而,在-60 ℃的情况下,即使进行了多次尝试,也无法获得从首次伸长到断裂的可靠数据。60 ℃的试验数据如图 5-3(a)所示,在达到拉伸强度后应力突然下降。但由于在最大

加载点后失效,则可以将工程曲线转换为均匀真应力与均匀真应变曲线(图
5-3(b))。当真应力数据达到最大加载点即抗拉强度值时,利用 Hollomon 本构
方程中的塑性硬化指数(n)和强度系数(K)两个参数,可将真应力外推到塑性应
变 2.0。

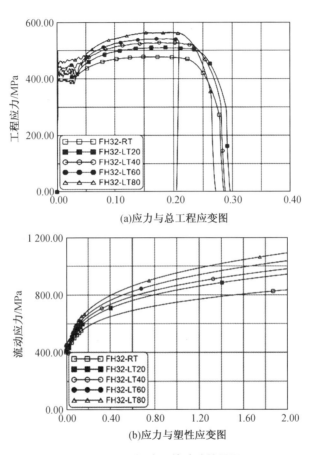

(a)应力与总工程应变图

(b)应力与塑性应变图

图 5-3　不同温度下的试验结果图

　　将实验结果整理,如表 5-1 所示,屈服强度和工程抗拉强度随温度的降低成
正比地增加。除 60 ℃数据外,塑性硬化指数和强度系数也有相似的趋势。如前
所述,在 60 ℃下无法获得正常的测试数据,因此推测这是上述现象产生的原因。

表 5-1　FH32 级钢材料参数概述表

单位:MPa

参数	RT	−20 ℃	−40 ℃	−60 ℃	−80 ℃
实际一阶屈服强度	400.82	414.85	418.67	444.71	459.89
工程张力强度	478.22	510.64	528.26	542.63	565.16
实际张力强度	575.03	622.59	640.53	650.81	681.42
n	0.29	0.30	0.30	n/a	0.27
K	0.16	0.18	0.18	0.19	0.20

2. 样品试验

高速拉伸试验是产生应变率诱导硬化效应的关键。使用如图 5-4 所示的 5.0 t 容量的高速拉伸试验机,能够对应变片或圆形条形试样进行应变实验,应变速率可达 1 000/s。

图 5-4　高速拉伸试验设备图

通过实验得出以下结论:静态屈服应力(σ)很容易转化为动态屈服应力(σ)乘以动硬化系数(DHF)。

对室温(RT)和−60 ℃两种温度下的动态屈服应力进行了预测。将图 5-3(b)中的静屈服应力传递到图 5-5(a)和(b)中。这些动态流应力数据将用于冲击弯曲试验的数值模拟。从图 5-5 中可以很容易看出,动态流动应力曲线并不总是与静态流动应力平行。

3. 弯曲影响测试

大部分结构损伤都发生在船体的船中带的冰带区域,见图 5-6,主要由于船中带的冰带周围的船中带区域的加固程度小于艏部区域,此外,船中部区域的框架空间密度也小于船首区域。

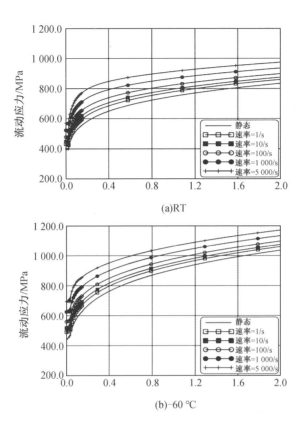

(a)RT

(b)-60 ℃

图 5-5　FH32 钢应变率硬化预测图

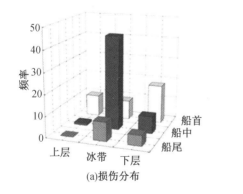

(a)损伤分布

(b)船体中部区域损伤

图 5-6　船体侧损伤的典型实例

某船中区域侧壳板厚度约 28 mm,等级为 EH36,与加筋板长度相等的纵梁间距为 2~3 m,肋间距为 400 mm。

考虑降低 1/3 的真实维度,单一框架加筋板的设计如图 5-7(a)所示。为了增加变形程度对弯曲测试的影响,样品减少横向框架高度,设计如图 5-7(b)所示。切口标本采用两个不同的档次,见图 5-7(c)和(d)。预计切口标本将显示断裂缺口的中心,这些凹痕代表任何几何奇异船体内支架半径、人孔等部件。各个样本的缩写名称为 D100、D040、D040-NV 和 D040-NU。采用电弧焊方法将侧壳板与横向框架板焊接,侧壳板和横向框架板无凹槽。

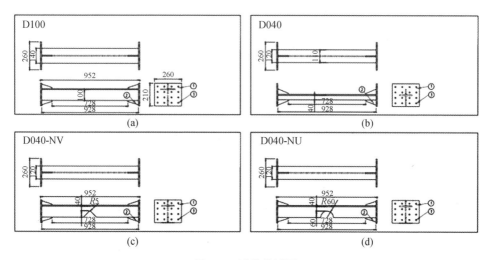

图 5-7 试件设计图

用落锤与试件相撞来模拟冰与船体碰撞。船体能够连续打破 1 m 厚的冰,因此考虑按比例缩小 1/3,落锤宽度 0.3 m。假设落锤的长度和高度为 0.4 m,则计算落锤的质量为 376.8 kg。考虑到船体的设计速度为 12 kn,船体的实际冲压速度可近似为 7 m/s,约对应 2.5 m 的落差高度。表 5-2 为落锤初始设计计算表,设计速度下落锤势能大于 9 kJ。

表 5-2 落锤初始设计计算表

V_{ram} /(m/s)	V_{ram} /kn	下落高度 /m	落锤				E/J
			长/m	宽/m	高/m	质量/kg	
2.00	3.89	0.20	0.400	0.300	0.400	376.80	753.60
3.00	5.83	0.46	0.400	0.300	0.400	376.80	1 695.60
4.00	7.78	0.82	0.400	0.300	0.400	376.80	3 014.40

表 5-2(续)

V_{ram} /(m/s)	V_{ram} /kn	下落高度 /m	落锤				E/J
			长/m	宽/m	高/m	质量/kg	
5.00	9.72	1.27	0.400	0.300	0.400	376.80	4 710.00
6.00	11.66	1.83	0.400	0.300	0.400	376.80	6 782.40
7.00	13.61	2.50	0.400	0.300	0.400	376.80	9 231.60

为简化设计,将落锤的质量由 376.80 kg 改为 400.0 kg,为减小落锤的偏心自由落体,设置了半圆形截面来冲击接触区。假设最大自由落体高度为 2.5 m,那么最大落体速度约为 7 m/s。为了提高下落运动的垂直直线度,导孔结构安装在射手的两侧。落锤最终质量为 425 kg,包括导孔结构的质量。在导孔结构和两个垂直导孔的帮助下,落锤能够准确地向下落。落锤下落可以由电磁触发,电磁力使其能够在自由下落之前黏附在落锤的顶部表面。试样在尺寸为 2 m×2 m×1 m 的冷室中冷却。在冷却阶段关闭两扇铰链门,在落锤自由落体之前打开。跌落冲击测试的设置如图 5-8 所示。

测试程序如下。例如,如果目标测试温度为-60 ℃,则:

①将试件冻结至-70 ℃ 或-80 ℃;

②监测试件温度,至温度到-60 ℃;

③打开铰链门;

④最后从电磁中释放落锤。

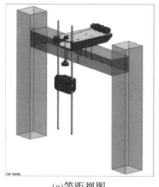

(a)等距视图

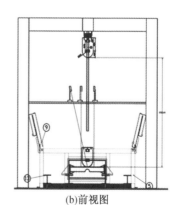

(b)前视图

图 5-8　跌落冲击测试的设置图

冷室正面有一扇窗,因此可以对冷室内部进行监测。采用高速摄像机、运动跟踪系统和激光位移传感器,可以同时测量落锤的下落速度和试样的变形。需要指出的是,在寒冷的房间里,浓雾虽不会阻碍激光位移传感器的测量,但它会降低照片的质量。例如,图5-9为实验视频在RT和-60℃下拍摄的快照。

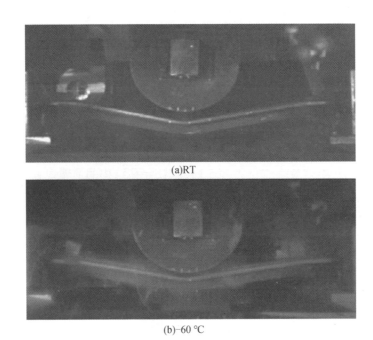

(a)RT

(b)-60℃

图5-9　跌落冲击试验照片

4.弯曲影响模拟仿真

采用ABAQUS/EXPLICIT有限元模型进行冲击弯曲试验仿真。建立与实际试件相同的有限元模型。下降落锤模型使用刚性元素(R3D4)。在落锤的质心处设置有质量元件和转动惯量元件,见图5-10(a)。

模型采用四边形和三角形壳单元,采用简化的积分格式(S4R和S3R)。在D100和D040光滑试件的跨中,存在着边缘长度为0.5 mm的非常细小的单元。在D040-NV和D040-NU上,小于0.4 mm的元件以缺口的形式排列(图5-10(b))。如图5-10(c)所示,两个夹具板与螺栓和螺母连接,螺栓采用梁单元模拟弹性材料,并给出了两个夹具板之间的接触条件。同样的接触条件也适用于试样和下降落锤之间。考虑到钢与钢之间的摩擦,静、动摩擦系数分别为0.7和0.2,其中滑移率决定了插补摩擦系数。如图5-10(c)所示,底模板螺栓孔采用固定边界条件,试件跨中也采用纵向对称边界条件(图5-10(d))。图5-10中的流动应力数据分配给所有壳体单元。

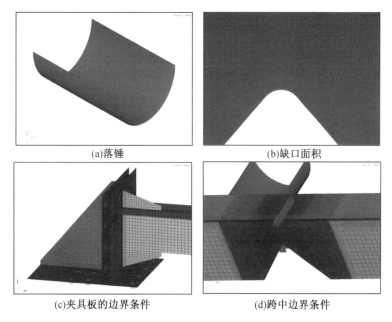

(a)落锤　　　　　　　　　(b)缺口面积

(c)夹具板的边界条件　　　　(d)跨中边界条件

图 5-10　FEM 建模

图 5-11 和图 5-12 分别是不同温度下仿真结果与试验结果的对比。除 D040-RT 和 D04060 外,所有仿真结果的垂直挠度均大于实验值。在 D040-RT 和 D040-60 的情况下,运动跟踪或视频测量可能存在不明错误。

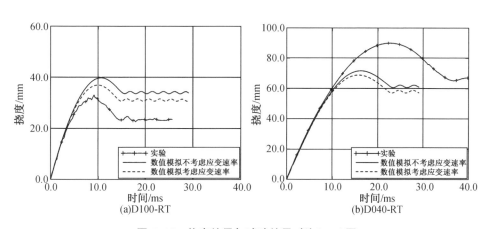

(a)D100-RT　　　　　　　　(b)D040-RT

图 5-11　仿真结果与试验结果对比(RT)图

275

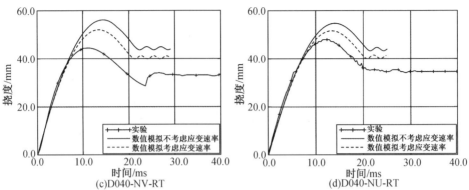

(c)D040-NV-RT

(d)D040-NU-RT

图 5-11(续)

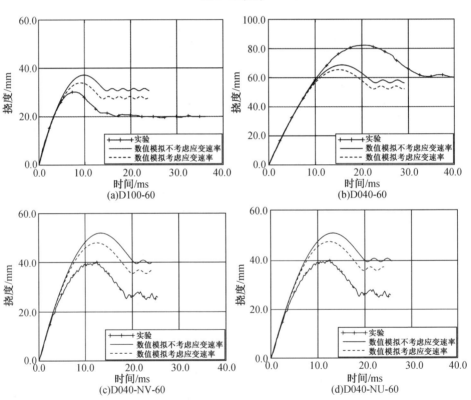

(a)D100-60

(b)D040-60

(c)D040-NV-60

(d)D040-NU-60

图 5-12　仿真结果与试验结果对比(-60 ℃)图

　　由图 5-11 和图 5-12 可以清楚地看出,如果考虑应变率效应,模拟变形接近实验变形。这就是我们必须考虑应变率效应的原因。通过对比可知,RT 时的变形水平小于-60 ℃时的变形水平。与实验结果相比,模拟结果更倾向于预测最大挠度和剩余挠度。焊接引起的残余应力和初始变形的顺序不可忽略,但在数值模拟中没有考虑。推测可能是最初的缺陷在两种方法之间产生偏差。

5.1.2　极地船用钢 DH36 标准件低温 $S-N$ 曲线试验分析

　　获取极地船钢 DH36 典型焊接节点低温 $S-N$ 曲线是进行极地船结构疲劳分析的基础。根据相关研究结论,低温将使钢材的屈服强度升高,且极限强度也将有所提高,同时钢的韧性将变弱,而脆性有所加强,弹性模量与常温值也有所差别。在极端低温下,钢材的各项力学性能将发生改变,现有的常温 DH36 焊接节点 $S-N$ 曲线并不能代表低温下 DH36 的疲劳特征。因此,有必要进行极地船用钢 DH36 典型焊接节点低温 $S-N$ 曲线的研究与测定。

　　首先研究低温下钢材力学性能的变化特征,确定低温下钢材的各项力学参数。通过设计三种典型极地船用标准件,即十字型、趾端型、T 型标准件,利用 PWS-250 系统低温箱模拟-60 ℃环境,并保持温度恒定。在低温箱中放置补偿块,试件应变片与补偿块应变片组成半桥,以消除温度对应变片的影响。最后,测试确定各个标准件在两种拉压应力水平下的疲劳循环次数,并运用极大似然法处理试验数据,可得出在-60 ℃环境下极地船用钢 DH36 典型焊接节点的中值 $S-N$ 曲线,并与常温环境下各焊接节点的 $S-N$ 曲线进行对比分析。

　　1. 极地船用钢 DH36 标准件低温 $S-N$ 曲线试验

　　(1)标准件设计与试验设备选用

　　标准试件材料选用 DH36 钢材,其常温弹性模量为 206 GPa,泊松比为 0.281,密度为 7.85 g/cm³,屈服限为 407 MPa,抗拉强度为 515 MPa,其化学成分见表 5-3。

表 5-3　DH36 钢材化学成分表

钢类	等级	化学成分							
		C	Mn	Si	P	S	Al	Nb	V
低温高强钢	DH36	≤0.18	0.9~1.6	≤0.5	≤0.035	≤0.035	>0.015	0.02~0.05	0.05~0.10

　　参照 GB 6397—1986《金属拉伸试验试样》、GB/T 228—2002《金属材料　室温拉伸试验方法》、GB/T 13239—2006《金属材料　低温拉伸试验方法》、GB/T 13816—1992《焊接接头脉动拉伸疲劳试验方法》等相关规范中规定,设计了十字

型、趾端型、T 型标准件试件,尺寸如图 5-13 至图 5-15 所示,单位为 mm。

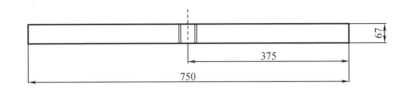

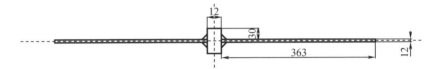

图 5-13 十字型标准件尺寸示意图

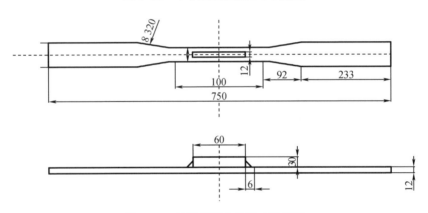

图 5-14 趾端型标准件尺寸示意图

试验采用 PWS-250 型电液伺服疲劳试验机,可对各类材料的试验件施加轴向静态和动态载荷,最大拉压力可达 250 kN,加载频率可达 15 Hz,可以完成试验件的疲劳力学性能测试。且该试验机配有环境温度箱,可使试验件所处环境温度维持恒定,完成恒定温度下试验件的疲劳力学性能分析。PWS-250 型电液伺服疲劳试验机和环境温度箱试验装置如图 5-16 所示。

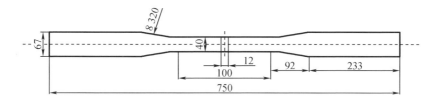

图 5-15 T 型标准件尺寸示意图

图 5-16 低温疲劳试验系统

（2）测定低温 S-N 曲线试验方案

为测定十字型、趾端型、T 型标准件的低温 S-N 曲线，必须获得标准件热点位置的应力值和产生初始裂纹的载荷循环次数。通过多次实验，获得不同应力水平下的同一类型标准件的初始裂纹载荷循环次数，由于试验中试件数量有限，故采用极大似然法处理数据，即可得到该标准件的低温 S-N 曲线。

各类标准件的热点位置根据有限元分析结果确定。在实际试验测量中，参考国际焊接学会（IIW）的规定。

对于标准件产生初始裂纹的载荷循环次数，可通过疲劳试验机电脑计数读出。

在极端低温条件下，电阻应变计热输出增大，导致其所测应力值不准确，因此，试验采用半桥的方式补偿温度对电阻应变片的影响。温度补偿系统见表 5-4。

表 5-4　温度补偿系统

桥路方式	用途	测量示意	线路连接示意
半桥方式 （1个工作片， 1个补偿片）	当环境条件较为恶劣时，该桥路方式可用于测量简单拉伸或弯曲应变		

为了避免试样在试验过程中发生屈曲现象，试验采用应力比 $R=0.1$ 的方式对试样进行加载。在试验过程中，试件两端刚性固定，一端加载，加载频率为 10 Hz，环境温度为 -60 ℃，具体试验方案如表 5-5 所示。应变计布置位置如图 5-17 所示。

表 5-5　标准件低温 $S-N$ 曲线试验方案

环境温度/℃	标准件类型	加载数值/kN	加载频率/Hz	应力比	试件数量/件
-60 ℃	十字型	150	10	0.1	3
		170	10	0.1	3
-60 ℃	趾端型	160	10	0.1	3
		180	10	0.1	3
	T 型	170	10	0.1	3
		190	10	0.1	3

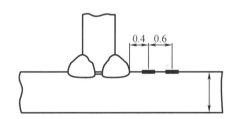

图 5-17　应变计布置位置示意图

（3）测定低温 $S-N$ 曲线试验结果

标准件疲劳断裂示意图如图 5-18 至 5-20 所示。测定低温 $S-N$ 曲线试验结果示意图如图 5-21 所示。标准件低温 $S-N$ 曲线试验数据见表 5-6 至表 5-8。

(a)150 kN　　　　　　　　　　　　　　　(b)170 kN

图 5-18　十字型标准件疲劳断裂示意图

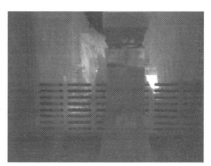

(a)170 kN　　　　　　　　　　　　　　　(b)190 kN

图 5-19　T 型标准件疲劳断裂示意图

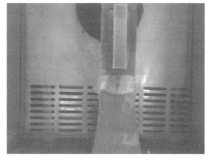

(a)160 kN　　　　　　　　　　　　　　　(b)180 kN

图 5-20　趾端型标准件疲劳断裂示意图

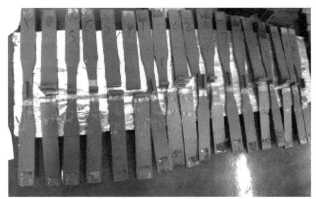

图 5-21　测定低温 *S-N* 曲线试验结果示意图

表 5-6　十字型标准件低温 *S-N* 曲线试验数据

标准件类型	序号	试验加载力 /kN	热点力峰值 /MPa	热点力谷值 /MPa	循环次数
十字型	1	150	373.39	24.83	221 983
	2	150	379.70	33.89	302 861
	3	150	348.19	31.46	234 325
	4	170	430.06	34.66	174 906
	5	170	445.66	49.14	128 582
	6	170	431.96	38.42	142 287

表 5-7　T 型标准件低温 *S-N* 曲线试验数据

标准件类型	序号	试验加载力 /kN	热点力峰值 /MPa	热点力谷值 /MPa	循环次数
T 型	1	170	442.77	37.36	243 892
	2	170	440.77	37.03	253 434
	3	170	453.45	46.04	234 933
	4	190	509.46	53.70	145 300
	5	190	503.46	54.71	165 870
	6	190	504.79	53.37	156 164

表 5-8　趾端型标准件低温 $S-N$ 曲线试验数据

标准件类型	序号	试验加载力/kN	热点力峰值/MPa	热点力谷值/MPa	循环次数
趾端型	1	160	444.79	29.67	188 875
	2	160	446.79	35.01	173 888
	3	160	441.80	27.68	183 044
	4	180	534.21	64.06	103 666
	5	180	547.57	66.06	89 442
	6	180	533.20	60.05	102 838

2. 标准件低温 $S-N$ 曲线数据处理与分析

（1）十字型标准件在 $-60\ ℃$ 低温环境下中值 $S-N$ 曲线（图 5-22）方程为

$$\lg N = 13.6240 - 3\lg S \tag{5-1}$$

（2）T 字型标准件在 $-60\ ℃$ 低温环境下中值 $S-N$ 曲线（图 5-23）方程为

$$\lg N = 13.981 - 3\lg S \tag{5-2}$$

（3）趾端型标准件在 $-60\ ℃$ 低温环境下中值 $S-N$ 曲线（图 5-24）方程为

$$\lg N = 13.9155 - 3\lg S \tag{5-3}$$

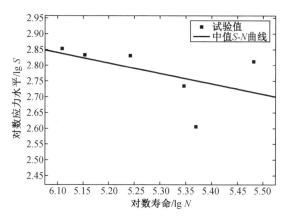

图 5-22　十字型标准件在 $-60\ ℃$ 低温环境下中值 $S-N$ 曲线

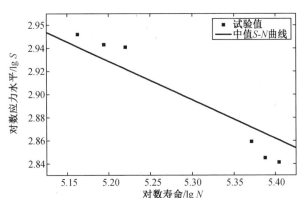

图 5-23　T 字型标准件在-60 ℃低温环境下中值 S-N 曲线

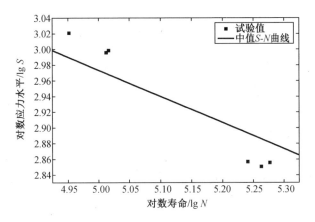

图 5-24　趾端型标准件在-60 ℃低温环境下中值 S-N 曲线

标准件试验结果分析：

通过对上述十字型、T 型、趾端型标准件试验结果和低温 S-N 曲线进行对比分析，可得出以下结论：

(1) 从疲劳断裂位置图可以得出，十字型、T 型、趾端型三种标准件均在焊趾位置处断裂，说明同常温环境一样，-60 ℃低温环境下焊接位置处应力集中效应明显，导致此处应力偏大，容易发生断裂。

(2) 从十字型、T 字型、趾端型三种标准件的低温 S-N 曲线图可以看出，T 字型在-60 ℃低温下疲劳性能最好，趾端型次之，十字型疲劳寿命最小。这说明 T 型焊接形式导致的应力集中效应比十字型和趾端型小，焊接热点处应力偏小，在-60 ℃低温下疲劳性能要优于其他两者。

(3) 从十字型、T 字型、趾端型三种标准件的-60 ℃低温与常温 S-N 曲线对比图可以看出,−60 ℃低温环境下三种标准件的疲劳寿命均大于常温。

5.2　极地航线船舶积冰预报

极地航线温度较低,长时间航行在低温水域容易出现船舶结冰现象。大量的冰积聚在船舶表面和上层建筑上,会降低船舶稳性,威胁船舶和船员的安全。因此,为了保障船舶航行安全,船舶积冰生长速率和积累量的预测非常重要。

目前,国内在此方面的研究相对较少,船舶积冰预报手段也相对落后,实际营运船舶主要是依赖于极地规则关于积冰的计算方法。而这种计算方法没有考虑环境影响,无法反映船舶积冰的真实情况,只是作为一种参考去校核船舶完整稳性。不能满足在实际营运中,不同环境下的船舶积冰预报需求。

国外在此领域研究较早,有着丰富的积冰理论基础和实验数据。但是国外传统积冰模型是针对某一特定船而开发的,无法满足不同船舶积冰预报需求。为了解决以上难题,文献[15]通过分析现有不同积冰模型,结合海水飞沫特点,对现有积冰模型进行完善,引入了包含风飞沫量和海浪飞沫的网格平均每分钟海水飞沫量公式,并在此基础上计算结冰系数,该公式将能更加准确预报积冰质量及分布。

5.2.1　极地航线船舶结冰成因

在北极和其他寒冷地区,船舶结冰现象有两个主要原因:大气结冰和海浪飞沫结冰。由淡水冻结而成的冰,称为大气结冰,其中包括雨、雪、冰雹、由超冷云产生的霜或雾等,海浪飞沫结冰是空气中的盐水滴撞到船上部分发生冻结而形成的。海浪飞沫的形成又有两个主要原因:船/浪相互作用和风的作用,当海浪砰击船舶时,在船壳附近破碎,产生大量含有液滴的波浪飞沫,直径较大的水滴重新回到海里,而直径较小的海浪飞沫,受来风和船舶向前运动的作用,将落在甲板上;同时大风也可以携带着破裂的波浪气泡形成海浪飞沫。

对于船舶积冰主要考虑海浪飞沫结冰。海浪飞沫结冰的发生,受环境因素的影响很大,引起海浪飞沫结冰的自然因素有:

(1)低空气温度:一般在−26~0 ℃;

(2)高风速:风速一般高于9 m/s,但存在涌浪时较低的风速也可以发生积冰;

（3）低海水表面温度：一般在海水表面温度−1.8~6 ℃ 时发生积冰。低于−1.8 ℃ 时海水表面开始结冰，不利于飞沫的产生。高于 6.0 ℃ 时，落在甲板的飞沫不能在下一次飞沫到来前结冰，从而不能积冰。

5.2.2 海浪飞沫积冰过程

5.2.2.1 积冰物理过程概述

由风和海浪砰击船舶引起的飞沫在船首形成飞沫云团，在风和船舶运动的作用下向船首运动，一部分落在甲板及上层建筑上，一部分飞出船外。液滴在空气运动过程中冷却，到达船舶表面进一步冷却至结冰。随着时间的推移，积冰得到积累。当船舶表面的积冰达到一定程度时，积冰的表面积会迅速增大，同时冰的表面温度较低，加速冰的积累，从而形成一种恶性循环。海浪飞沫积冰的物理过程一般包括以下 4 个模块：飞沫产生、飞沫运动、飞沫运动过程中冷却、飞沫撞击到船舶上发生冻结。充分理解各个模块的物理过程是积冰计算的基础，海浪飞沫积冰过程见图 5-25。

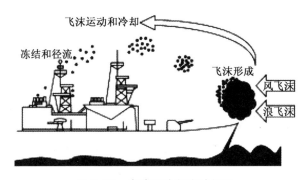

图 5-25　海浪飞沫积冰过程图

5.2.2.2 积冰计算原理

积冰计算可简化为两方面：
（1）确定落在船上的飞沫量；
（2）确定飞沫中有多少水分发生冻结。
图 5-26 为简化的结冰机理图，首先确定船舶结构单位时间内单位面积上水

的质量,根据当时的环境条件确定结冰系数 n,就可以得到单位面积上的结冰量,具体过程如下:

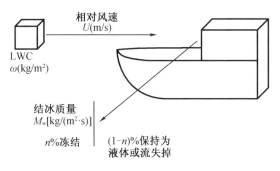

图 5-26 结冰机理

1. 飞沫量

船舶上层建筑结构根据形状可以划分为圆柱形和平板形,飞沫单位时间内落在船舶结构单位面积上的水的质量可由公式(5-4)给出:

$$M_w = B_s E_c U \omega \tag{5-4}$$

式中, B_s 为形状系数(其中圆柱形取 $2/\pi$,平板形取 1), U 为相对于物体的风速, m/s; ω 为飞沫质量密度,kg/m³; E_c 为碰撞效率,平板形取 $E_c = 1$,圆柱形取值为

$$E_c = C_1 K^{c_2} \exp(C_3 K^{c_4}) + C_5 - C_6 (\varphi - 100)^{c_7} [C_8 K^{c_9} \exp(C_{10} K^{c_{11}}) + C_{12}] \tag{5-5}$$

式中, $C_1 \sim C_{12}$ 为经验系数,可以在表 5-9 中获取; K 为斯托克斯数, φ 是朗缪尔参数,分别取值为

$$\begin{cases} K = 4 \rho_w r^2 U(z) / 9 \mu_a D_c \\ \varphi = [2 U(z) r \rho_a / \mu_a]^2 / K \end{cases} \tag{5-6}$$

式中, μ_a 为空气黏度,Pa·s; ρ_a 为空气密度,kg/m³; ρ_w 为海水密度,kg/m³; r 为液滴的半径,m; $U(z)$ 为高度为 z 处的风速,m/s。

用来计算碰撞效率的经验系数见表 5-9。

表 5-9 用来计算碰撞效率的经验系数表

系数	取值	系数	取值
C_1	1.066	C_7	0.381
C_2	-6.1×10^{-3}	C_8	3.641

表 5-9(续)

系数	取值	系数	取值
C_3	−1.103	C_9	−0.498
C_4	−0.688	C_{10}	−1.497
C_5	−0.028	C_{11}	−0.694
C_6	6.37×10^{-3}	C_{12}	−0.045

2. 飞沫质量密度

飞沫质量密度 w 为单位干燥空气中飞沫云团中含有水的质量。根据飞沫形成的方式分为风形成飞沫的质量密度和浪形成飞沫的质量密度。

(1) 风形成飞沫的质量密度

文献[15]中提供了多种计算风形成飞沫的质量密度的公式,具体公式如下:

①为了计算风形成飞沫的质量密度 ω 的垂直分布,Preobrahenskii 提出了下面的公式:

$$\omega(z) = \omega_0 \exp\left[-\beta(z-H_s)/2 \right] \tag{5-7}$$

式中:z 为目标在平均水线以上的高度,m;H_s 为有义波高,m;ω_0 和 β 为与风速有关的常数,其取值为:对于中等风速 ($U_{10} = 7 \sim 12$ m/s),$\omega_0 = 10^{-7}$ kg/m³,$\beta = 0.35$;对于强风 ($U_{10} = 15 \sim 25$ m/s),$\omega_0 = 10^{-5}$ kg/m³,$\beta = 1$;U_{10} 是 10 m 高度处的风速,m/s。

②根据 Horjen 提出的计算公式,ω 的垂直分布可以近似地表示为

$$\omega(z) = 6.318 \times 10^{-5} A(U_{10}) hs(U_{10})/z^2 \tag{5-8}$$

式中:$A(U_{10})$ 为 10 m 风速 U_{10} 的三次多项式,公式如下:

$$A(U_{10}) = 0.018\,64 U_{10}^{\ 3} - 0.794 U_{10}^{\ 2} + 11.311\,9 U_{10} - 53.517\,3 \tag{5-9}$$

③Horjen 和 Vefsnmo 提出的 ω 计算公式:

$$\omega(z) = \omega_0 (U_{10}/U_0)^{3.8} \exp(H/2-z) \tag{5-10}$$

式中,U_0 为水面高度处的风速,m/s;ω_0 为与风速有关的常数,取值与式(5-3)相同,但当 $U_{10} > 15$ m/s 且 $U_0 = 15$ m/s 时,$\omega_0 = 9.45 \times 10^{-6}$ kg/m³。

④为了计算 ω,Jones 和 Andreas 提出了 U_{10} 和海浪飞沫浓度的两个实验关系。

$$\frac{\mathrm{d}w(r,z)}{\mathrm{d}r} = \rho_\omega \left(\frac{4}{3} \pi r^3 \right) \left(\frac{z}{h} \right)^{-\frac{V_g(r)}{ku^* f_s}}$$

$$\begin{cases} \dfrac{7\times10^4 U_{10}^2}{r}\exp\left[-\dfrac{1}{2}\left(\dfrac{\ln(r/0.5)}{\ln 2.8}\right)^2\right], & U_{10}<19\ \text{m/s} \\ \dfrac{30 U_{10}^4}{r}\exp\left[-\dfrac{1}{2}\left(\dfrac{\ln(r/0.3)}{\ln 4}\right)^2\right], & U_{10}\geqslant 19\ \text{m/s} \end{cases} \tag{5-11}$$

式中,r 为飞沫液滴的半径,m,ρ_ω 为海水密度,kg/m³;k 为 Von Karman 常数;f_s 为滑移因子;u^* 为摩擦速度;h 为飞沫产生区的上限高度,对于 $U_{10}<19$ m/s,$h=1$ m;$U_{10}\geqslant 19$ m/s,$h=0.5h_s$。

其中,h_s 为有义波高;$V_g(r)$ 为飞沫液滴末端的下落速度,取值为

$$V_g(r)=\dfrac{2r^2 g}{9\nu_a\left[1+0.158\left(\dfrac{2rv_g}{\nu_a}\right)^{\frac{2}{3}}\right]}\left(\dfrac{\rho_w}{\rho_a}-1\right) \tag{5-12}$$

式中,g 为重力加速度;ν_a 为空气运动黏度;ρ_a 为空气密度。

最后,风形成的飞沫质量密度分布为

$$w(z)=\int_{r_{\min}}^{r_{\max}}E\dfrac{\mathrm{d}w(r,z)}{\mathrm{d}r}\mathrm{d}r \tag{5-13}$$

式中,如果 $U_{10}<19$ m/s,则假定液滴最大半径 $r_{\max}=100$ μm;如果 $U_{10}\geqslant 19$ m/s,则假定 $r_{\max}=200$ μm;假定液滴最小半径 $r_{\min}=5$ μm;E 为碰撞效率,参考式(5-4)中 E_c 的取值方法。

(2)浪形成飞沫的质量密度

浪形成的飞沫是船舶结冰的主要原因,为了计算浪形成的飞沫的质量密度 ω,文献[15]也提供了多种计算公式。

①Borisenkov 基于中型鱼尾船 MFV 在日本海中的现场数据,获得了 ω 垂直分布的经验公式:

$$\omega=2.36\times10^{-5}\exp(-0.55h) \tag{5-14}$$

式中,h 是甲板上物体的高度,m,Borisenkov 使用的数据是 MFV 以 90°~110° 的角度和 5~6 kn 的船速进入海浪,且风速在 10~12 m/s 下的数据,因此,公式适用于特定类型的船舶在某些海况下 ω 的计算,不能用于计算各种类型的船舶和海洋条件下的 ω。

②Brown 和 Roebber 得到了海洋结构物上 ω 的垂直分布公式:

$$\omega=4.6\exp\left[-(2z/h_s)^2\right] \tag{5-15}$$

式中,z 为海洋结构物的高度,m;h_s 为有义波高,m。

③Zakrzewski 提出了一个用来计算中型鱼尾船上 ω 的垂直分布的公式:

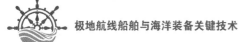

$$\omega = 6.145\ 7 \times 10^{-5} H v_{sw} \exp(-0.55h) \tag{5-16}$$

式中,H 为有义波高,m;v_{sw} 为相对于波的船速,m/s;h 为甲板以上的高度,m。

④为了计算船头飞沫云团中 ω 的垂直分布,Lozowski 在 Zakrzewski 公式的基础上进行了修改,其结果如下:

$$\omega(z) = 6.46 \times 10^{-5} h_s v_{sw}^2 \exp\{-[(z - H_{bow})/1.82]\} \tag{5-17}$$

式中,H_{bow} 为船首相对水面的高度,m;z 为飞沫高度($z = 0$ 是水面的位置),m;v_{sw} 是相对于波的船速,由式(5-18)给出:

$$v_{sw} = 1.56 \tau_w + v_s \cos(\pi - \alpha) \tag{5-18}$$

式中,v_s 为船速,m/s;α 为船舶航向和风/波向之间的角度,$\alpha = 180°$ 时船舶迎浪,$\alpha = 0°$ 时船舶顺浪;τ_w 为有义波的周期,由式(5-19)给出:

$$\tau_w = 6.161 h_s^{0.252} \tag{5-19}$$

式中,h_s 为有义波高,可以由经验公式(5-20)得到:

$$h_s = 0.752 U_{10}^{0.723} \tag{5-20}$$

3. 质量守恒

飞沫液滴落到船舶表面上,一部分(n)发生结冰,剩余($1-n$)未发生结冰的部分称为盐水膜。其中 n 称为结冰系数,取值范围在 $0 \sim 1$ 之间。对于船舶上水平结构,盐水膜会保留在积冰层上,但对于垂直和倾斜的船舶结构,盐水膜会在底部流失掉。

通过对垂直和水平结构上的飞沫量采用质量平衡,可以得到以下方程:

$$M_{w,v} = M_{ice} + M_{runoff} + M_{evap} \tag{5-21}$$

$$M_{w,h} = M_{ice} + M_{water} + M_{evap} \tag{5-22}$$

式中,$M_{w,v}$ 为垂直结构飞沫总量;$M_{w,h}$ 为水平结构飞沫总量;M_{ice} 为结冰的飞沫量;M_{runoff} 为垂直结构上径流的飞沫量;M_{evap} 为增发的飞沫量;M_{water} 为水平结构上盐水膜的质量;M_{ice} 可以通过式(5-23)确定:

$$M_{ice} = n M_w = \rho_i * \mathrm{d}b/\mathrm{d}t \tag{5-23}$$

式中,n 为结冰系数;ρ_i 为积冰的密度,kg/m³;$\mathrm{d}b/\mathrm{d}t$ 为积冰厚度 b 关于时间的导数。

4. 热量守恒

经过空气冷却的液滴到达船舶结构表面后,由于在空气水界面处的多个热通量而冻结。仅考虑作用在结冰表面的主要传热过程,并假定冰层形成为连续稳态过程,则结冰面上的热平衡(见图 5-27)可表示为

$$Q_f + Q_c + Q_e + Q_d + Q_r = 0 \tag{5-24}$$

Q_f 为冷冻潜热通量,是一定比例的液滴冻结所释放的热量,计算公式为

$$Q_f = l_f(1-\beta)M_{ice} \tag{5-25}$$

式中,l_f 为冷冻潜热,3.33×105 J/kg;β 为界面分布系数,0.3。

Q_c 为感热通量,是与周围空气对流的热损失,计算公式为

$$Q_c = h_c(T_s - T_a) \tag{5-26}$$

式中,T_s 为空气水界面处的温度;T_a 为空气温度;h_c 为传热系数。

Q_e 为蒸发潜热通量,是由于水汽相变向大气进行热传导的热量通量,其取值为

$$Q_e = h_c(P_r/S_c)0.63\varepsilon l_v/Pc_a[e_s(T_s)-RHe_s(T_a)]$$
$$= C[e_s(T_s)-RH(T_a)] \tag{5-27}$$

式中,Sc 为施密特数;Pr 为普朗特数;ε 为水汽和干燥空气的质量比;l_v 为蒸发潜热,J/kg;P 为大气压强,Pa;c_a 为恒定压强下干燥空气的比热容,J/(kg·K);$e_s(T)$ 为饱和水压,Pa;RH 为空气相对湿度。

Q_d 为液滴达到表面平衡温度时释放的热量,计算公式为

$$Q_d = M_w c_w(T_s - T_d) \tag{5-28}$$

式中,c_w 为海水的比热容;T_s 为空气水界面处的温度;T_d 为液滴的温度。

Q_r 为辐射热通量,是物体因其温度而产生的以电磁波形式辐射的热量通量,其取值为

$$Q_r = \sigma a(T_s - T_a) \tag{5-29}$$

式中,σ 为斯忒藩-玻耳兹曼常数,W/(m²·K⁴);a 为线性化常数。

通过求解质量守恒和能量守恒方程得到结冰系数 n,进而可以得到积冰增长速率,在给定的时间即可得到该段时间的结冰量。

5.2.3　船舶积冰预报

最初的船舶积冰预报技术是基于积冰的严重程度和环境条件之间统计关系的简单算法,这些算法通常用列线图表示。近些年已经开发了海浪飞沫积冰的物理模型,物理模型是应用物理学理论和观测的数据来生成积冰预报,可以在计算机上运行。

5.2.3.1　船舶积冰预报发展历程

Borisenkov 首先采用物理模型来预报船舶积冰。在 1969 年,他提出在圆柱

状物上淡水结冰率与结冰表面对流传热有关,Borisenkov 的结冰率公式被后来的研究者广泛引用。然而该公式忽略了海浪飞沫的显热通量和海浪飞沫辐射热交换的影响,因此存在一定的缺陷。1969 年 Kachurin 在 Borisenkov 理论的基础上,参考飞机结冰理论,考虑盐水膜对热传递的影响,同时还考虑波高对飞沫产生的影响和飞沫在空气中的冷却,提出了一个较为完整的船舶结冰理论。

1979 年 Stallabrass 认为 Kachurin 模型太复杂,对 Kachurin 模型进行了修改,设计了一个简单的积冰数值模型。Stallabrass 对能量平衡方程做了以下调整:忽略径流,相对湿度设置为 90%,液滴温度取决于空气温度、海水温度和液滴飞行的时间,并用加拿大的 32 个结冰事件校准了飞沫量和液滴飞行时间的方程。

1993 年 Lozowski 和 Zakrzewski 根据美国海岸警卫队巡逻艇 USCGC Midgett 进行模型试验,得出了飞沫结冰的经验公式。1994 年 Blackmore 和 Lozowski 对飞沫结冰进行了模型试验,模型强调了飞沫与空气的热交换,而不是结冰面与空气的热交换。1995 年 Chung 和 Lozowski 根据渔船 MV Zandberg 进行模型试验,利用网格方法计算结冰分布。

5.2.3.2　船舶积冰预报典型模型

在过去的几十年里,已经开发了许多船舶结冰模型,其中有 4 个模型最为著名,这 4 个模型分别是 USCGC Midgett 模型、MV Zandberg 模型、MARICE 模型和 SHIPICE 概率模型。

1. USCGC Midgett 模型

USCGC Midgett 是美国海岸警卫队的一种巡逻艇,USCGC Midgett 模型是专为 USCGC Midgett 这种船型开发的结冰模型,它是由美国海岸警卫队和阿尔伯塔大学基于 USCGC Midgett 船实验合作开发的。以下是 USCGC Midgett 模型的细节。

(1)计算原理

首先,一般将船舶表面划分为 4 个区域,在这些区域中积冰主要发生在上层建筑、桅杆、天线和甲板的前方。在积冰区域中,确定 46 个主要的结冰目标,如前甲板的前桅杆、天线等。然后将这些目标细分为 145 个小组,并且将小组再依次离散成小的单元格,总共划分为 1 381 个单元格。

在给定环境参数下,计算每个网格在每次飞沫事件中产生的积冰量,然后乘以在单位时间步长内(1 h)飞沫事件发生的次数得到每个网格总的累积量,然后将每个结冰部件上的网格相加,便可得到全船的积冰量和积冰分布。

（2）模型结构

模型本身包括 4 个基本模块：用于选择积冰目标和输入环境参数的用户界面、飞沫生成和液滴运动轨迹的模块、冰生长模块以及输出计算结果模块。输出的计算结果由每个部件和整船的积冰量、积冰厚度和重心组成。模型所需的输入参数包括：空气温度、海水表面温度、露点温度的空气压力、风速、风向、盐度、风距、船速及航向。

因为环境条件可以在每个时间步长内进行改变，因此 USCGC Midgett 模型可以预测出随时间和环境变化的积冰量。

2. MV Zandberg 模型

1999 年 Chung 和 Lozowski 为加拿大尾拖网渔船 MV Zandberg 开发了一种结冰模型，该模型采用了一种新的海浪飞沫预测方法。该方法是通过缩放比例的 MV Zandberg 船模实验，得到飞沫在船模上的海浪飞沫质量密度分布公式，然后按一定比例转化为等比例模型公式，最后结合飞沫的运动公式推导出实船海浪飞沫的质量密度分布公式。模型见图 5-27。

（1）计算原理

与 USCGC Midgett 模型相似，这种模型也需要对船舶的表面进行网格划分，然后求每个网格上飞沫的量，最后结合热力学的相关知识求出结冰系数 n，即可得到整船的积冰量和积冰分布的情况。对于此模型重点是确定网格上飞沫的量，这需要由实验得到的飞沫质量密度公式，结合飞沫的运动公式，确定网格上真实的飞沫质量密度分布，乘以网格的面积来得到飞沫的量。

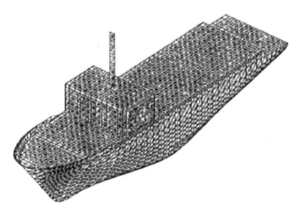

图 5-27　MV Zandberg 模型图

（2）MV Zandberg 船模实验

为了测量海浪飞沫在船上的分布,在 1:13.4 的船模上放置 23 个收集器(图 5-28 中圆形的为收集器),将船模放到船池中进行实验,统计收集器中的飞沫量得到海浪飞沫在船模上的质量密度分布公式,然后结合缩放比例转换为等比例船模海浪质量密度分布公式:

$$m'(x,y) = kV_s^3 H^7 e^{\alpha + \beta(x - x_{hull})} \tag{5-30}$$

式中:$m'(x,y)$ 为在甲板上 (x,y) 点处飞沫质量密度,$kg \cdot m^{-2} \cdot s^{-1}$;$x$ 和 y 分别为距船首的纵向和横向距离;x_{hull} 为距船中 y 处船轮廓点的 x 坐标;V_s 是船速,m/s;H 是有义波高,m;K 为比例常数,2.85×10^{-7} $kg \cdot s^2 \cdot m^{-12}$;$\alpha$、$\beta$ 为系数。

$$\alpha = -0.500\ 9 - 0.279\ 7y^2 + 2.242\ 3 \times 10^{-3} y^3 \tag{5-31}$$

$$\beta = -0.248\ 9 + 0.020\ 6y^2 - 2.979\ 6 \times 10^{-3} y^3 \tag{5-32}$$

MV Zandberg 模型使用的海浪飞沫质量密度分布公式是由其船模实验得来的,是否适用于其他船舶有待实验验证。该模型提供了一种思想,在为特定船舶设计积冰预测模型时可参考 MV Zandberg 模型,通过模型实验得到海浪飞沫在船舶表面上的质量密度分布,进而得到整船的积冰分布。

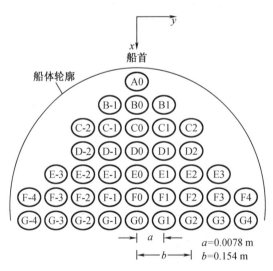

图 5-28　MV Zandberg 模型实验图

3. MARICE 模型

MARICE 模型是由 Kulyakhtin 使用计算流体动力学技术(CFD)开发的模型,此模型可用于近海结构物结冰预测和船舶结冰预测。该模型建立在 ANSYS

FLUENT 中,并使用 CFD 来模拟主要物理过程:飞沫运动、热交换、水膜运动和积冰生长。

由于该模型使用 CFD 技术来解决空气流中热传递和飞沫流量问题,因此可以预测任何形状的船舶结构周围飞沫量和热交换情况,进而可以预测任何几何形状结构的积冰生长情况。

由于飞沫产生的过程比较复杂,对于飞沫产生阶段,MARICE 模型和其他模型一样采用了经验公式。

4. SHIPICE 概率模型

SHIPICE 概率模型是 C. M. Hoes 在荷兰海事研究所对海浪飞沫研究基础上开发的一种新的船舶结冰模型。模型的开发分为 2 个阶段:

①荷兰海事研究所前期开发的海浪飞沫产生的概率模型;

②飞沫液滴的运动和液滴在船上冷却结冰的模型。

其中第一阶段计算结果作为第二阶段的输入,由于输入的数据是概率的,所以整个模型称为概率积冰模型。在前面提到的所有模型中有个共同点,就是都不包括海浪飞沫产生的模型,并假定液滴直径和初始速度都相同。SHIPICE 概率模型考虑具有随机分布的液滴直径和初始速度,是第一个考虑不同尺寸和不同速度的液滴的船舶结冰模型。首先将船舶甲板以上划分为 42 个区域(图 5-29 中,船可划分为 21 个站,每个站又分为左舷和右舷总共 42 个区域)。然后,根据液滴尺寸和起始位置,分别考虑不同液滴的轨迹,以确定液滴撞击船的位置。最后基于各区域飞沫的质量密度和热力学方程计算每个区域冰的厚度和冰的生长率。

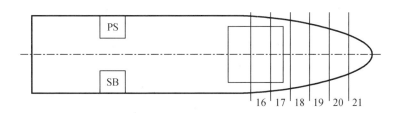

图 5-29 船舶区域划分示意图

目前,积冰预测的困难主要来自海浪飞沫生成量的确定以及有多少飞沫到达船舶上,由于海浪飞沫生成的物理过程复杂,大多数的积冰模型采用的是飞沫量的经验方程。未来应在海浪飞沫生成阶段进行深入的研究,可采用数值模拟技术,如 CFD,实现对飞沫生成的准确模拟。船舶积冰事件的完整记录较少,缺乏实船现场实验数据验证仍然是船舶积冰模型的主要问题之一,因此进行大量的船舶实船积冰实验是非常必要的。

5.2.3.3 与积冰有关的国际规则、规范

为了保障船舶在积冰状态下的航行安全,国际海事组织及各国船级社颁布了一些规范和标准。这些现行规范都是给出船舶或海上结构暴露区域允许的最大积冰厚度或单位面积上积冰量,而最大积冰厚度或积冰量与船舶大小、类型以及环境条件无关,只是根据传统积冰经验提供不同区域的结冰质量分布,保障船舶航行安全。下面将介绍一些国际规范、规则对积冰计算的要求。

1. IMO 极地规则

国际海事组织(IMO)在 2014 年 11 月 IMO 海上安全委员会第 94 届会上通过了《国际极地水域营运船舶规则》(简称《极地规则》),并在 2017 年 1 月 1 日正式生效。《极地规则》要求对于在可能发生积冰的区域和时期内营运的船舶,在稳性计算中应有下列结冰余量:

(1)暴露的露天甲板和舷梯上的积冰质量 30 kg/m²;

(2)水线面以上船舶两舷的侧投影面积上积冰质量 7.5 kg/m²;

(3)无帆船舶的栏杆、各种吊杆、圆形件(桅杆除外)和索具等不连续表面的侧投影面积和其他小物件的侧投影面积应通过连续表面的总投影面积增加 5% 和该面积的静力矩增加 10% 进行计算。

2. IMO 完整稳性规则

2015 年 IMO 第 95 次海安会通过了一项关于《2008 国际完整稳性规则 B 部分》的修正案。该修正案为运载木材甲板货船提供了新的积冰补偿公式。每平方米的积冰质量可按下式计算,单位为 kg/m²。图 5-30 显示了不同情况下木材甲板货运输船的积冰载荷分布图。

$$w = 30 \cdot \frac{2.3(15.2L - 351.8)}{l_{FB}} \cdot f_g \cdot \frac{l_{bow}}{0.16L} \quad (5-33)$$

式中 L——船长,m;

f_{tl}——木材捆扎系数,1.2;

l_{FB}——干舷高度,mm;

l_{bow}——船首区域外飘长度,mm。

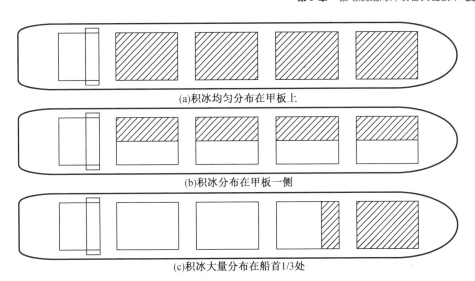

(a)积冰均匀分布在甲板上

(b)积冰分布在甲板一侧

(c)积冰大量分布在船首1/3处

图 5-30 木材甲板货运输船的积冰载荷分布图

3. RMRS(俄罗斯海运船舶登记)规则

RMRS 规则要求,对于在冬季季节性区域内航行的船舶,除满足主要装载条件外,还应检查与积冰有关的稳性。该规则第 2.4 节规定,外露甲板水平投影总面积的每平方米冰块质量假定为 30 kg(相当于密度为 900 kg/m³ 的积冰量为 33 cm)。迎风上每平方米的积冰质量假定为 15 kg(相当于 17 cm 的积冰)。积冰质量不随垂直高度发生变化。

4. 挪威船级社规范

挪威船级社规范中规定,附加标识为 WINTERISED COLD 的船舶应满足某些附加要求。其中的一项要求是,需要考虑额外积冰对船舶稳性的影响,积冰载荷为

$$W=(300/K) \cdot (1-C) \tag{5-34}$$

其中,W 为船舶水平投影面积上的积冰质量分布,kg/m²;K 和 C 是与干舷和船长有关的常数,具体可查阅规范。

关于船舶结冰质量计算,IMO 及不同船级社提供了质量分布经验值或统计计算公式,均未考虑环境参数及船舶参数对结冰的影响。但根据所查文献,极地航区航行的船舶其积冰质量分布均与具体环境参数如风速、气温、水温等参数有关,船型不同其积冰分布规律也有所不同。因此,研究复杂环境下积冰预报模型对准确预报船上积冰质量有重要的意义。

5.2.3.4 船舶积冰预报模型分析

1.模型结构

文献[15]的模型包括五个基本模块:环境参数及船舶信息输入模块、船舶网格信息划分模块、网格海水飞沫量获取模块、积冰系数 n 求取模块以及网格积冰量求取模块。所需要输入的环境信息包括:空气温度、空气压力、空气运动黏度、海水温度、风速、波高、波速及波浪周期等。船舶参数有:船长、船宽、船首长度、航速及航向。重点讨论实现船舶积冰预报的具体细节。图 5-31 展示了程序结构图,显示了每个模块的具体实现过程。

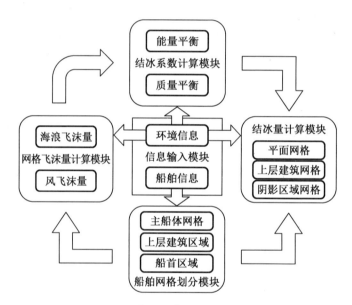

图 5-31 船舶积冰预报程序结构图

2.船舶网格划分

(1)建立随船舶运动坐标系

为了方便计算结冰及结冰对船舶稳性的影响,选取两个坐标系(见图 5-32),一个是随船运动坐标系 $OXYZ$,一个为船用坐标系 $oxyz$。其中,随船运动坐标系的坐标原点 O 位于中纵剖面上距船尾、船底最远处甲板上,X 轴在中线面内且与船舶龙骨线平行,正方向指向船尾;Y 轴垂直于中线面,向右为正;Z 轴垂直于 OXY 平面,向上为正。海水飞沫的密度分布量、结冰量的计算采用的是随船运动坐标系。

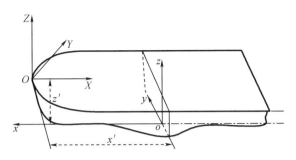

图 5-32　两种坐标系示意图

　　而船用坐标系的坐标原点 o 为中纵剖面、中横剖面和龙骨基线平面的交点，x 轴为中横剖面与龙骨基线平面的交线，向船首为正；y 轴为中横剖面与龙骨基线平面的交线，向右为正；z 轴为中纵剖面和中横剖面的交线，向上为正。在计算积冰对船舶浮性、稳性的影响时，则使用船用坐标系。

　　（2）船舶模型简化

　　在考虑船舶结冰计算时，对甲板以上所有的结构进行结冰模拟是不现实的，也是没必要的。一方面因为船舶结冰过程比较复杂，如果考虑甲板结构的每个细节，会大大增加研究的难度。另一方面结冰计算采用的是经验公式，预测结果必然存在着误差，充分地考虑细节并不会提高预测的精度，反而增加工作量。因此可以将船舶上层建筑进行合理的简化，图 5-33 所示，是 Ryoji Kato 在研究结冰预报中对日本 500 t 级的海岸警卫队船舶结构的简化，他忽略了救生艇、锚机等复杂结构。

图 5-33　日本 500 t 级的海岸警卫队船舶实船与简化船模型对比图

（3）船舶网格信息划分及输入

根据船舶的参数快速得到船舶网格信息，然后作为船舶信息输入，实现船舶积冰的快速预报。对船体的结构轮廓进行合理的规则化，如船首的轮廓线可以近似为椭圆曲线，主船体后部分轮廓用矩形等，一旦结构规则化以后，只需要输入船舶参数，自动划分网格，并将网格信息储存到程序中。需要说明的是，虽然将模型结构进行了规则化，但是模型本身并不会脱离船舶形状，因为模型是根据船舶参数进行设置的。

①主船体后半区域网格

大部分的船舶主体轮廓线比较规则，所以把其简化为矩形，如图5-34所示。

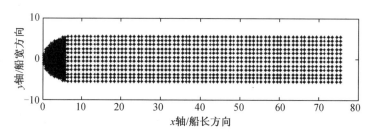

图5-34 主船体平面网格型心点图

②主船体船首区域网格

船首轮廓线近似为椭圆曲线，椭圆形状的扁平程度是由船宽 B 和船头的长度 a 决定的，因此椭圆曲线能够反映船首轮廓线的实际情况。假设 $a>B/2$，在随船运动坐标系中，船首轮廓线方程为：

$$(X-a)^2/a^2+y^2/(B/2)^2=0 \qquad (5-35)$$

其中，x 的取值范围为 $0\sim a$。图5-35为当船头长度 $a=10$ 固定时，根据不同船宽 B 用 MATLAB 软件绘制船首轮廓线图。

③上层建筑网格

简单规则的上层建筑直接用长方体进行代替，复杂的上层建筑用不同的长方体组合来代替。可以根据船舶实际情况将船舶上层建筑结构简化为多个长方体及其组合。上层建筑网格型心点图如图5-36所示。

④阴影区域网格

阴影区域是指由于上层建筑遮挡，海水飞沫无法到达的主船体平面区域部分。如图5-37所示，阴影区域长度为 s，包括上层建筑底部及后面部分区域。

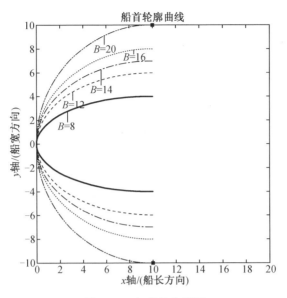

图 5-35 船首轮廓线图

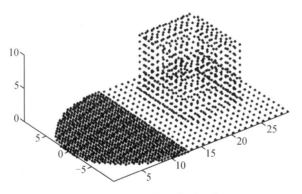

图 5-36 上层建筑网格型心点图

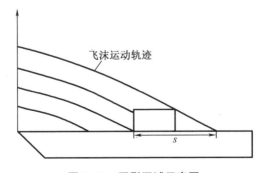

图 5-37 阴影区域示意图

假设风速相同,阴影区域的积冰量相同,风向只是改变了积冰重心位置。故只需要确定迎风($\alpha = 180°$)时的阴影区域即可,再求得 $\alpha = 180°$ 时阴影区域结冰情况,然后再根据风向角度确定相应的重心位置。$\alpha = 180°$ 时阴影区域确定相对简单,通过海水飞沫运动轨迹确定投影长度 s,然后根据上层建筑信息($[x1, x2, y1, y2, h]$),便可以得到阴影区域网格($[x1, s, y1, y2]$)。

3. 单元网格海水飞沫总量

海浪飞沫是周期性产生的,而风飞沫是稳定持续的,所以在一段时间内只有风飞沫存在。

飞沫在风的作用下获得水平加速度,飞沫速度 v_d 不断增大而接近风速 U_{10}。飞沫水平加速度可以采用分段计算,直到飞沫源最高点 H_m,这样就得到了飞沫产生点的高度 h 和飞行距离 s 对应的关系(图5-38)。根据网格型心投影点距船首轮廓飞沫产生点的投影点的距离 d(即飞沫飞行距离 s)反推出飞沫源点的高度 z_{int},最后便可以得到网格海浪飞沫质量密度 $w(z_{int})$ 及飞沫速度 v_d。

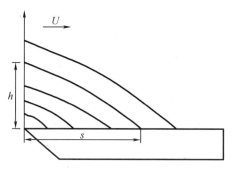

图5-38 飞沫轨迹示意图

因此,重点是找到网格对应的船舶轮廓飞沫产生点的投影点,并反推出飞沫源点的高度 z_{int}。如图5-39中投影线与船首轮廓线的交点为飞沫产生点的投影点,产生点的投影点与型心点的投影点之间的距离为 d。对于甲板平面上的网格,网格对应飞沫源的高度 z_{int} 为与 d 相对应的高 h,即 $z_{int} = h$。而对于上层建筑网格对应的飞沫源点的高度 $z_{int} = h + z$(参考图5-40),其中 z 是网格型心的高度。

如图5-41所示,船舶表面网格上的法向量有三种,即飞沫末端速度 v_d 与网格单位法向量 n 的乘积也有三种情况。飞沫末端垂向速度是在重力作用下获得的速度,我们假定飞沫刚产生时相对船舶是静止的,即飞沫初速度为0,所以飞沫末端垂向速度由飞沫源点的高度 z_{int} 与型心点高度 z 之差决定:

$$v_d = \left[2 \times 9.8 \times (z_{int} - z) \right]^{1/2} \qquad (5-36)$$

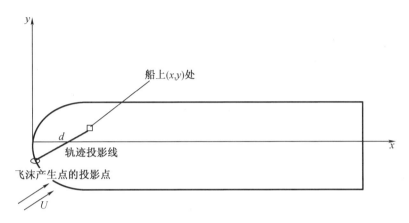

图 5-39 飞沫轨迹投影线示意图

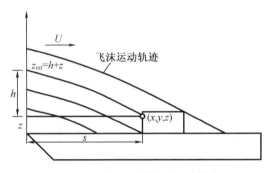

图 5-40 考虑上层建筑时飞沫轨迹图

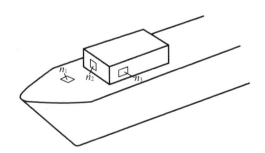

图 5-41 船舶表面网格单位法向量示意图

4.结冰系数 n

通过两次迭代过程求解方程得到结冰系数 n,即通过第一迭代过程得到海水飞沫液滴温度 t_d,第二次迭代过程求取 n。

303

5.2.3.5 模型验证与敏感性分析

1. 前甲板网格海水飞沫质量

前甲板处海水飞沫分布情况见图 5-42。其外界环境条件为：$v_s = 10.7$ m/s，$\alpha = 180°$，距中纵剖面距离 $y = 0.5$ m。图 5-42 中上面的线是风速 $U = 10$ m/s 时海水飞沫质量沿船长方向变化曲线，下面的线是风速 $U = 8$ m/s 时海水飞沫质量沿船长方向变化曲线。从图中可以看出，海水飞沫量沿着船长方向整体变化趋势是距船首越远飞沫量就越小。距船首越远的区域对应飞沫产生点越高，由飞沫量计算公式可知，飞沫源点越高飞沫量越小。因此，曲线变化趋势是合理的。

从海水飞沫计算原理可知，当外界环境条件一定时，风速越高，海水飞沫量越大。图 5-42 中 10 m/s 风速曲线在 8 m/s 风速曲线之上，符合风速越高飞沫量越大的规律。此外，风向对海水飞沫量的分布也有影响，迎风时海水飞沫量最大。图 5-43 是在图 5-42 基础上，只改变了风向而得到的，与迎风时海水飞沫量相比略有下降。图 5-44 更直观地给出了风向对海水飞沫质量分布影响的规律，图 5-44 中曲线从上到下分别对应风向为 180°、150°、145° 和 120° 时海水飞沫质量。从图 5-44 中可以看出，随着风向角度逐渐减小，海水飞沫质量也逐渐减小，风向 180° 时海水飞沫质量最大。图 5-44 的环境条件为：船速 $v_s = 10.5$ m/s，$y = 0.5$，风速 $u = 10$ m/s。

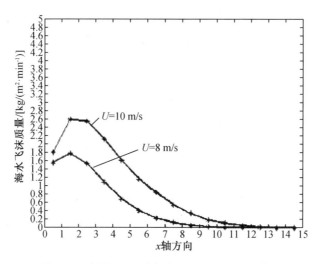

图 5-42 风向 180° 时海水飞沫沿船长分布情况

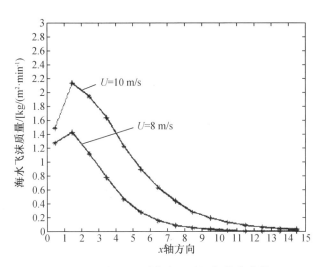

图 5-43　风向 150°时海水飞沫沿船长分布情况

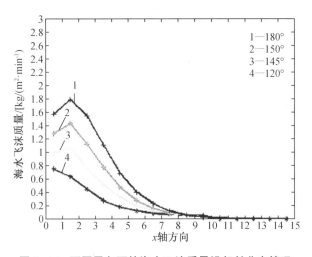

图 5-44　不同风向下的海水飞沫质量沿船长分布情况

　　图 5-45 显示了不同船速下海水飞沫质量分布情况,图 5-45 的环境参数为:风速 10 m/s,风向 180°,$y = 0.5$ m。图中曲线从上到下依次对应船速 10.5 kn、8.5 kn、6.5 kn 和 4.5 kn。从图中可以发现,船速越高,海水飞沫质量越大。但同时也发现,不同船速所对应的曲线形状是相似的,这与不同风速曲线(见图 5-46)不同。这是因为船速只影响海水飞沫质量密度,不影响海水飞沫的轨迹,所以不同船速曲线图有一定的相似性。而风速既影响海水飞沫质量密度,又影响其飞行的轨迹,最终得到的曲线相似性不大。

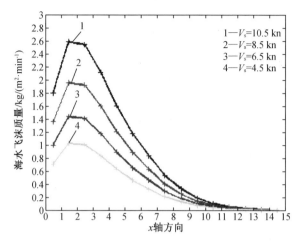

图 5-45　不同船速下的海水飞沫质量沿船长分布情况图

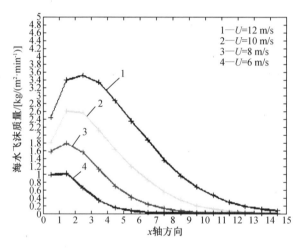

图 5-46　不同风速下的海水飞沫质量沿船长分布情况图

2. 上层建筑前部区域海水飞沫质量

图 5-47 为不同风速下得到的海水飞沫质量在上层建筑垂向上的分布情况，图中曲线从上到下分别对应风速 18 m/s、17 m/s、15 m/s 和 12 m/s。从图中可以看出，随着高度增加，海水飞沫质量逐渐减小。在 12 m/s 风速时，飞沫刚好可以到达上层建筑前部，随着风速升高，海水飞沫质量也逐渐增大。图 5-47 的环境参数为：$V_s = 10.5$ m/s，$y = 0.5$ m，$\alpha = 180°$，$x = 15$ m。

将风速对上层建筑海水飞沫质量垂向分布情况影响（图 5-47）与船速对其影响情况（见图 5-48）进行对比，可以发现上层建筑海水质量垂向分布对风速敏感，而对船速不敏感。风速每下降 1 m/s，其海水飞沫质量变化很大，甚至风速下降至 12 m/s 时,飞沫质量就变为 0。但船速对飞沫质量的影响较小,船速达 3.5 m/s 时,海水飞沫依然存在。观察图 5-48,还会发现船速对海水飞沫质量影响呈线性,船速每改变 1 m/s,其海水飞沫质量变化量基本上是相同的。图 5-48 对应的环境参数为:风速 $U=19$ m/s,风向 $180°$,$x=15$ m,$y=0.5$ m。

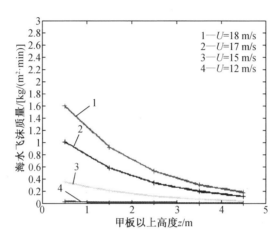

图 5-47　不同风速下上层建筑海水飞沫质量垂向分布情况

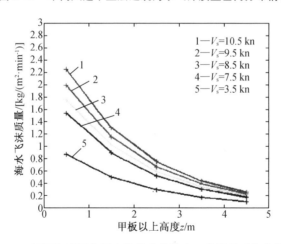

图 5-48　不同船速下上层建筑前方的海水飞沫质量垂向分布情况

3. 上层建筑顶部网格海水飞沫质量

通过分析可知,只有在风速足够高的情况下,海水飞沫才能到达上层建筑上。图 5-49 是在较高的风速下,上层建筑顶部海水飞沫质量沿船长分布的曲线图,图中曲线从上到下依次对应风速 20 m/s、18 m/s、16 m/s 和 14 m/s。从图中可知,风速为 14 m/s 时,海水飞沫才刚到达上层建筑顶部,海水飞沫质量同样是随着风速的减小而逐渐减小。同时由于上层建筑顶部不仅距船首远，而且还与甲板平面有一定距离，这就造成了海水飞沫质量很小。

4. 船舶表面积冰量

MV Zangberg 船表面被划分为 992 个网格，其中甲板平面网格 842 个，上层建筑网格 150 个。通过计算每个网格上的积冰量，便可以得到整船的积冰量及其分布。图 5-50 是不同风速下船舶一小时的积冰量，对应的外界环境为：船速 $V_s = 10.5$ m/s，风向角 180°，空气温度 -7 ℃，海水盐度 34‰。从图 5-50 中可以看出，积冰量随风速的变化符合风速对积冰影响的规律。但是需要重点关注的是一小时内船舶积冰量区间范围是否合理。

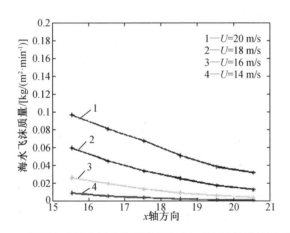

图 5-49　不同船速下上层建筑顶部的海水飞沫质量沿船长分布情况

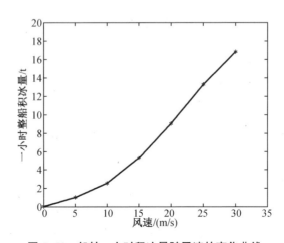

图 5-50　船舶一小时积冰量随风速的变化曲线

为验证模型得到的船舶积冰量的合理性,与不同船的积冰数据进行比较。虽然是不同的船舶,但是积冰量的数量级以及变化趋势都对本模型有指导意义。图 5-51 是美国海岸警卫队巡逻艇(USCGC Midgett)的 24 小时积冰量预报图。

　　表 5-10 是船舶积冰重心分布情况。

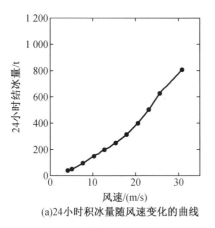

(a)24小时积冰量随风速变化的曲线

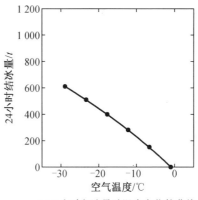

(b)24小时积冰量随温度变化的曲线

图 5-51　USCGC Midgett 船 24 小时积冰量预板图

表 5-10　船舶积冰重心分布情况

风速/(m/s)	重心距船首距离 x	横向位置 y	距甲板平面距离
3	2.508 9	0	0
5	3.178 1	0	0
7	4.017 5	0	0.000 1
9	4.911 1	0	0.002 8
11	6.852 8	0	0.065 8
13	8.983 0	0	0.199 4
17	10.626 8	0	0.284 0

　　从图 5-51 中可以看出,在这种低温、高风速、高船速环境下,容易产生大量的积冰,这对于中小型船来说,十分危险。与图 5-51 对应的船舶积冰重心分布情况如表 5-10 所示。从表 5-10 中可以看出,积冰重心位置分布在前甲板,这说明大部分积冰堆积在前甲板,容易造成严重的艏倾,威胁船舶航行安全。

　　图 5-51 环境参数为:风速 $U = 20.6$ m/s,海水盐度 33.5‰,空气温度 -17.8 ℃,风向 180°。

极地航线船舶与海洋装备关键技术

图 5-52 环境参数为:海水盐度 33.5‰,空气温度−17.8 ℃,风向 180°,图中曲线从上到下依次对应船速 12.9 kn、10.9 kn、8.9 kn 和 6.9 kn,可以看出随着船速的增大,船舶积冰量也相应地增大。同时对比图 5-53,图 5-53 中曲线从上到下依次对应温度−17.8 ℃、−12.8 ℃、−7.8 ℃和−2.8 ℃,可以发现温度对积冰量的影响大于船速对积冰量的影响。风速在较低阶段对积冰量的影响不大,而当超过某临界值时(如图 5-50 所示,风速超过 14 m/s),随着风速增加积冰量将迅速增大。因此,通过计算可以发现:低温、高风速及高船速容易导致船舶严重积冰;温度参数对积冰量的影响要大于船速参数;风速较高时对积冰量影响很大。

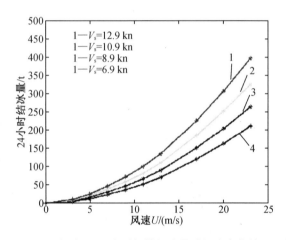

图 5-52 不同船速下 24 小时船舶积冰量随风速变化的一组曲线

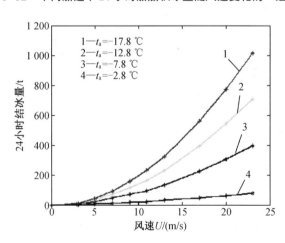

图 5-53 不同温度下 24 小时船舶积冰量随风速变化的一组曲线

通过上述计算可以经验证,结冰系数 n、海水飞沫量及积冰质量计算结果合

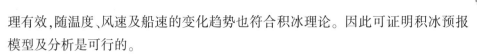

理有效,随温度、风速及船速的变化趋势也符合积冰理论。因此可证明积冰预报模型及分析是可行的。

5.3　极地航线船舶冰压力分布

极地航线船舶在冰区的运行面临破冰过程中的结构安全问题,急需研究冰压力在船体结构表面的分布情况,从而识别船体结构的危险区域并分析结构的冰激疲劳问题。

5.3.1　船-冰关系

采用数值模拟方法计算船舶在水平冰推进时沿水线的冰力分布,数值模拟须沿水线的每个接触点。此处接触检测采用圆形接触检测,如图 5-54 所示。冰缘和船舶水线的轮廓由大量的小接触圆表示。描述船舶水线的接触圆与冰缘轮廓之间的零距离可以检测出接触点。在接触点处,满足以下方程

$$(x_i - x_s)^2 + (y_i - y_s)^2 = (r_i + r_s)^2 \tag{5-37}$$

其中 $(x_i,\ y_i)$ 和 $(x_s,\ y_s)$ 为冰与船接触圆的中心。r_i 和 r_s 分别为冰和船的接触圆半径。当检测到接触点时,从冰板上删除破碎浮冰区域内的冰接触圆。然后,新的冰边缘出现了。圆接触检测的算法非常简单,与传统的接触检测技术(如填充盒)相比,圆形接触检测可以在更短的计算时间内检测出两个复杂物体之间的接触点。

5.3.2　冰力

船-冰接触后,从接触冰边缘开始破冰,冰的破碎继续进行,直到冰被弯曲破坏。接触力随着接触冰边缘破碎面积的增大而增大。假设接触面上的冰压力为常数,等于冰的抗压强度,则接触面上法向的接触力为

$$F_n = \sigma_c \cdot A_c \tag{5-38}$$

式中,F_n 是接触力,在法线方向接触冰表面;A_c 是破碎区面积;σ_c 是冰的抗压强度。冰破碎过程中,接触面上存在机械摩擦力。接触面冰力水平分量的摩擦力

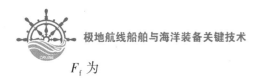

F_f 为

$$F_f = \mu \cdot F_n \tag{5-39}$$

冰与船体之间冰力 F_{total} 为接触力 F_n 和摩擦力 F_f 之和。

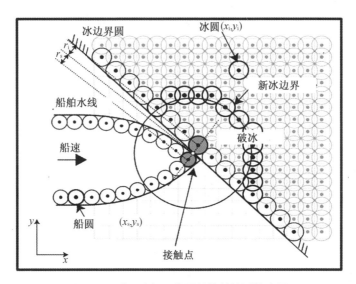

图 5-54　船–冰相互作用的接触检测技术图

5.3.3　冰接触面积

　　冰的边缘被船身压碎,接触面积 A_c 由图 5-55 所示的冰与船体的重叠几何形状计算得到。冰被压碎在冰边缘的顶部,在那里产生三角形压碎区域。当接触面积达到冰缘下角时,开始出现矩形破碎区域。由于假定冰盖的挠度相当小,因此可假定船体与冰盖之间的接触角不变。当假设接触面为平面(非曲面)时,接触面积 A_c 由下式给出:

$$A_t = \frac{1}{2\sin\theta_s} \cdot (\tan\theta_{wf} + \tan\theta_{wb}) \cdot (vt_c\cos\theta_s)$$

$$\text{when}, \ 0 < t_c < (h_i\tan\theta_s)/(v\cos\theta_c)$$

$$A_r = \frac{1}{2\sin\theta_s} \cdot (\tan\theta_{wf} + \tan\theta_{wb}) \cdot (vt_ch_i\cos\theta_s - h_i^2\tan\theta_s)$$

$$\text{when}, \ t_c > (h_i\tan\theta_s)/(v\cos\theta_c) \tag{5-40}$$

其中,A_t 和 A_r 分别为三角形接触区和矩形接触区。v 是船的速度,t_c 是船破冰的时间,h_i 是冰的厚度,θ_c 和 θ_s 分别表示船体的水线角和倾斜角,θ_{wf} 和 θ_{wb} 分别表示冰的边角。

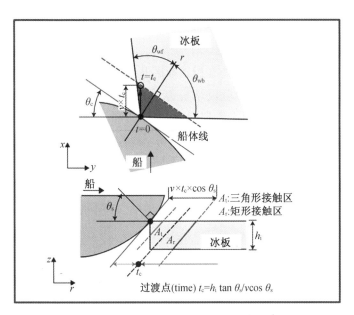

图 5-55　船舶与冰接触区域示意图

5.3.4　冰破裂

水平的冰由于弯曲破坏而破裂。浮冰的弯曲行为受冰下流体力的影响。利用流体-结构相互作用,使用商用有限元软件可计算三维楔形浮冰在突冰边缘力作用下的弯曲行为。

假设接触力 F_{total} 的垂直分量是作用在冰边缘上的一个突然的冰边缘力,冰缘力的增加速度代表船的速度。F_{total} 的水平分量在有限元模拟中没有被用于冰板的弯曲行为。冰面上的弯曲应力可通过有限元计算冰挠曲强度获得。破冰的形状被认为是一个圆,圆心位于冰面边缘的接触点。破冰的半径是冰边缘和冰板上的断裂点之间的距离。可通过对船舶破冰工况进行大量的有限元模拟,建立船舶破冰力数据库,该数据库具有船舶与冰接触条件的参数,如冰的边缘角、冰的厚度、相对速度等。当用上述圆接触检测技术检测各接触点的船舶接触条件时,接触点处的破断力可由数据库导出。

5.4 极地航线船舶与海洋装备防冰和除冰技术

极地航线船舶与海洋装备是在极地地区开展资源勘探、开发、运输及科考活动的载体。然而,极地气候环境极端恶劣,长年低温多冰。北极地区冬季时间长,温度在-43~-26 ℃之间,平均气温为-34 ℃;海气交换强烈、湿度很大,大部分时间相对湿度都在 95%以上,表现为多雾、浓雾,这种极端气候下形成的覆冰给极地航线船舶及海洋装备带来了极大影响(见图 5-56)。

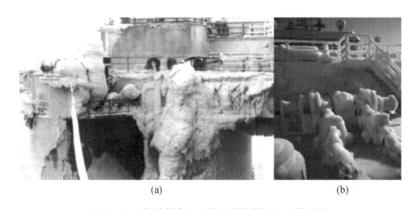

(a)   (b)

图 5-56 海洋装备(a)及极地船舶(b)上的结冰

5.4.1 结构覆冰对极地航线船舶的影响

1. 船舶适航性

极地航线船舶大量覆冰将增加船体质量和船舶阻力,降低干舷高度,大量覆冰还会提高船舶重心、导致航行不稳定,引起船身倾斜,甚至发生倾覆。对于上层建筑高大、干舷高度较低的船舶,大量覆冰对稳性影响较大。

2. 通信及导航系统

当通信和导航系统出现故障时,极地航线船舶相较于海洋装备或常规船舶更容易发生事故,如遭遇冰山、搁浅或陷入冰区无法脱困。同时,发生事故时,如果通信受阻,将无法联系救援人员或其他附近的船舶。

3. 通风设备及舱门、舷窗

舱室内的通风畅通对极地航线船舶至关重要,发动机进气口冰封后会导致发动机无法运转,某些可燃气体如果不能及时排出会有爆炸危险。舷窗上的覆冰会遮挡驾驶人员观测海情、冰山、暗礁的视线。舱门冰封后,开启舱门将变得十分困难,如果是雨凇冰或者海水溅淋冰,严重时甚至无法打开舱门,延误人员在甲板上操作设备的时间。

4. 附属设施

极地航线船舶上的栏杆、梯子、阶梯等极易被冰雪覆盖,尤其是被雨凇冰覆盖后会造成表面打滑,非常难以清除。受梯子或栏杆上形状不规则的覆冰影响,人员会因无法抓紧而发生人身安全事故。

5. 甲板覆冰

海水溅淋冰是甲板形成覆冰的主要形式,它将造成甲板表面打滑,危及人员活动安全,而船体发生倾斜时危险性更大。如果覆冰封堵了甲板上的排水孔,甲板积水会导致大量二次结冰,严重时会极大地增加船舶的质量并提高重心高度,影响船舶稳性。甲板覆冰会冻结止链器、锚链保险钢丝及锚机脱排装置等部件,使船舶无法抛锚,当风力较大、船舶密集时会随风浪飘荡,带来很大的危险。

6. 结冰安全评估

不同类型的覆冰对极地航行船舶的威胁程度不同,海水溅淋冰是威胁最大的覆冰。鉴于结构特点,船舶上的积雪量不如海洋装备,积雪的威胁程度相较于海洋装备小。不同类型覆冰的危险等级以及对极地航行船舶的部位或功能的威胁程度有着自己的特点,按照重要性排序,分别赋予海水溅淋冰、积雪、雨凇冰、雾凇、霜、冰雹这 6 种类型覆冰 10,6,4,3,2,1 不同标度的危险等级。海水溅淋冰是过冷的海水溅射到装备上后迅速形成的结冰。对于极地航线船舶来说,由于存在与海水的相对速度和较低的高度,海水溅淋形成的结冰会比海洋装备上的结冰更严重。与海水溅淋冰一样,积雪覆盖在各种设备上,也会增加船舶或海洋装备的质量,并引起打滑。新的积雪蓬松易清除,应及时处理,否则积雪会压实成冰或融化后再凝结成雨凇冰。雨凇冰是冻雨与装备接触后形成的透明、致密的冰层。相较于雾凇,雨凇冰的冰层密度大,难以清除。雾凇是携带过冷液滴的雾与装备表面接触后形成的疏松、不透明的白色粒状结构沉积物,特点是比较疏松,覆盖在设备上后清除难度相对较小。此外,还有霜、冰雹等结冰量较少的结冰形式。同时,根据受不同类型覆冰威胁程度赋予船舶功能或部位不同的风险值(RI),对极地航线船舶结构安全进行评估。

5.4.2　结构覆冰对极地海洋装备的影响

1. 整体稳性

大量覆冰会增加海洋装备的质量,影响平台的稳性。对于浮体式平台,覆冰质量会增加横倾力矩,降低干舷高度。由于覆冰通常发生在迎风面,不对称覆冰更容易导致海洋装备倾斜。失稳对海洋装备的危害巨大,严重时会导致平台倾覆等灾难性后果。

2. 结构完整性

低温环境下的材料性能,尤其是断裂韧性将发生衰退。当冰雪在海洋装备上局部积累时,过大的重力会产生复杂的内应力,甚至造成结构损坏,使整个平台完整性丧失。局部构件的初始设计满足平台在波浪和洋流作用下的外载荷振荡应力,而覆冰将改变平台的惯性参数、圆形部件的直径、风载响应等设计参数,造成构件局部失效,破坏结构的完整性。

3. 防灾救援设备

覆冰可降低海洋装备的自救能力,如覆盖灭火装置、冻结灭火水枪阀门、堵塞烟气传感器。覆冰还可使救生筏冻结、甲板打滑,体积庞大的冰块更会妨碍人员活动。在火灾等事故发生时,这些危险因素将阻碍及时救援和逃生。

4. 通信系统

覆冰还会导致通信设备失效。例如,卫星天线被冰覆盖后,因海冰盐分较高,天线表面介电常数将升高,影响信号接收,覆冰融化还可导致电子设备短路。通信系统失效不会造成海洋装备垮塌,但灾害发生时会影响海洋装备上的人员互相沟通和对外寻求救援,危害也不容忽视。

5. 直升机平台与甲板

结冰造成直升机起降平台打滑,给飞机操作安全带来风险,并会延误受伤人员的救援、关键药品的补给。水平甲板表面极易积累大量冰、雪、冻雨等。在风浪海情下,甲板上会出现大量海水溅淋冰,如果排水管道被封堵,结冰将会更严重。

6. 通风口与窗户

通风设备的作用是提供新鲜空气和排放有害气体,某些机械设备也需要空气来运转及排放废气。通风口的隔窗大多采用网状和格状设计,极易被覆冰和积雪封堵,将给人员健康、机械运转带来问题。窗户被冰覆盖后会遮挡一线作业人员的视线,一旦机械操作失误将发生人员安全、设备损毁等事故。

7.起重机与火炬臂

起重机力臂为框架式结构,实际表面积大,很容易受到雾凇冰的影响。大量覆冰可以冻结钢丝线绞盘,甚至使起重机力臂不堪重负而折断。火炬臂(Flare boom)外形类似于起重机吊臂,上面载有燃烧系统,如果发生覆冰导致火炬臂折断或堵住油气控制通道的事故,将可能引发燃气爆炸和火灾。

8.月池

月池是位于海洋装备中央的一块开放区域,钻井设备都在此区域作业。覆冰将导致阀门无法工作、作业效率低下。

9.附属设施

阶梯被雨凇冰覆盖后表面打滑,威胁人员作业安全。栏杆上形状不规则的霜霾覆冰会增加栏杆直径,使人员无法抓牢栏杆引发人身安全事故。覆冰还会使阀门、手柄等操纵部位封冻而无法操作。

10.覆冰安全评估

不同安全等级的覆冰类型对平台部位或功能的威胁程度各不相同。相对而言,海水溅淋冰对海洋装备结构的安全性威胁最大;其次是积雪和雨凇冰;雾凇清理相对容易,对结构安全性危害也低;对于结霜和冰雹类型的覆冰,前者量较少,而大质量的冰雹发生概率较低,它们对平台的威胁程度相应地也较小。鉴于此,按照重要性排序分别赋予海水溅冰、积雪、雨凇冰、雾凇、霜、冰雹这 6 种类型覆冰 10,8,7,6,4,1 不同标度的危险等级。同时,根据受不同类型覆冰威胁程度赋予海洋装备功能或部位不同的风险值(RI)。对海洋结构覆冰安全进行评估。

5.4.3　极地航线船舶与海洋装备的防冰和除冰技术

1.结构设计

极地航线船舶与海洋装备上的覆冰主要是海水溅淋形成的结冰,采用有效的防冰和除冰设计可显著减少覆冰量。在保证船舶和海洋装备安全性及性能指标的前提下,可通过增加甲板与水线的距离以减少海水溅淋冰。对于海洋装备,可以将装备的桩基设计成大直径的,以及将甲板底部设计得更平坦以增大冰层通过自身重力而脱落的可能性,以此来有效降低海水溅淋冰量。增加光滑曲面、竖直曲面设计量、减少外露小部件数量,可降低覆冰与装备的机械互锁,提高除冰的便利性和覆冰脱落的可能性。

图 5-57 所示为由挪威 Ulstein 公司设计、迪拜 Polarcus 公司运营的一型可以

防止海水溅淋的 X 型船首极地航线船舶,该型船曾于 2011 年成功穿越北冰洋新航道——北海航道。

图 5-57　X 型船首防冰设计的极地航线船舶

总之,在满足船舶和海洋装备安全性、性能指标的前提下,应尽可能设计出最有利于降低冰雪积累的结构形式,并结合其他有效除冰方法,达到减少极地航线船舶和海洋装备覆冰的目的。

2. 人工除冰

人工除冰是指人员利用铲、镐等工具将冰层剥离或击碎后再清除。人工除冰可能会对一些精密设备造成损坏,因此,仅适用于不需要保护的区域除冰。但有些情况会造成人工除冰无法实现,例如:遭遇极端天气时,人员无法登上甲板;人员无法达到的部位。总之,人工除冰方法效费比低,仅可作为备用方法。

3. 电加热除冰法

电加热除冰法是利用电阻丝加热结构表面使温度上升到 0 ℃ 以上以防止结冰或融化冰层,常用的装置为内埋式电阻加热元件。在关键设备中设计内埋式加热元件可使除冰方便快捷。电加热除冰法首先利用发动机驱动发电机产生电能,然后经电阻丝转化为热能,因此无用功消耗过多。该方法除了能量消耗巨大外,还存在二次结冰的风险,限制了更广泛的使用,一般仅用于天线等关键部位的除冰。在舷窗上也可采用电加热的设计,例如,布置极细的电阻丝,再利用高压的净水、雨刮除去冰晶,防止结冰遮挡驾驶人员的视线。

4.高速热流除冰

高速热流除冰法是向被冰层覆盖的结构表面喷射高温、高压蒸汽或水流来融化或剥离冰层。此类方法最早用于飞机地面除冰,由地面提供设备和能源。在船舶和海洋装备上,可利用发动机、锅炉以及尾气产生的能量除冰,但需要预先设计复杂的导流管道。此方法可以除去较厚的冰层,但因流体的温度较高,不适宜对热敏感或含有比较软的材料如热塑性材料等部位的除冰。不仅如此,无抗冲击性能的脆性材料也不宜使用。

5.红外线除冰

红外线除冰法是利用红外发射源向覆冰区域照射,通过加热融化冰层。红外线波长在 760 nm~1 mm 之间,不同材料对不同波长的红外线吸收率不同,采用波长大于 3 μm 的红外线照射时,冰吸收的能量较高,所以适用于除冰的红外线多为 3~15 μm 的中波红外线。鉴于此,在采用红外线除冰时,必须根据覆冰类型和表面材料对不同波长的红外线吸收率选取合适的波长,以防止无法融冰或损坏涂层。对于船舶和海洋装备,可以使用可移动的小型红外面板,安装在小车支臂上以方便使用,但该方法与电加热一样存在二次结冰的风险。

6.超声导波除冰

超声导波除冰方法是利用电信号在薄板中激励的超声导波产生的介质表面剪切力,来克服覆冰与介质表面的黏附强度,达到除去结构表面覆冰的方法。超声导波除冰是不同于传统热力除冰的新技术,主要装置包括超声波发生器和压电制动器。压电制动器通过胶与基体平板粘连在一起,当压电制动器输入来自超声波发生器产生的一定频率的震荡电信号激励时,由于逆压电效应会在薄板内部产生一定振幅的超声波,经不断反射叠加、几何弥散后形成超声导波(如 Lamb 波和 SH 波等),这些超声波的种类既包括横波也包括纵波,并且被束缚在基体平板内传播,在两种介质交界面产生剪切应力。超声导波除冰技术的关键是它能产生足够的横向剪切力,找出在基体板内最优的导波模式。如图 5-58 所示,根据超声导波在不同几何形状的平板内相关反射和叠加的过程,可设计合适的激励信号、激励频率、电压幅值以及模态。Palacios 等利用频率为 27~32 kHz 的超声导波在冰与薄板界面产生了超过冰黏附强度的剪切应力,其冰层厚度为 2~4 mm,钢板厚度为 0.7 mm。超声导波除冰是一种新型、高效的除冰技术,具有方便快捷、能耗低、无二次结冰风险的特点。但是,由于超声导波只存在于板管结构中,对于船舶和海洋装备,超声导波除冰只可适用于板管结构区域。

图 5-58　基于超声导波除冰的模态控制实验图

7. 化学物质除冰

化学物质除冰是在防冰部位播散或涂抹化学物质以达到加快冰融化过程或防止结冰的目的。该方法常用于道路除雪,常用的物质包括氯化钠、氯化钙、甲酸钾、醋酸钙镁、尿素、蔗糖等。通过在积雪的道路上播撒这些物质或者溶液可以降低冰点使雪融化。Wahlin 等研究表明,氯化钠溶液可削弱雪晶体的结合力,起到抵抗积雪压实的效果。飞机防冻液主要物质大多包含一些低凝固点的醇类,如乙烯乙二醇、异丙醇、乙醇等。含有这些物质的防冻液喷洒在飞机表面,飞行过程中,这些物质与过冷水混合,可使两者混合液凝固点低于 0 ℃,达到防止结冰目的。化学物质防冰有多种施加方式,包括人工播撒、喷雾器、漏液装置等。但用于除冰的化学物质是一次性使用,成本较高,对装备腐蚀严重,同时还会对环境造成污染。极地航线船舶和海洋装备结构复杂,对于人员和播撒装置到达不了的区域或者垂直表面将无法操作,而在环境保护有特殊要求的极地区域使用大量化学物质会受到更加严格的限制。

8. 牺牲性涂层

此类表面涂层可以不可逆地释放一些抑制过冷水结晶的小分子,同时增加冰和材料表面的润滑度,降低冰黏附强度,甚至可使覆冰自然脱落。一些科学家研究了通过三丙烯乙二醇醚(TPG)、丙三醇和异丙氧基钛(TIP)化学反应,生成含有 TPG、丙三醇配体的钛醇盐溶胶凝胶体系,将其嵌入普通的疏水涂层基体中,利用钛醇盐的水解和缩合反应,使 TPG 和丙三醇两种分子缓慢释放达到降低水凝固点、抑制冰结晶核形成的防冰目的。但是,由于材料的有限性以及所释放分子的水溶性,涂层的使用寿命有限。还有科学家受到猪笼草启发开发了一种液体润滑多孔表面(SLIPS)材料,将不与水相溶的润滑液注入禁锢在纳米多孔基体中,并与铝表面结合。此涂层具有较高的稳定性和极高的润滑性,能有效抑制

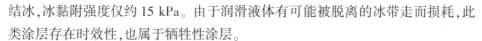

结冰,冰黏附强度仅约 15 kPa。由于润滑液体有可能被脱离的冰带走而损耗,此类涂层存在时效性,也属于牺牲性涂层。

9. 超疏水涂层

超疏水涂层是近年来受到广泛关注的技术。所谓超疏水涂层是指水接触角大于 150°、滚动角小于 10° 的涂层,涂层具有低表面能物质修饰的表面和多级粗糙度的双重性质,可减少水或冰与材料表面的接触面积,增强冰与材料界面的应力集中,降低冰的黏附剪切强度,达到延缓结冰,且结冰后可通过很小的力或风将附着在涂层表面的冰除去的目的。制作超疏水涂层的方法有多种,如溶胶凝胶法、纳米颗粒法、模板法、化学腐蚀等,这些方法都是为了创造涂层的多级粗糙度,而纳米颗粒法最简便且适合大规模制备。超疏水涂层表面涂覆的典型低表面能物质一般为氟硅类聚合物,包括聚二甲基硅氧烷(PDMS)、聚四氟乙烯(PTFE)、多面体低聚硅倍半氧烷(POSS)等。通过对光滑铝板、苯基三乙氧基硅烷(PTES)涂覆的光滑铝板、化学腐蚀后的粗糙铝板、PTES 涂覆的粗糙铝板的冰黏附强度分别进行研究,结果表明 PTES 涂覆的粗糙铝板的黏附强度最低。

一些科学家研究了一系列材料的冰黏附强度与水后退接触角 θ_{rec} 的关系,发现冰黏附强度和 $(1+\cos\theta)_{rec}$ 具有很强的相关性。此结果表明增大涂层的水后退接触角有助于减小冰黏附强度,对设计超疏水防冰涂层具有指导意义。超疏水涂层也存在稳定性和耐久性问题。例如:微小液滴进入涂层微结构中结冰膨胀会损坏微结构形态;由于脆弱的表面形貌,多次覆冰、除冰循环后涂层的防冰性能会下降,甚至可能提高冰黏附强度;在水滴高速撞击下,涂层的超微结构空隙会被水填充,造成疏水疏冰性能严重降低,这对于经常受到海水溅淋影响的船舶来说更加不适用。超疏水涂层同时还存在表面污染问题,在一段时间后,超疏水材料表面由于附着灰尘或其他化学物质,涂层的防冰性能会显著下降。因此,研究出稳定性、耐久性高的超疏水涂层成为此项技术研究的热点。

10. 水润滑涂层和低交联密度界面滑移

水润滑涂层是将亲水的二羟甲基丙酸(DMPA)接枝到聚氨酯(PU)基体上,使涂层具有亲水性,接触角仅为 43°,其机理是通过吸收水分隔绝冰和涂层表面,在 −15 ℃ 时,可将冰黏附强度降至 30 kPa 以下。环境实验表明,在 −53 ℃ 时,水润滑层仍然存在,经过 30 次除冰、结冰循环后冰黏附强度几乎未变化,可长期使用。因此,相较于超疏水涂层和牺牲性涂层,水润滑涂层具有良好的稳定性和耐久性。

低交联密度界面滑移是在低交联密度的高弹性体涂层中接入可与其相溶的

未交联的高分子,使涂层-冰交界面可滑移,制作出拥有冰黏附强度极小、耐久性高的防冰材料。通过研究发现,具有不同交联密度的一系列 PDMS 涂层,发现交联密度越低,冰黏附强度越低。为得到最优的、高耐久性防冰涂层,制作了交联密度在 $0.68 \times 10^{-5} \sim 1.203 \times 10^{-5}$ mol/cm^3 的一系列疏冰涂层,包括二甲基硅氧烷(PDMS)、聚氨酯(PU)、含氟聚氨酯多元醇(FPU)、全氟聚醚(PFPE)等,并嵌入硅酮、蔬菜油、鱼肝油或红花油。虽然上述其他材料的初始黏附强度和 10 次结冰循环后的黏附强度与 PU 相比相差不大,但是经过 100 次磨损循环后,上述其他材料的黏附强度都迅速增大,只有 PU 的黏附强度仍然小于 10 kPa,这表明 PU 材料具有良好的耐磨性能。

为了验证 PU 的耐久性能,进行了一系列测试。在经过 100 次结冰循环、热循环、-30 ℃低温、腐蚀、酸碱、剥离、5 000 次磨损等处理后,在-10 ℃下,涂层冰黏附强度仍然不到 10 kPa,而且在$-30 \sim -10$ ℃温度区间内冰黏附强度基本不变,表明此类涂层在环境恶劣的极地地区具有较好的除冰效果。

上述防冰和除冰方法比较而言,红外线、电加热、高速热流等主动除冰方法方便、快捷,但能耗较大,且存在二次结冰的风险;基于超声导波的智能除冰方法具有能耗低、除冰快和冷除冰的优势,是一种很有发展潜力的新型除冰技术,但是只适用于板管结构和较薄的冰层除冰;化学除冰方法和牺牲性涂层费用高、使用次数有限,且对极地环境有很大影响,应避免使用;超疏水涂层在一定条件下具有较小的冰黏附强度,在高湿、低温或水滴冲击情况下其疏水及防冰性能严重下降,需要进一步提高稳定性;水润滑涂层和低交联密度界面滑移涂层是新近开发、性能优异的防冰涂层技术,冰黏附强度极小,耐久性、环境适应性良好,具有很好的应用前景。总之,针对极地航线船舶和海洋装备,应根据使用特点并结合各种方法的优缺点,合理选择防冰和除冰方法。

5.5 极地海洋大数据

随着互联网、物联网等信息技术的快速发展,文字、图片、音频、视频等各类半结构化、非结构化的数据大量涌现,数据种类、规模、存储量飞速增长,全球已迎来大数据时代。对于约占地表总面积的 70% 的海洋来说,已进入大数据时代。目前已具有近海测绘、海岛监视、水下探测、海洋渔业作业、海洋浮标监测、海洋科考、油气平台环境监测、卫星遥感监测等多种海洋观测和调查手段,形成了非常庞大的海洋观测监测体系,积累了海量的海洋自然科学数据,包括现场观测监测资料、海洋遥感数据、数值模式数据等。科技发展不断进步,勘测海洋的精度得到持续提升、效率有效提高、网络节点快速扩张,海洋大数据的发展能够增强数据融合与个性检索能力、计算海洋数据的能力、数据多维度可视化能力、辅助决策支持能力等。另外,还能使融合与处理数据的工作效率得到提升、挖掘海洋数据模型得到拓展、显示数据的呈现度得到提高、专业经验与知识共享的能力得到传承。

5.5.1 海洋大数据特征

近年来,海洋观测设备正经历革命性变化,以卫星遥感数据为代表的海洋数据规模呈爆炸式增长,海洋数据量增长速度快于其他行业数据增长。网络信息化的高速发展,也促进了海洋经济、海洋管理、海洋文化、海洋战略等海洋社会科学类数据的快速积累。海洋大数据作为科学大数据的重要组成部分,正在从单一的自然科学向自然与社会科学的充分融合方向过渡。

因此,可以定义,海洋大数据是大数据技术在海洋领域的科学实践,具有海量(Volume)、多样(Variety)、快速流转(Velocity)和高价值(Value)的"4V"特征,是在大数据的理论指导和技术支撑下的价值实现,也是实施海洋强国战略、开发海洋资源、拉动海洋经济、维护国家海洋权益的重要基础。其中,由于海洋数据的获取手段多样化,观测要素多元化,故海洋数据呈现多样性特征以及数据量巨大的特征;同时,海洋数据常在空间域上呈现空间相关性和异质性,时间域上存在时效性特征。此外,海洋作为国家战略和经济关注的热点,其海洋数据具有不同的安全性等级。海洋大数据的独特性质,使得传统的理论基础、技术手段已逐渐暴露其弊端。

海洋大数据有两个区别于其他数据的典型特征——时空耦合和地理关联。①时空耦合。海洋大数据为同时拥有时间与空间属性的数据,即多维度数据。尤其随着观测技术的进一步发展,数据维度的采集分辨率与频率都越来越高。因此,数据分析过程需要同时从时间轴和空间轴两个维度进行分析,而在时间轴和空间轴上分析的因素又是多样的、高维的,这给大数据的分析带来了更大的挑战。②地理关联。海洋大数据不同于其他大数据的随机性与偶然性,由于其地理属性有着近邻效应,相邻区域空间位置关系存在线性或非线性的关联,从而组

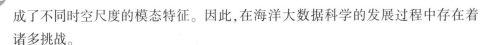

成了不同时空尺度的模态特征。因此，在海洋大数据科学的发展过程中存在着诸多挑战。

5.5.2 极地海洋大数据获取技术

海洋大数据的获取手段主要得益于海洋观测技术的发展，随着海洋立体观测网的建立和观测手段的多样化，海洋观测数据呈现出了强烈的多元化、立体化、实时化的特征。海洋大数据观测手段主要基于空基、陆基、海基等监测平台展开，其中，而由于极地海洋的特殊性，应用于海基观测中的海洋调查船和潜水器观测手段为极地海洋大数据的获取提供了强有力的支撑。

1. 空基监测平台

空基监测平台所包含的观测手段均以卫星、无人机等飞行器为飞行平台，并搭载相应的遥感设备而实现海洋环境的立体观测，为海洋研究、监测、开发和保护提供了崭新的数据集，也是极地海洋大数据重要的获取途径之一。

海洋卫星及航空遥感技术以海洋卫星或飞行器为飞行平台，搭载不同的遥感设备来获取海洋相关数据。其中，海洋卫星遥感技术可以对海洋表面温度、海水透明度及沉积物的变化、海岸带的变迁等方面进行监测和数据捕捉；航空遥感技术则被广泛应用于冬季海冰范围的观测、海水溢油情况，以及紧急需要下的赤潮观测等方面。目前常用的海洋卫星遥感仪器主要有雷达散射计、雷达高度计、合成孔径雷达、微波辐射计、可见光辐射计和海洋水色扫描仪等。而航空遥感搭载的遥感设备主要有机载航空摄影测量系统、机载激光雷达、机载成像光谱仪和机载微波遥感仪器几类。截至目前，全球已经发射了近百颗海洋卫星，并应用遥感技术对海洋的自然条件及环境变化等方面进行了观测。由于遥感技术具有空间上的优越性，所以其被广泛应用于海面高度及地形和海浪、海表面风等动力参数的观测上。但海洋卫星遥感建设的技术要求较高，其所获取的原始数据量也十分繁多，因此数据的获取及分析成本都十分高昂。且极地的气候环境与其他海洋相比，存在着较大的不同。极地作为地球磁场的两极，其海洋上空的磁场分布与普通海域存在着较大的差别，磁场的变化也将对遥感数据的准确性造成一定影响，这就极大地增添了极地海洋卫星的布设难度。且极地常年被海冰覆盖，海冰下垫面的热力性质复杂，是海雾的多发区域。但目前极地海雾的预报水平有限，人类对于海雾生消机制的了解程度也较低，这些都极大地增加了极地海洋卫星的监测难度。对于通过无人机等飞行设备进行监测的航空遥感技术而言，

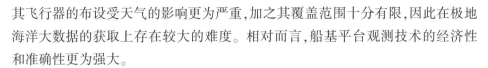

其飞行器的布设受天气的影响更为严重,加之其覆盖范围十分有限,因此在极地海洋大数据的获取上存在较大的难度。相对而言,船基平台观测技术的经济性和准确性更为强大。

2. 船基监测平台

船基监测平台涵盖的观测技术一般通过船只或有浮力的浮标等海洋载体开展,主要包括海洋调查船观测技术和海洋浮标观测技术。目前极地海洋大数据的监测和获取的最主要途径为海洋调查船观测技术,即以破冰船作为特种海洋调查船赴极地进行海洋水文物理、气象、地质地貌及海洋生物等要素的科学考察工作。

(1)海洋调查船观测技术

海洋调查船观测技术通过专门从事海洋科学调查研究的船只运载海洋科学工作者和海洋仪器设备到特定的海域上,从而对海洋现象进行观测、测量、采样分析和数据初步处理等研究工作。根据海洋调查的任务和用途的不同,海洋调查船可分为综合调查船、专业调查船和特种海洋调查船几类。其中,进行极地数据收集和考察的破冰船即属于特种海洋调查船范畴。

"雪龙"号和"雪龙 2"号是我国的极地考察船,主要执行赴南极、北极科学考察与运输补给任务。"雪龙"号 1994 年首次执行南极科考和物资补给运输,"雪龙 2"号于 2019 年开始南极科考。海洋调查船观测技术可获取的数据范围大、准确性高,它不仅可以对极地的海洋水文和气象等基本的海洋大数据进行监测,还可以对极地地球物理和海洋物理方面的数据进行详尽的采集。地球物理要素包括海水深度、海底地形、地磁、前地层剖面等,此类数据对于极地考察而言是不可或缺的,而通过其他观测手段则难以获取或缺乏准确性。海洋物理要素分为声学和光学两类,声学要素主要包括海洋环境噪声、海水声速、海底声等,光学要素包含海洋的固有光学特性、表面光学特性和水下辐照度等。除此之外,海洋调查船观测技术还可对海洋生物和底质要素的大数据进行逐月或逐季度的监测,有助于分析该要素数据在一定时间范围内的波动情况,从而更好地监测极地海洋环境的变化。

目前,一般以破冰船作为特种海洋调查船来进行极地考察。破冰船上设有大气、水文、生物、化学、洁净、地质、海洋物理、走航表层海水采集等系列科考实验室和计算机数据处理中心、气象分析预报中心,同时设有水文绞车、万米地质绞车和风廓线雷达仪、鱼探仪、多普勒海流计等调查仪器设备。在对极地海洋水文要素进行观测时,海冰厚度及海冰范围的数据变化是科考的重要部分。极地海冰厚度主要通过船体侧面安装的图像采集系统在航行中采集和提取,并通过海冰数字图像处理分析软件对海冰的密集度进行分析。而其他水文数据则通过海水测深仪器、采水器、海流计、水色计等仪器进行分析和收集。对于极地海水的化学和生物要素而言,一般会经过海水采样并于科考实验室应用专用的化学仪器进行检测和分析。此外,破冰船上还会搭载遥感卫星接收处理与海洋信息服务系统,具备在航行中实时跟踪接收和快速处理海洋卫星及其他遥感卫星的实时数据的功能,在为破冰船的航行安全提供气象和海洋环境服务保障的同时,生成海洋环境监测产品和航线保障服务产品。

因此,应用破冰船为海洋调查船进行极地海洋大数据采集时,破冰船是所有考察设备的唯一搭乘载体,其安全性和综合能力对于极地科考的重要性不言而喻。而核动力破冰船具有燃料自给的优势,可不受燃料供给的限制,相比于传统的柴油动力驱动的破冰船而言,其动力足、续航时间更长、破冰能力更强,在极地等高纬度地区有着绝对的优势,更有利于开展极地地区的勘探和科考活动。且核动力破冰船动力强劲、船体坚固,其受恶劣自然环境的限制程度低,这就在一定程度上保证了其航行的安全性,也为其科考过程提供了最基本的保障。此外,核动力破冰船可提供长达 6 个月的连续航行,便于科考人员对极地海洋大数据进行长时间的、周期性的观测和捕捉,为其所获取的海洋数据的连续性和准确性提供了强大保证。核动力破冰船满足无限航区和极地海域的要求,是具备全球航行能力的"绿色"极地科学考察破冰船。其在基本海洋大数据调查、综合环境调查、海洋地质调查等方面具有强大的观测能力,且具备一定的安全性和经济性,能够成为极地海洋大数据获取的重要平台。

(2)潜水器观测技术

潜水器又称为深潜器,是一种自带推动力的、具有水下观察和作业能力的海洋考察设备,其既能在水面行驶,又能在水下独立开展工作。对于极地常年被冰层覆盖的海洋条件而言,隐藏在水下或冰下的冰层和海底地形等数据的获取难度非常大,而潜水器观测手段可以深潜水下,从而胜任海底样本以及极地海洋大数据的获取任务。潜水器观测手段可以较好地收集极地海水深度、冰层地形、水下大范围的地形地貌、地磁等海洋大数据,也可以完成极地海洋水文、气象、化学、生物等基本要素的数据采集。此外,该技术也可以对海底管道和海底电缆的铺设情况进行跟踪记录,兼具侦察与搜索等功能。

潜水器一般配备动力装置、推进器、稳定器、环境控制装置、探测设备、通信设备等。动力装置作为潜水器的唯一动力来源,是潜水器安全性和数据可获取性的基本保障,一般以蓄电池为主,有些系缆潜水器也通过母船供电。为进行极地海洋基础水文数据的收集,潜水器一般装有采水器、生物传感器、化学传感器、辐射传感器等基本勘测仪器。此外,潜水器还装有罗经、深度计、障碍物探测声呐、高度深度声呐、方位探测听音机和各种水声设备,以对极地海水深度、冰层地形、海底地形等海洋大数据进行勘测和收集,同时根据所得的数据规划潜行路线,保证航行的安全性。

在应用潜水器观测技术进行极地海洋大数据的采集时,潜水器必须面对冰面下迅速变化的环境进行准确的实时分析,从而保证其能够安全、独立地在海底的冰面下移动并完成勘测。而核动力破冰船在极地破冰护航方面有着强大的优势,可以使极地考察船对极地的冰层厚度、冰盖范围等极地海洋大数据进行较好的采集和分析。其所得数据的准确性好,连续性强,有助于对潜水器的极地航行路线进行有效预判,从而参与设计潜水器极地航行初步路线,最大限度地降低潜水器触礁、触冰风险,增强潜水器航行的安全性。

另外,为潜水器供电的动力设施也是该观测技术的重要基础,而核动力破冰船则具有燃料自给的先进技术,动力强劲,具有强大的资源补给能力,可以作为补充能源设备对潜水器进行动力补给,进一步为潜水器提供安全保障,也有助于提高潜水器的续航能力,使数据收集时间有效增强,实现数据的高连续性。

(3)海洋浮标观测技术

海洋浮标观测是指利用具有一定浮力的载体,装载相应的观测仪器和设备,被固定在指定的海域,随波起伏,进行长期、定点、定时、连续观测的海洋环境监测系统。根据浮标在海面上所处的位置分为锚泊浮标、漂流浮标和潜标。

①锚泊浮标与漂流浮标

锚泊浮标通常被锚泊在离岸较远的海洋特定位置,进行水文、气象等环境要素的现场直接监测,监测数据通过卫星传输到岸基数据接收站,具有定点、定时、长期、连续、较准确地收集海洋水文气象资料的能力,其收集的海洋大数据也具有范围小、连续性强的特点。因此一般锚泊浮标被用于海面气象数据和海水基本水文的收集,如空气温度、湿度、气压、风速和海水的 pH 值、盐度、溶解氧等。

而漂流浮标可以在海上随波逐流收集大面积有关海洋资料,其体积小、重量轻,没有庞大复杂的锚泊系统,具有简单、经济的特点。

锚泊浮标和漂流浮标所需的主要仪器较为相似,锚泊浮标主要由浮标体、锚系、传感器、数据采集器、通信系统、供电系统、安全系统、浮标检测仪等部分组成,漂流浮标则更具简易性,且浮标体没有锚系设备。其中,用于海洋大数据获取的传感器一般搭载气温计、气压计、风速计、湿度计、波浪传感器、海流计等仪器,在完成数据采集后应用传感器进行数据的分析和处理,最后通过包含天线、通信模块、通信设备的通信系统将数据传输回陆地。

②潜标

潜标可潜于水下,对水下海洋环境要素进行长期、定点、连续、同步剖面观测,且不易受海面恶劣海况的影响及人为(包括船只)破坏,主要用于深海测流和深层水文要素的监测。潜标系统通过回收单点锚定绷紧型海洋水下环境要素探测系统,对海洋的水下温度、盐流、海流、噪声等海洋数据进行长期定点、连续、多测层同步的剖面观测和收集。

海洋潜标系统一般配置有声学多普勒海流剖面仪器、声学海流仪、自容式温深测量仪、自容式温盐测量仪和海洋环境噪声剖面测量仪等。具有观测时间长、隐蔽、测量不易受海面恶劣海况及人为船只破坏的优点,且潜标被锚定于水下,其收集的海洋大数据的连续性较强。

浮标可与浮标本身、遥感设备、调查船等各种平台组成海洋立体监测体系。2012年,中国第五次北极科考队在挪威海布设了中国首个极地大型海洋观测浮标,这也是我国首次将自主研发的浮标和观测技术推广到北极海域。

对于海洋浮标观测技术而言,海洋浮标的投放是技术实施的关键性环节,但由于极地地区地理条件复杂,目前人类对于极地的考察和建设也并不充分,这都加大了极地地区海洋浮标投放和建设的难度,从而极大地限制了极地地区海洋浮标观测技术的应用。此外,北极海冰于每年6月开始迅速变薄,冰量于10月达到最低谷,因此海洋浮标技术仅能较好地对海冰融化期的海洋数据进行观测,这就导致了其观测数据的连续性不足。而核动力破冰船拥有高强度的破冰能力,不仅可以作为极地考察船进行海洋大数据的收集,也可为极地地区浮标的投放和建设提供有效途径。极地浮标的布设可以与核动力破冰船的极地考察同时进行,且在科考过程中,可以对极地具体地点的海冰厚度、密集度等水文要素进行实时的分析,为浮标布设地点的选择进行实时判断,并提供最为准确适用的布设思路。此外,核动力破冰船也可有效改善浮标的投放条件,从根本上增强浮标的数据获取效率及安全性,为极地海洋大数据的获取提供支持。

3.陆基监测平台

基于陆基监测平台展开的观测手段则是依靠沿海海岸、岛屿或海洋装备上的观测平台或设备进行监测,是海洋观测的传统手段之一,主要包含沿岸海洋台站观测技术和岸基雷达观测技术等。由于这些观测手段在很大程度上依赖于海洋平台的建设,但目前人类对于极地地区的考察和开发较为有限,海洋装备在极地地区的建设存在较大的难度,所以目前此种观测手段在极地海洋大数据的获取上应用较少。但毫无疑问的是,未来极地海洋装备的建设将更加完善,陆基监测平台中的观测手段也将成为极地海洋大数据获取的重要途径。

(1)沿岸海洋台站观测技术

海洋台站是建立在沿海、海上平台或其他海上建筑物上的海洋观测站的统称,其主要任务是在人民经济活动最活跃、最集中的滨海区域进行水文气象要素的观测和资料处理,以便获取能反应观测海区环境的基本特征和变化规律的基础资料,为沿岸水域的科学研究、环境预报、资源开发、工程建设、军事活动和环境保护提供可靠依据。

沿岸海洋台站观测技术主要被应用于海洋水文和气象要素的监测,可记录海洋的潮位、水温、波浪、温度湿度、降雨雪量、风速风向等基本数据;而建立在海上平台的观测站的数据获取能力则较为优越,还可实现对海洋的海气通量、剖面流速、pH 值、叶绿素、浊度等方面的监测和数据记录。

海洋台站观测技术所需的最基本的海洋观测装备为海洋台站自动观测系统,同时根据观测对象的不同,各个海洋台站所需的专业仪器有一定差别。如进行潮位数据采集的海洋台站会采用声学型或雷达型潮位仪,有些临时观测站也会应用透气式应力潮位仪;而进行海水温、盐测量时则会采用 EC-250 和 YZY4 型仪器;进行海波测量时则会应用坐底式声学测波仪以及测波浮标和测波雷达等仪器。海洋台站观测技术作为一种传统的数据观测手段,其应用历史和应用范围都十分广阔。但由于海洋装备一般建设在海洋沿岸或海上建筑物上,而极地的气候条件和地理条件都十分复杂,对其的科考进程也不够深入,目前极地海冰的覆盖范围、海雾的去消期限等重要因素都难以预测,这都直接导致了极地海上建筑物的稀少,并给海洋台站的建设技术带来了极大的考验。此外,极地海洋广阔,沿岸海洋台站很难实现对极地海洋全方位的大数据捕捉。因此,目前海洋台站观测技术在极地海洋大数据的获取上应用很少。但随着人类对极地越发深入的探索,未来该技术将有较大的发展空间。而核动力破冰船作为深入极地科考的有力武器,其燃耗成本仅为传统柴电动力破冰船的 1/8-1/6,可以常年在极地航行,具备在极地海区季节性地开展海洋地质等综合环境因素的调查作业能力,将有效地推进对极地海洋基础环境、海底地形、海冰和航道等方面的科考进程,可以有效地推进海上建筑物及海洋台站的建设进程,从而为海洋台站观测技术的实现提供可能。同时,核动力破冰船对于海洋台站的布设也有着重要意义。

海洋台站及其自动观测系统的布设是该观测方式实现的基础,而核动力破冰船在破冰护航领域有着绝对优势,不仅可以为海洋台站布设地点和方式的选择提供依据,也可在一定程度上改善其布设环境,实现后续的海洋台站维护活动。

(2)岸基雷达观测技术

岸基雷达观测技术主要是通过在海岸上安装雷达设备实施对海洋要素的监测。雷达设备作为该技术的实施基础,主要包括高频地波雷达和海基 X 波段雷达设备两类。高频地波雷达辐射的时间间隔一般在十分钟到一小时之间,具有覆盖范围大、实时性好、性价比高等特点,主要用于收集海波、海洋风场和流场的变化数据。而海基 X 波段雷达设备一般被安装于海上平台的先进雷达系统中,其波长和辐射时间间隔都很短,能量集中,抗干扰能力强,一般被用于海上巡航导弹和隐形飞机等空中目标的探测中。

与海洋台站观测技术相同,岸基雷达观测技术也依赖于沿岸或海上平台雷达设备的建设,因此目前此类技术还不能较好地承担极地海洋大数据的获取工作,但其发展空间将随极地科考进程的深入逐步拓宽。

核动力破冰船将发挥其在极地的绝对优势,配备国际先进的调查设备,应用其在极地海洋生态环境和大气综合观测等方面优越的取样能力,开展极地海洋基础研究综合调查观测,从而运用具体数据进行分析,为极地海洋台站和岸基雷达设备在布设地点、布设间距以及建设技术等方面提供依据,并且可以通过所获取的数据对设备周边环境变化进行预测,为设备的后续维护服务提供支撑。

5.5.3　极地海洋大数据应用场景

极地海洋大数据具有异构、多模态、数据量大且动态增长等特征。随着全球环境日益 恶化,各类资源不断减少,国内外对极地环境展开了全方位的考察,积累了海量的极地海洋基础数据和分析成果数据。

极地海洋大数据资源涉及极地冰川、极地资源与环境、极地生物与生态、极地地理与大地测量、极地地质和极地大气等方面。极地海洋大数据作为极地考察所产生的原始性、基础性数据及其实验分析研究结果,具有重要的科学价值、经济价值和社会价值,对极地的远洋捕捞、航运、油气开采、科考等都具有重要意义。

1.极地海洋大数据在北极远洋捕捞方面的应用

随着北极海冰的融化,北极渔业资源开发和利用成为可能。气候变化引起的海冰缩减问题,使北极地区越来越多的海冰覆盖区域变成开阔水域,不仅直接影响北极渔业资源的种类习性及时空分布,而且通过对洋流、北极涛动、臭氧层等的影响间接地影响北极渔业资源的格局,从而对北极渔业资源的开发产生很大影响。极地海洋大数据能够预测北极海冰的缩减趋势,通过卫星海洋遥感技术,实时监控北极海冰和气象等变化状况,从而能够预估渔业资源的分布情况,准确评估未来北极渔业的开发潜力,同时也为北极海洋渔业的发展提供了作业条件。

对北极地区传统的捕捞方式影响较大,极地海洋大数据可以改善这种传统的捕捞方式。通过把海洋气候信息、渔船位置信息、渔场形成的数据结合在一个渔业大数据平台上,许多船长根据这个平台数据作为捕鱼指导后,能够取得更好的捕捞量,增加渔业的收益。渔情预报是对未来一定时期、一定水域内水产资源状况各要素,如渔期、渔场、鱼群数量和质量以及可能达到的捕获量等所作的预报。目前国内由于技术条件的限制,北极渔情预报只能采用近实时的海洋环境数据,严重制约了渔情模型预报精度。未来北极海洋渔场预报系统,亟需构建面向渔业应用的极地海洋大数据基础数据库,在此基础上构建北极海洋环境实时预报系统,北极渔情预报系统需要高分辨率的海洋大数据的支持。极地海洋大数据的发展,为快速获取与北极海洋渔场密切相关的大范围海况信息提供了广阔的空间和前景。

2. 极地海洋大数据在北极航运方面的应用

极地海洋大数据对北极地区船舶航行安全具有重要意义。极地海洋大数据的出现,使得人类进入北极航行的安全系数得以提升。近年来,越来越多的船只开始进入远离人类大陆、环境恶劣的远海航行,如极地海域。极地航线通航环境比较恶劣,船舶航行安全系数低,极地海洋大数据能够改善这种现状。以卫星遥感和船舶自动识别系统(Automatic Identification System,AIS)为主的数据能够对船舶航行和船舶遇险救援进行指导。实时遥感监测数据、基于大数据的海洋和海冰环境模拟等可以为极地航线安全航行提供坚实保障。未来将建立全球无死角的通信、导航和遥感监测网络,保障全球海洋安全航行。GPS 和 AIS 数据具有数据属性丰富的特点,可基于该优势对轨迹数据进行更深层次的分析与挖掘,如根据移动物体的类型进行多次航道信息提取,及时更新不同类型移动物体对应的航道情况。但是,众源船舶轨迹数据具有海量、地理范围大、数据质量差、数据密度在不同区域分布不均匀等特征,这给极地航线船舶航道的提取和更新提出了更大的挑战。因此,需要进一步加强对 AIS 数据的处理分析技术的发展,为极

地航线航运安全性与经济性提供保障。

（3）极地海洋大数据在北极油气开采方面的应用

如何精准快速地判断北极油气资源所处的位置,成为提高勘探成功率的关键。极地海洋大数据和油气勘探过程相结合,能够为北极油气勘探的快速发展提供重要支撑。运用极地海洋大数据,可更好地分析相同地质条件下北极油气分布的规律性,从而能够提高油气勘探效率和降低成本。数据的本质是预测,从大量的极地海洋大数据中挖掘有用的数据信息,并对其发展趋势进行预测,可为北极油气资源开采制定合理的应对方案提供科学依据和支撑。将储层和产能的变化情况实时地提供给决策者,方便其对后期的开采情况进行预测,对开发方案进行改变和优化,使北极油气开采的生产效益实现最大化。极地海洋大数据分析对于北极油田的高产值以及管理水平的提升具有至关重要的作用。极地海洋大数据分析能够实现北极采油工程管理中的数据采集以及数据的整合和分析,通过充分地调用采油过程中的各项数据,有效地利用生产数据,实现避免数据充分性不充足而带来的分析误差。通过系统化和网络化的极地海洋大数据分析,能够减少以往在采油过程中的人工投入,最终实现人力资源的合理配置,实现数据成果的直观化和形象化,改善采油工程管理中的问题。

另外,北极油气开采及运输过程也存在海洋溢油风险,溢油会对北极海域产生巨大的污染。极地海洋大数据可以获取北极海域溢油的相关信息,在溢油应急响应中扮演着重要的角色。通过极地海洋大数据可以对北极海洋溢油污染进行特征定量分析,不仅可以大面积监测海上溢油的面积、种类、厚度,而且可以跟踪油污范围和溢油扩散方向,确定最佳溢油清除方法,能更准确地反映污染情况与程度,从而指导政府制定溢油应急计划,为北极溢油灾害的应急响应和经济损失评估提供决策支持。

4. 极地海洋大数据在北极科考方面的应用

北极科学考察的数据大多分散在科研人员个人手中,不利于管理和利用,数据拥有者的流失也会导致数据流失,并且极地科学数据管理和信息应用机制仍不健全。极地海洋大数据一方面能够实现对北极各学科考察数据的统一管理,保证数据的安全性,另一方面也能提供北极科考数据共享下载服务,提高科考数据的利用效率。极地海洋大数据能够推动数据的流动,避免产生"信息孤岛"。实现极地科考数据和信息最大价值的关键之一在于数据的流动,有流动才能不腐,有流动才能合作。

极地海洋大数据还可以应用到北极考察船的实时监控、管理、预警和指挥等

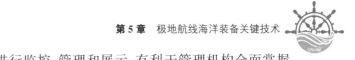

业务上,能够实现对各考察站进行监控、管理和展示,有利于管理机构全面掌握北极科学考察的情况,跟踪考察站的工作和科学考察进展,对可能出现的北极险情进行监控,实现北极考察站的科学管理。

参 考 文 献

[1] CHOUNG J, NAM W, NOH M H, et al. Impact bending tests and simulations of an high strength steel FH32 for arctic marine structures[C]//Proceedings of the Twenty – fourth (2014) International Ocean and Polar Engineering Conference, Busan, Korea, June 15-20, 2014:291-298.

[2] CHOUNG J, NAM W, LEE J Y. Dynamic hardening behaviors of various marine structural steels considering dependencies on strain rate and temperature[J]. Marine Structures, 2013(32): 49-67.

[3] FREDERKING R, SUDOM D. Proceedings of the Twenty-third (2013) international offshore and polar engineering anchorage[C]// Alaska, USA, June 30 – July 5, 2013:1087-1093.

[4] MASTERSON D M. State of the art of ice bearing capacity and ice construction [J]. Cold Regions Science and Technology, 2009(58): 99-112.

[5] SCHWARZ J, FREDERKING R, GAVRILLO V, et al. Standardized testing methods for measuring mechanical properties of sea ice[J]. Cold Regions Science and Technology, 1981(4): 245-253.

[6] TIMCO G W, O'BRIEN S. Flexural strength equation for sea ice[J]. Cold Regions Science and Technology, 1994(22): 285-298.

[7] DAI J, PENG H. Numerical Modeling for dynamic positioning in pack ice [C]//Proceedings of the Twenty-fifth (2015) International Ocean and Polar Engineering Conference Kona, Big Island, Hawaii, USA, June 21-26, 2015: 1849-1855.

[8] DALEY C, ALAWNEH S, PETERS D, et al. GPU Modeling of Ship Operations in Pack Ice[C]//In International Conference and Exhibition on Performance of Ships and Structures in Ice, Banff Alberta, Canada September, 2012:20-23.

[9] HAASE A, WERFF S V D, JOCHMANN P. DYPIC-Dynamic positioning in ice: first phase of model testing [C]//In ASME 2012 31st International Conference on Ocean, Offshore and Arctic Engineering, 2012: 487-494.

[10] HANSEN E H, SVEINUNG Løset. Modelling floating offshore units moored in broken ice: model description [J]. Cold Regions Science and Technology, 1999, 29(2): 97-106.

[11] LAU M, LAWRENCE K P, ROTHENBURG L. Discrete element analysis of ice loads on ships and structures[J]. Ships and Offshore Structures, 2011, 6 (3): 211-221.

[12] ZHAN D, AGAR D, HE M, et al. Numerical simulation of ship maneuvering in pack ice [C]//In ASME 2010 29th International Conference on Ocean, Offshore and Arctic Engineering, 2010: 855-862.

[13] ZHAN D, MOLYNEUX D. 3-Dimensional numerical simulation of ship motion in pack Ice[C]// In ASME 2012 31st International Conference on Ocean, Offshore and Arctic Engineering, 2012: 407-414.

[14] ZHOU Q, PENG H. Numerical simulationof a dynamically controlled ship in level ice[J]. International Journal of Offshore and Polar Engineering, 2014, 24(3): 184-191.

[15] 汪仕靖. 极地航区船舶积冰预报模型研究[D]. 大连:大连理工大学,2018.

[16] 谢强, 陈海龙, 章继峰. 极地航行船舶及海洋平台防冰和除冰技术研究进展[J].中国舰船研究, 2017, 12(1): 45-53.

[17] 卜淑霞, 储纪龙, 鲁江, 等. 积冰对船舶稳性的影响[C]//第二十七届全国水动力学研讨会文集(下册), 南京:海洋出版社, 2015.

[18] KULYAKHTIN A, TSARAU A. A time-dependent model of marine icing with application of computational fluid dynamics[J]. Cold regions science and technology, 2014(104-105): 33-44.

[19] HOES C M. Marine Icing: A probabilistic icing model from sea generated spray[D]. Delft: Offshore and Dredging Engineering at Delft University of Technology, 2016.

[20] 邹忠胜. 船舶积冰及冰区锚泊的安全分析[D]. 大连:大连海事大学, 2010.

［21］ 刘永禄, 董韦敬. 舰船结冰预报方法研究[J]. 装备环境工程, 2016, 13(3)：140-146.

［22］ DEHGHANI-SANIJ A R, DEHGHANI S R, NATERER G F, et al. Sea spray icing phenomena on marine vessels and offshore structures：review and formulation[J]. Ocean Engineering, 2017, 132：25-39.

［23］ 张明霞, 汪仕靖, 赵正彬. 极地航区船舶积冰预测研究进展[J]. 船海工程, 2018, 7(47)：113-120.

［24］ 谢强, 陈海龙, 章继峰. 极地航行船舶及海洋平台防冰和除冰技术研究进展[J]. 中国舰船研究, 2017, 2(12)：45-53.

［25］ 陆煊, 崔玫, 曹洪波, 等. 船舶防冻除冰技术现状与发展[J]. 船海工程, 2016, 45(2)：37-39.

［26］ 薛国善. 船舶冬季防冻防滑工作[J]. 世界海运, 2013, 36(3)：30-31.

［27］ VILLENEUVE E, HARVEY D, ZIMCIK D, et al. Piezoelectric deicing system for rotorcraft[J]. Journal of the American Helicopter Society, 2015, 60(4)：1-12.

［28］ PALACIOS J, SMITH E, ROSE J, et al. Instantaneous deicing of freezer ice via ultrasonic actuation[J]. AIAA Journal, 2011, 49(6)：1158-1167.

［29］ WÅHLIN J, KLEIN-PASTE A. The effect of common deicing chemicals on the hardness of compacted snow[J]. Cold Regions Science and Technology, 2015, 109：28-32.

［30］ LAUZON J D, BENHAMOU A, MALENICA S. Numericalsimulations of WILS Experiments[C]// Proceedings of the Twenty-fifth (2015) International Ocean and Polar Engineering Conference Kona, Big Island, Hawaii, USA, June 21-26, 2015：104-113.